云原生架构

从技术演进到最佳实践

贺阮　史冰迪　著

电子工业出版社
Publishing House of Electronics Industry
北京·BEIJING

内 容 简 介

云原生之路，漫漫而修远，因为云在发展，应用也在发展。如何让应用充分利用云的特性焕发全新面貌，这是每个云原生应用架构领域的人应该思考的问题。

本书分为两篇，从技术演进讲起，让你充分了解系统资源、应用架构和软件工程的发展历程，从而拥有技术角度的全局视野；然后介绍云原生应用的最佳实践，手把手教你设计一个云原生应用。

本书适合云原生应用开发人员、架构师、云计算从业者阅读，部分章节对产品团队、运维人员亦有一定的参考价值。

图书在版编目（CIP）数据

云原生架构：从技术演进到最佳实践 / 贺阮，史冰迪著. 一北京：电子工业出版社，2021.10
ISBN 978-7-121-42127-3

Ⅰ．①云… Ⅱ．①贺… ②史… Ⅲ．①云计算 Ⅳ.①TP393.027

中国版本图书馆 CIP 数据核字(2021)第 198491 号

责任编辑：孙奇俏
印　　刷：北京天宇星印刷厂
装　　订：北京天宇星印刷厂
出版发行：电子工业出版社
　　　　　北京市海淀区万寿路 173 信箱　邮编：100036
开　　本：787×980　1/16　印张：24.25　字数：539 千字
版　　次：2021 年 10 月第 1 版
印　　次：2025 年 4 月第 8 次印刷
定　　价：101.00 元

凡所购买电子工业出版社图书有缺损问题，请向购买书店调换。若书店售缺，请与本社发行部联系，联系及邮购电话：(010) 88254888，88258888。

质量投诉请发邮件至 zlts@phei.com.cn，盗版侵权举报请发邮件至 dbqq@phei.com.cn。

本书咨询联系方式：010-51260888-819，faq@phei.com.cn。

推荐语

认识贺阮博士，是缘于他在腾讯学堂上开设的一门持续五个多小时的课程。作为国内较早的云计算领域专家，他除了在专业领域持续精进，也乐于分享自身的积淀，是帮助更多人成长的"技术布道者"。从一门培训课程到一本书，从在腾讯学堂授课到进行业界分享，我们看到了贺博士的精益求精和一腔热忱，希望更多的同行能因他受益。

马永武，腾讯学习发展部总经理

In the last decade, we have witnessed a massive shift in how applications are created and deployed in production. Cloud has gone from a relatively small piece of IT practice to a centerpiece that no one can afford to ignore. In this time, cloud technology has evolved from a fairly simple offering of virtual machines in a large datacenter to all kinds of public and private clouds utilizing containers, GPUs, multi-tier storage deployed from the core out to the edge. This book looks at the evolution of cloud and the landscape now to provide guidance on how to achieve success in a cloud-centric IT world.

Jonathan Bryce，Open Infrastructure（OpenStack）基金会 CEO

云原生作为企业数字转型及社会发展数字经济的技术底座，是非常重要的技术。现在云原生甚至已经成为为 AI、边缘计算、区块链等赋能的底层基础技术，基于云原生的开发环境正在进一步变革，可以快速将关于开发的想法落地。本书会将你需要知道的云原生知识一一铺开，带领你走进这个世界。

Keith Chan，云原生计算基金会（CNCF）大中华区总监在云原生领域耕耘多年，很高兴能够看到一本这样的书。在书中，贺阮博士把云原生的诞生、优缺点，以及如何在团队中应用云原生技术都讲得比较清楚，这能很好地帮助开发者甚至团队的领导者在实际的项目中做出合适的选择。一项技术的发展、成熟离不开行业中众多参与者的努力，而参与的前提就是了解，所以希望这本书能够打破你心中对云原生、DevOps 等技术的疑虑，让你合理地使用它们，让技术为你创造更多的价值。

马全一，华为开源运营总监

2020 年 CNCF 中国云原生调查报告显示，中国 82%的受访者已经在生产中使用了 Kubernetes，而云原生环境的部署要求大量现存和新增应用基于云原生进行设计或迁移。贺阮博士这本书可谓正当其时，他以自身深厚的技术背景和丰富的实战经验为基础，深入阐述了从技术基础到优秀实践的云原生应用设计的方方面面，本书非常适合云原生开发从业者阅读和参考。

崔秀龙，开放原子基金会技术委员会委员、
《Kubernetes 权威指南》《深入浅出 Istio》作者

推荐序

从 2012 年 Heroku 提出著名的 12 因素，2013 年 Pivotal 的 CTO Matt Stone 旗帜鲜明地宣传 Cloud Naive 开始，到本书问世，已将近十年。在这十年里，云原生技术和社区经历了超高速的发展，从 Docker 到 Kubernetes，再到云原生的存储、数据库、安全及配套的 DevOps 工具，云原生生态令人叹为观止。放长时间尺度来看，20 世纪 90 年代末，笔者做学校和某出版社的网管，在 CERNET（中国教育科研网）研发搜索引擎，那时完全依赖手动搭建、配置和管理服务器，相比现在的云原生技术，简直如刀耕火种一般。

云原生技术大发展的同时，对应的是数字化浪潮对各行各业的冲击和改造。云原生技术大大降低了数字化的门槛，使得研发和运维人员，以及他们所服务的企业能够专注业务本身，而无须花太多心力在 IaaS 和 PaaS 层面。解放了数字生产力之后，一些企业可以在几年内走完他们前辈们几十年走的路，迅速实现面向全国十几亿人，甚至全球几十亿人的服务能力。可以说，云原生是数字化这一时代大潮的技术推动力之一。

本书的定位是介绍云原生的技术演进和实践。贺阮博士从业十多年，在基础架构、应用架构、云解决方案、云原生布道等方面都具有业内一线公司实践经验，他的很多思考和沉淀都在本书的内容组织和表述中得到了体现。笔者对云原生技术不算陌生，也带领团队实现过企业基础设施和应用"云化"的过程，但是在阅读本书的过程中，我仍然在很多地方获得启发，这和贺阮博士对云原生技术的深刻理解是分不开的。以下是本书给笔者留下印象最深的三个方面，相信也会是让读者们收获最大的地方。

一是知识具有体系性。本书并没有局限于虚拟化和容器编排调度这两个多数同类书浓墨重彩介绍的议题，而是进一步覆盖了应用架构、应用设计与研发运维支撑，对随着云原生的到来而产生的应用研发和运维行为改变做了比较深入的介绍。这样不仅回答了"什么是云原生"及"云原生解决什么问题"，也回答了"云原生对我的工作有什么影响和改变"，而这才是多数读者都会关心的问题。

二是关注技术的演进过程。本书每提到一项技术，比如虚拟化、容器编排，都会从这类技术的起源说起，介绍整体的演进过程、每阶段面临的问题和对应的解决思路。这样的叙述方式一方面向读者交代了背景和上下文，能让读者知道技术的来龙去脉，更重要的是，能帮助那些对云原生缺少认知的读者从简单的技术开始慢慢增加认知，最后理解复杂的技术方案。

三是具有技术广度。本书不仅介绍当前最流行、最热门的技术，也覆盖了一些共存技术，并对它们做一定的比较，只是覆盖面很广。这样可以帮助各位读者根据具体业务情况选择适合自己的方案。技术归根结底是要服务于业务的，一定程度上也印证了"没有最好的技术，只有最适合的技术"这一观点。

此外，书中的例子照顾到了具有不同背景和诉求的读者，比如用"考勤"这样一个多数人都遇到过的场景作为例子介绍业务架构、应用架构和基础架构的区别。

全书深入浅出、通俗易懂，笔者拿到稿件之后一口气读完，很强烈地感受到作者为向读者提供好的阅读体验所付出的努力。相信在大量的云原生著作中，本书会以定位清晰、体系性强、阅读体验好而独树一帜。

笔者非常有幸能应邀为本书作序，希望能看到更多的云原生著作面世，更希望广大的同行能从这些著作中获得对云原生更好的认知，并将其运用到实际工作中，让数字世界更好地为我们的物理世界服务。让我们一起将数字化的大潮推向下一个高峰！

叶绍志，Shopee 技术委员会主席

2021 年 8 月于深圳

序 1

在当今各类技术峰会、论坛演讲中，包括公众号文章里，"云原生"都仿佛成了一个绕不开的词，大家都喜欢在从事的技术前加上云原生这个前缀，如云原生应用、云原生数据库、云原生安全等。小张作为刚入行的新人，担心面试的时候被问到"什么是云原生"；小王作为年富力强的架构师，担心不提云原生会让客户觉得方案不够前卫；老赵作为某领域的资深专家，觉得如果不将自己的领域向云原生靠拢，别人会觉得他技术落伍。

在这个技术爆炸的时代，各种新技术存出不穷。每当一项新技术出现后，它都会被吹得天花乱坠，仿佛有了它就可以解决应用开发过程中遇到的所有问题。但真正了解之后才意识到，其实这只是某个技术要点而已。出现这种让人无法判别新技术的窘境，其核心原因在于架构师们缺少一套可以涵盖软件开发方方面面的知识体系，从而无法清晰地认准新技术在整个知识体系中的定位。在这个"云原生"时代，这种情况尤为常见。

本书的内容最初来源于我给腾讯内部的架构师们准备的一门课程，其目的是希望架构师们能了解云原生技术的方方面面，了解技术的演进历程，以及技术与技术之间的关联，从而使他们建立一套完整的关于应用云原生化的知识体系。随着课件的逐步丰富，以及学员们的热情反馈，内容越来越多，慢慢地，我就有了把这些内容整理成书的想法。

都说写书是对自己职业生涯的致敬！我从 2007 年起开始从事云计算相关的工作，工作领域涉及虚拟化、容器、调度、安全、微服务、应用架构、软件设计开发等，工作范围覆盖科研、开发、产品架构、售前方案解决、售中售后支持等，可以说，我从各个角度见证了的云计算的发展。

一开始，我"管中窥豹"般地认识云计算模式，为此感到迷茫。后来，我对云计算技术栈逐渐认识清晰。近几年，我慢慢明白了云计算将成为整个上层应用的底座，以支持应用的全生命周期。这是我自身知识体系成熟的过程。

写这本书的初衷也是希望将我本人的这套知识体系分享给各位读者，帮助大家在朦胧的云原生迷雾中逐步建立起自己对云原生的认知。

本书能够定稿，离不开许多圈内技术人员的帮助。在这个过程中，我也查阅了国内外的各种资料，研读并参考了一些领域内的优秀图书。感谢欧创新、左耳朵耗子（陈皓）、刘超、乔梁、张亮等人提供的真知灼见，也一并向为本书提供过帮助的其他人致以诚挚的谢意。

最后，再一次感谢关注这个行业发展的每一位同行，还有奋斗在一线的架构师们。

贺阮

序2

一次很偶然的机会，我认识了贺阮博士并与他在工作中有了来往。因工作需要，从未深入接触过云计算的我，必须要在很短时间内了解什么是云、云能干什么、应用怎么改造才能更好地"上云"等复杂问题，所以我常常趁着一起开会的时间打扰贺阮博士和他的同事（他们都是云计算方面的专家）。慢慢地，我对云原生有了一定的了解，工作也越来越得心应手，有时候觉得自己进步还挺快。

突然有一天，贺阮博士问我要不要帮他整理书稿，加入他的云原生相关图书出版工作中。我有点懵，但因为不想错过这个很好的学习机会，便应了下来。

起初，我比较自信地认为自己能完成得不错，可谁想到，光是图书的"技术演进篇"就将我折磨得死去活来。我是计算机科学与技术专业的毕业生，但书里的技术内容让我不禁怀疑自己上学时都学了点啥。

我问贺阮博士，要不要写得更加浅显一点？他很严肃地回复我说，这些内容是成为一名架构师的基础知识，没有扎实的技术功底，架构之路只会越走越窄。

好吧，为了读者！

于是我开始埋头研究，为了高效研读国外的论文和资料，我捡起了荒废多年的英语。在网络上"各路大神"和贺阮博士给予的指导下，我终于把"技术演进篇"的内容整理、审校得差不多了。而这就已经用了近3个月的时间。

当我读到"最佳实践篇"的内容时，深深感受到了打基础的重要性，结合自己的工作，我对云拥有的能力和云原生应用技术路线的选择有了很多感悟。

其实技术并没有过时与否的说法，只是因为时代和硬件技术都在不断发展，需求的变化要求架构师能够通过不同的方式恰当地实现设计理念。每种技术的诞生都有原因，了解其背后的故事并且扎实掌握技术原理，这正是架构师大局观形成过程中最重要的一个环节。

虽然我的技术功底还有待加强，但我依然非常珍惜能有这样的机会参与到本书后期的整理、审校工作当中，最值得高兴的是，我也在其中收获了自己的小天地。

因为篇幅关系，一些云原生领域相关内容在本书中没有展开讲，同时书中有些内容的描述也许不那么准确。但瑕不掩瑜，希望本书的读者们，无论是架构师、产品经理，还是运维人员，都能在书中得到自己的感悟。

最后，祝愿每一位立志成为架构师或已经成为架构师的程序员，都能笔耕不辍，写下一行行珍贵的代码，让这个世界更加鲜活灵动，让更多的人感受到技术的温度。我相信，未来会因你们而改变！

史冰迪

前言

谈到一个应用，我们首先考虑的是运行这个应用所需要的系统资源。其次，关于应用自身的架构模式也要考虑，从传统的单体架构模式到后来的微服务模式、服务网格，以业务功能为维度进行分拆更有利于应用的不断演进。最后，还需要从软件工程的角度来考虑云原生应用的设计、开发、部署、运维等不同阶段。

设计云原生应用需要从以上三个维度进行全方位的思考。所谓原生为云设计的应用，就是指从最初便被设计为在云上以最佳方式运行的应用，这种应用能充分发挥云平台的各种优势。

架构师是推动上述应用设计、开发，真正将云原生应用落地的人。那么何为架构师？

架构师的基本职责是在项目早期就设计好基本的框架，这个框架既能够确保团队成员顺利编写代码，满足近期业务需求的变化，又能为进一步的发展留出空间（所谓 scalability），即确定技术选型。

20 多年前的经典著作 *Design Patterns* 中讲过学习设计模式的意义，放在架构师的定义中非常贴切：成为架构师并不是要我们学习一种新的技术或者编程语言，而是要建立一种用于交流的共同语言和词汇，在设计方案时方便沟通，同时也帮助我们从更抽象的层次去分析问题本质，不被一些实现的细枝末节所困扰。当把很多问题抽象出来之后，我们也能更深入、更好地去了解现有系统——这些意义，对于今天的后端系统设计来说，也仍然是正确的。

总而言之，架构设计对应用有着深远的影响，它的好坏决定了应用的整体质量，并且决定了开发人员开发、维护和扩展应用的难易程度。

对架构师而言，不能为了架构而设计架构，在选择架构前，要始终理解问题和需求，不要本末倒置。一方面，需要精心设计应用架构；另一方面，需要对前端 UI、测试、运维、数据管理等方面都非常熟悉，从而做出正确的决定。

本书将从全栈视角出发，从系统资源到应用架构，再到软件工程，深入浅出地讲解计算机技术的演进，给架构师或想要成为架构师的人一个非常好的角度来看待不同时代的技术，以及其能解决的问题。本书还会介绍在现有的云原生技术下，如何以最佳的形态和方式来构建一个应用，使其能够真正发挥云的能力，从而达到 1+1>2 的效果。

本书内容

本书分为"技术演进篇"和"最佳实践篇"两篇，涉及 4 个部分，共 19 章，大概的内容分布及简介如下。

技术演进篇

第 1 部分　系统资源（第 1~5 章）

基础架构解决的是一些通用性问题，主要涉及应用运行时所需要的系统资源，这些系统资源是设计任何类型的应用都需要重视的内容。针对不同的系统资源，应用的部署、运行方式也不尽相同。这一部分将首先介绍操作系统、虚拟化等基本知识，然后讲解云计算相关内容，以及容器与容器编排的核心知识。

第 2 部分　应用架构（第 6~11 章）

架构的重要性在于实现应用的非功能性需求。非功能性需求往往能决定一个应用运行时的质量，也能决定开发时的质量。这一部分将宏观介绍应用架构的定义、分类、目标等，列举主流架构视图，并按照技术演进过程介绍单体架构、分布式架构、SOA 架构、微服务架构等内容。

第 3 部分　软件工程（第 12~16 章）

1968 年，世界各地的计算机科学家在德国的 Garmisch 召开了一次国际会议，在会上正式提出了"软件工程"一词。软件工程管理的核心目的是支撑新的演进式架构。软件工程的整个流程分为 5 个阶段：应用设计、软件开发、开发运维一体化、SRE 运维、数字化运营。在这一部分中，我们将紧密围绕以上 5 个技术演进阶段，从软件工程角度讲解云原生应用架构的实现。

最佳实践篇

第 4 部分　架构、应用落地与中台构建（第 17~19 章）

在这一部分中，我们将详细剖析云原生架构，介绍其定义、涉及的关键技术，以及具体的实现过程。本部分还会介绍应用落地的最佳实践，涉及应用改造、应用拆分、API 设计与治理等。此外，"中台"这个概念也与云原生密不可分，本部分还会阐述云原生应用与中台之间的关系，以及如何通过中台使应用的云原生化更加便捷。

联系作者

本书涉及很多技术领域和知识点，尽管我们撰写本书时力图严谨，尽最大努力排除错误，但仍有可能存在纰漏。若你在阅读过程中发现错误，产生疑问，或者对本书有其他好的建议，都可以与我们联系。

邮箱地址：cloud_native@126.com。

致谢

在本书的撰写过程中，我们得到了大量的帮助，有些来自领导，有些来自同事，有些来自网络博客和经典图书，在此向这些提供帮助的人表示感谢。感谢所有推荐本书，以及为本书进行技术审校的专家们。感谢电子工业出版社博文视点的孙奇俏老师对我们的帮助和指导。最后，感谢所有购买本书的读者朋友，衷心祝愿各位在技术之路上不断精进。

读者服务

微信扫码回复：42127

- 加入"云计算"读者交流群，与更多读者互动

- 获取【百场业界大咖直播合集】（持续更新），仅需 1 元

目录

技术演进篇

最佳实践篇

技术演进篇

应用开发涉及三个方面：底层的基础架构（系统资源）、应用自身的架构（应用架构）和应用的生命周期管理（软件工程）。这也是技术演进的三个维度。

那么，这三个维度如何融合呢？

容器及编排技术、微服务架构及 DevOps，这些几乎同时存在，且绝非巧合。应用可能由数以百计的微服务组成，这些服务以各种语言和框架编写。每个服务都是一个小应用，这就意味着在生产环境中同时有数以百计的应用运行环境。

为了应对这一情况，一方面，需要容器、Kubernetes 等编排技术来实现轻量级隔离和调度；另一方面，让系统管理员手动配置物理服务器和微服务已不再可行，如果要大规模部署微服务，则需要高度自动化的 DevOps 部署流程和基础设施。

第1部分

在进行应用开发时，应预先设定应用处于一个基础架构之上，这就是应用今后所依赖的运行环境。基础架构解决的是一些通用性问题，主要涉及应用运行时所需的系统资源，这些系统资源将是设计任何类型的应用都需要重视的内容。针对不同的系统资源，应用的部署、运行方式也不尽相同。

这一部分将首先介绍操作系统、虚拟化等基本知识，然后讲解云计算相关内容，以及容器与容器编排的核心知识。

系统资源

第1章

操作系统

1.1　操作系统简介

分层是计算机领域设计中最常用的技术之一，软件设计者经常使用分层的思想解构复杂的系统，将复杂系统拆分为一个个模块后，再以一种层次结构来组装。在分层模型中不同层次代表不同的抽象级别，底层负责具体功能的实现，并向上一层呈现一个抽象，为上层提供服务。上一层只需要知道下层的抽象接口，而不需要了解其内部运作机制，这使得每层只需关注自身的实现，不考虑其他不相关的层次。分层大大降低了系统设计的复杂性，提高了软件的可移植性。

分层的思想贯穿了整个计算机系统的架构，例如最常见的网络四层结构。而操作系统就是这种分层思想的典型应用。图 1-1 展示了一个计算机体系中分层思想的示例。

图 1-1

○　硬件：提供计算能力、存储能力及输入/输出等功能的物理设备，其中 CPU 作为计算机设备的运算和控制核心，负责指令读取、译码与执行，它是计算机系统的基石，是程序运行的硬件载体，所有软件程序最终都将以指令的形式运行在 CPU 上。

○ CPU 指令集：在 CPU 内被处理的程序，指令集是计算机体系中软件控制 CPU 的接口。

○ 操作系统：上层应用所能控制的系统级的功能集合，为底层硬件提供防护和调度管理功能。

○ 系统调用：操作系统内核中有一组实现系统功能的过程，系统调用就是对这些过程的调用，它是用户态进入内核态的唯一入口。

○ 函数库：操作系统对上层应用提供的一系列对底层硬件、内核等的调用方法，系统调用被封装在其中。

○ 应用程序：借助底层各个层级提供的功能，实现不同的业务逻辑功能。

早期的 IT 系统，少数厂商绑定硬件、操作系统和应用。而标准操作系统的出现，通过系统软件屏蔽了异构硬件的差异，为上层应用提供统一的运行环境。

1.1.1 主要功能

对于早期的应用，往往需要采购特定的应用服务器，如 WebLogic 或 WebSphere。但在这个阶段，应用和应用服务器都被直接部署在物理服务器的操作系统之上。随着技术的发展，昂贵且专有的应用服务器被开源的轻量级 Web 服务器如 Apache Tomcat 或 Jetty 等代替。这种部署模式往往使用编程语言特定的发布包，如 JAR、WAR 格式部署服务，此方法部署迅速。

但无论对于哪种应用服务器及部署于其中的应用来说，操作系统的一个作用都是建立安全保护机制，确保位于其上的部分免受来自网络或其他软件的恶意侵害。同时，它也要建立软件之间的协作秩序，让大家按照期望的方式进行协作。操作系统的重要功能包括：

○ 资源接入与抽象——将 CPU、内存、硬盘、网卡等设备接入系统中，并将其抽象为可识别的逻辑资源，这样一来，操作系统才能实现对各种硬件资源的管理。

○ 资源分配与调度——通过对资源管理的能力，将抽象出来的不同硬件资源，按照需求分配给不同的应用使用。

○ 应用生命周期管理——实现应用的安装、升级、启动、停止、卸载等管理操作。同时为应用提供编程接口，这些编程接口一方面简化了应用开发，另一方面提供了多应用共存（多任务）的环境，实现了对应用的治理。

○　系统管理与维护——协助系统管理员实现对系统自身的各种配置、监控、升级等管理操作。

○　人机交互与支持——提供必要的人机界面，支持系统管理员和用户对系统实施各类操作。

1.1.2　系统结构

操作系统在整个计算机系统结构中具有重要作用，承上启下，对下负责管理硬件资源，对上负责为应用程序提供标准接口。操作系统由内核、系统调用、Shell、库函数几个部分组成，其中 Shell 和库函数共同构成系统交互部分，如图 1-2 所示。

图 1-2

○　内核：内核是操作系统最基本的部分。它是为众多应用程序提供对计算机硬件的安全访问的一部分程序。但这种访问是有限的，并且内核可以决定一个程序在什么时候对某部分硬件操作多长时间。

○　系统调用：为了方便上层应用程序或用户调用内核，操作系统在用户态和内核态之间定制了一套标准接口，用户可以通过这些标准接口根据权限访问系统资源。这些接口统称为系统调用（System Call）。这样，用户不需要了解内核的复杂结构就可以使用内核。Linux 中有 200 多个系统调用，系统调用是操作系统的最小功能单位。一个操作系统及这个系统中的应用，都不可能实现超越系统调用的功能。

○　Shell：Shell 是操作系统的用户界面层，提供了一种用户与操作系统交互的方式。Shell 本质上是一个命令解释器（Interpreter），它可以接收用户输入的命令，然后把命令翻译成机器语言并送入内核中执行。Shell 是可编程的，可以执行符合 Shell 语法的文本，极大方便用户使用操作系统完成自己的工作。

○　库函数：库函数是对操作系统的封装和扩展，目的是让应用程序更方便地使用系统调用。比如 Linux 的 libc 库函数实现了 malloc()、calloc() 和 free() 等函数，方便应用程序分配和释放内存。

操作系统的一个核心思想是保证自身功能的高内聚、低耦合。系统交互层下通系统调用，上通各种应用，充当了两者之间的"桥梁"，不同应用能够遵照同一个清晰的接口，使用底层公共的硬件资源，达到共同工作的目的，从而增强整个计算机系统的能力。

1.2   CPU 指令集原理

CPU 可提供指令集，操作系统通过指令集实现其自身功能。主流指令集包括 x86 指令集、ARM 指令集和 MIPS 指令集等。本节将以 x86 指令集为例介绍 CPU 指令集原理。

1.2.1   特权指令集和非特权指令集

x86 体系下所有 CPU 可以执行的指令集被人为地分为两类：特权指令集和非特权指令集。特权指令是指有特殊权限的指令。这类指令的权限比较大，一般是一些操作和管理关键系统资源的指令，如果使用不当，则会导致严重后果乃至整个系统的崩溃，所以设置了权限，不让所有程序都能执行特权指令。如果在非最高特权级上运行，特权指令会引发异常，处理器会直接跳转（Trap）到最高特权级，交由系统软件处理。除特权指令之外的指令称为非特权指令，非特权指令不改变系统的状态。常见的特权指令有：

- ○ 允许和禁止中断。

- ○ 在进程间切换处理。

- ○ 存、取用于主存保护的寄存器。

- ○ 执行 I/O 操作。

- ○ 停止一个中央处理器的工作。

- ○ 清理内存。

- ○ 设置时钟。

- ○ 建立存储键。

- ○ 加载程序状态字（PSW）。

1.2.2 保护模式及内核态、用户态

为了保护数据和阻止恶意访问，x86 体系在引入特权指令集之后又额外引入了保护模式。相同指令在不同保护模式下，被 CPU 处理的方式不同，指令在执行时所拥有的权限和所能处理的资源也都不同。

在 x86 架构下，CPU 内的寄存器有 2 个比特位用来指定当前 CPU 所在的保护模式。所以保护模式提供 4 种特权级别，呈环形保护结构，最内层的环具有最高权限 Ring 0，从内到外特权级别依次降低，最外层 Ring 3 特权级别最低，如图 1-3 所示。当指令访问内存地址时，会读取 CPU 中的某个寄存器来确认当前指令所在的安全等级，同时操作系统会将内存分为多个安全等级（Ring 0~Ring 3）。

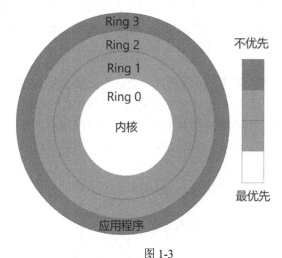

图 1-3

内存地址中的 CPL 表示该内存地址的安全等级。当指令需要读/写内存时，会对比指令执行时的安全等级（内核态还是用户态）及内存地址的安全等级，来确定该指令是否有权限对该内存进行读/写。

Linux 只用到了 Ring 0 和 Ring 3。其中特权指令只有在最高特权级别 Ring 0 下才能执行，而非特权指令可以在 Ring 0 或 Ring 3 下执行，但相同的非特权指令在不同保护模式下执行的行为不同。当指令在 CPU 最高特权级别 Ring 0 下执行时，其具有访问系统中一切资源的权限，这时指令的状态称为"内核态"。当指令在 CPU 最低特权级别 Ring 3 下执行时，其只具有访问部分资源的权限，此种状态称为"用户态"。当程序不在 Ring 0 下运行时，是无法监听 Ring 1 ~ Ring 3 下的其他程序的。

1.2.3　指令工作流程

当应用运行在用户态时，如果有操作系统资源等危险行为，则会通过操作系统的"陷阱（Trap）机制"转到内核态，然后执行相应的系统资源操作。在完成操作之后，又会从内核态回到用户态。从用户态到内核态的"陷阱机制"通常有如下三种触发条件。

○ 系统调用：当在用户态需要操作系统级别的服务时，会主动通过系统调用的指令进入内核态。例如，malloc 函数其实就是通过系统调用让内核为其分配线性地址空间的。

○ 异常：比如缺页异常（有的书上叫"缺页中断"，这么说其实不够严谨）；再如用户执行特权指令产生异常。

○ 硬件中断：当有硬件中断时，操作系统需要去响应外部中断，如果此前正在用户态执行，则会进入内核态的中断处理函数中。比如硬盘读/写操作完成后，系统会切换到硬盘读/写的中断处理程序中，然后执行后续操作。

总体来说，当应用运行时，如果涉及使用或改变系统资源的操作，则会触发"陷阱机制"。首先陷阱会被 CPU 捕获，然后 CPU 会调用操作系统内核中相应的例程（routine 程序）执行对应的操作。当操作系统内核执行完对应的操作之后，它会返回用户态下的应用，继续执行应用剩下的操作。以上过程如图 1-4 所示。

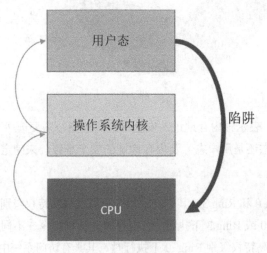

图 1-4

1.3　内核

在操作系统中最核心的部分就是内核模块。内核是多段计算机程序的有机结合，其直接管理系统中的多种资源，包括 CPU、内存空间、I/O 资源等，然后将资源抽象后提供给上层应用来使用。反之，计算机的操作也要通过内核传递给硬件。其主要功能有：

- 中断响应。

- 进程管理。

- 进程间通信。

- 内存管理。

1.3.1　组成模块化

内核中的各个模块都作为单独的进程运行，模块之间通过消息传递进行通信。不同模块的功能，通过如下两种方式整合到内核中。

- 静态编译：在编译阶段将所有功能都编译进内核。这样虽然不会有兼容性问题，但会导致生成的内核很大。此外，新加入功能时需要重新编译内核。

- 动态加载：将功能编译成模块，在需要时再动态加载。这样可以减小内核的大小，并增加内核模块的弹性，且在修改内核后，无须编译整个内核。

有了模块动态化之后，就可以根据需要将对应的模块编译进内核，并且可以动态地加载和卸载，这样对模块的维护及使用就得到了很大程度的简化。

1.3.2　单内核

单内核也叫"大内核"，是一个单独的二进制映像。操作系统的所有功能都可以被做到内核中，包括进程调度、文件系统、网络服务、设备驱动、存储管理等。应用程序可以通过系统调用来使用内核功能，内核则通过硬件完成相应的工作。单内核设计模式如图 1-5 所示。

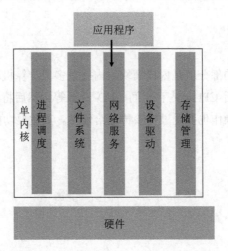

图 1-5

当单内核运行时，内核本身作为一个很大的进程存在，进程内所有服务都运行在同一块地址空间中，内核模块之间的通信是通过函数调用来实现的。这样虽然保证了结构简单，提高了操作系统的工作效率，但也导致模块之间调用繁杂，系统修改、升级时相互影响，后期维护成本较高。大部分 UNIX（包括 Linux）系统都采用单内核模式。

1.3.3　微内核

微内核设计模式是一种精简形式，能将模块功能尽可能从内核中剥离出来，只保留一些十分必要的服务，剥离出的模块功能以服务扩展件的形式存在，用户可以根据不同的诉求加载相应的服务扩展件。使用微内核设计模式对系统进行升级，只需要用新模块替换旧模块，不需要改变整个操作系统。

微内核设计模式如图 1-6 所示。微内核自身提供一组"最基本"的服务，包括调度计算资源、管理内存资源、I/O 资源存储及 I/O 设备管理。其他服务，如进程间通信、设备驱动、文件管理、网络支持等都通过服务扩展件的形式在微内核之外实现。

微内核具有很好的扩展性，并可简化应用程序开发。用户只运行其需要的服务，这有利于减少应用对磁盘空间和存储器的需求。

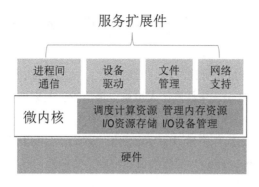

图 1-6

1.3.4 外内核

麻省理工学院（MIT）提出一种内核概念，其设计理念是尽可能减少抽象化的层次，让应用程序的开发人员决定硬件接口的设计。用这个概念实现的内核，被称为"外内核"。外内核设计模式如图 1-7 所示。

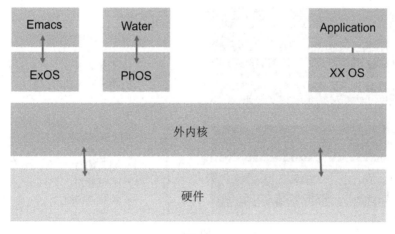

图 1-7

通常外内核只负责系统保护和系统资源复用相关服务，运行在核心空间的唯一进程就是外内核，它唯一的工作就是负责分配系统资源，并防止使用者进程存取其他进程的资源。这就使得外内核变得很小。

在传统的内核设计中，硬件和设备驱动以一种隐藏的形态存在于硬件抽象层中，上层服务通过硬件抽象层与硬件进行交互。应用程序不会直接与硬件的物理空间进行交互。外内核的目标是让应用程序直接请求一块特定的物理空间、一个特定的磁盘块等，它本身只保证被请求的资源当前是空闲的。

当前，外内核设计还停留在研究阶段。但理论上，可以让各种操作系统（如 Windows 和 UNIX）运行在一个外内核之上，并且设计人员可以根据运行效率调整系统的各部分功能。在应用外内核的情况下，每个应用都可以自带一个定制内核的操作系统。比如在图 1-7 中，名为 Emacs 的应用可以自带定制内核的操作系统 ExOS，应用 Water 可以自带一个定制内核的操作系统 PhOS，而任意的应用（Application）都能为自己定制一个匹配内核的操作系统 XX OS。

综上所述，我们简单介绍了操作系统的主要功能和结构，还介绍了 CPU 指令集原理，以及内核相关知识。可以说，操作系统的最终目的是为应用提供一个标准的运行时环境，封装底层硬件，为应用提供一个统一的底层物理资源调用接口。

如图 1-8 所示，应用主要包括后端服务（客户端和调用代码）、开发框架及类库等，应用主要满足两类需求：业务需求和非业务需求。操作系统和硬件作为底层支撑，向上提供基本能力，如计算能力、存储能力、网络连接能力等。

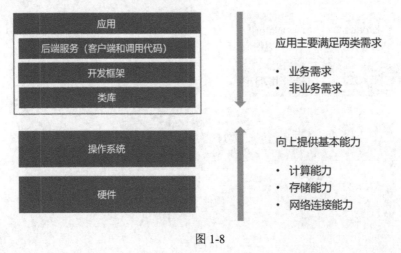

图 1-8

通过本章的学习，读者应该可以理解操作系统核心知识，并为接下来的内容打下基础。

第 2 章

虚拟化

2.1 虚拟化概述

在虚拟化诞生之前，操作系统中常见的资源可概括为以下几种。

○ 计算资源：服务器 CPU（核数、线程数、主频）、内存容量等。

○ 存储资源：服务器磁盘空间等。

○ 网络资源：服务器的网卡、服务器所接入的网络类型、路由器、负载均衡、网关等。

2.1.1 直接使用物理设备

直接使用物理设备时，必须面对由物理设备本身带来的不足，具体来说，有以下几个方面。

1. 缺乏灵活性

○ 缺乏时间灵活性：时间灵活性一般表现为处理相关资源时的时限，即生产或销毁资源是否足够快。当系统中资源匮乏，需要扩容资源时，物理设备的供给流程很长，设备到货后安装、部署设置烦琐，从而导致时间灵活性差。

○ 缺乏空间灵活性：空间灵活性表现为可获取到的资源规模大小是否足够灵活。比如用户可能需要很小规格（如 1U1G）的计算资源，为此购置一台服务器则会造成资金的浪费。再如为了应对计算资源的峰值，购置了性能足够的资源，然而大多数时候资源开销远远低于峰值，导致资源利用率低下。

○ 缺乏操作灵活性：操作灵活性体现在设备运维等操作的简便程度上，直接使用物理设备时，设备上架、安装、配置等都需要人工完成大量的工作，或者针对网络配置，需要对许多不同的网络设备进行统一管理。可见，大规模物理设备群的运维是一个非常复杂、烦琐的过程。

2. 隔离性差

为了提高资源利用率，可能会将多个服务部署到同一个物理设备上，这可能会导致多个服务之间相互干扰、隔离性差，严重时甚至会造成安全问题。

3. 不可复制

当一个物理设备上的应用需要扩展时，只能在增加物理设备后，再做一遍物理资源配置、应用发布、网络配置等工作，无法快捷地实现对应用的复制和粘贴。

2.1.2　虚拟化原理

在计算机历史上，虚拟化技术最早出现于 1961 年，IBM 709 计算机首次将 CPU 占用切分为多个极短的时间片（1/100s），每一个时间片都用来执行不同的任务。通过对这些时间片的轮询，就可以将一个 CPU 虚拟化或者伪装成多个 CPU，并且让这些虚拟 CPU 看起来同时在运行。在之前探讨的分层架构中，人为地创造了"CPU 指令集"和"系统调用"两个抽象层，使得上层软件可以直接运行在新的虚拟环境中。简单来说，虚拟化就是通过模仿下层原有的功能模块创造接口来"欺骗"上层的机制。

虚拟化可以通过资源管理技术，将物理存在的实体资源以虚拟机（Virtual Machine，VM）的形式抽象成一种逻辑表示。通常的做法是在整个系统架构中增加一个抽象层，负责分割下层的物理资源，然后组合成逻辑资源供上层使用。

1. 广义虚拟化

如图 2-1 所示，广义虚拟化存在于计算机系统的方方面面，具体解释如下。

- ❍ 硬件虚拟化：硬件抽象层虚拟化为上层虚拟一个相同的或者相似的硬件，这样就可以将一个操作系统及操作系统层以上的层嫁接到硬件上，实现和真实物理机几乎一样的功能。

- ❍ 内存虚拟化：虚拟内存是对整个存储空间的虚拟化，使得应用程序可以突破物理存储的限制。

○ 系统虚拟化：操作系统层虚拟化为上层模拟一个完备的操作系统，实现对应用进行独立封装，提供隔离的环境。

○ 应用虚拟化：在应用层及函数层之上建立抽象层，提供逻辑隔离功能，即允许在一个应用上同时支撑多个用户应用，也就是云计算中提及的多租户。在 Web 服务器领域，这称为虚拟主机（Virtual Host），一台 Web 服务器可以基于域名为多个网站提供服务。在数据库领域，单个数据库服务可以提供完全隔离的多个逻辑数据库。在编程语言领域，比如 JVM 是提供 Java 运行环境的一种虚拟化。

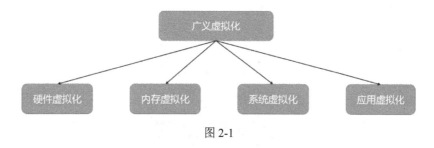

图 2-1

2. 狭义虚拟化

狭义虚拟化特指操作系统虚拟化，它使用虚拟化技术在一台物理机上模拟出多台虚拟机，每台虚拟机都拥有独立的资源（计算资源、存储资源、网络资源）。从逻辑形态上看，每台虚拟机都拥有独立的硬件设备（CPU、内存、硬盘、网卡等），上面运行着一个独立的操作系统，我们通常称之为"GuestOS"，每个 GuestOS 中都运行着各自的应用程序。虚拟化的资源以虚拟机的形式提供给用户，用户在使用虚拟机时可以选定不同的资源规格，包括 CPU、内存和存储资源等。同时虚拟机可以挂载不同的存储，被配置在不同的网络中。美国国家标准与技术研究院（National Institute of Standards and Technology，NIST）对虚拟化的定义为：虚拟化为应用程序的运行提供了包含软、硬件资源的仿真环境。这一组仿真环境被称为虚拟机。所以说虚拟机是为其他应用软件提供虚拟化环境的最小单元。

一方面，虚拟化可以提供与底层硬件设备系统不同的虚拟机；另一方面，虚拟化可以虚拟多台虚拟机资源。虚拟化的具体实现是通过在操作系统与硬件之间加入一个虚拟化层，并通过空间上的分割、时间上的分时及仿真模拟，将服务器物理资源抽象成逻辑资源。虚拟化层可以将单个 CPU 模拟为多个 CPU，并且这些 CPU 之间相互独立、互不影响，也就是虚拟化层实现了计算单元的模拟及隔离。它向上层操作系统提供与原先物理服务器一致的环境，使得上层操作系统可以直接运行在虚拟环境中，并允许具有不同操作系统的多台虚拟机相互隔离，并发地运行在同一台物理服务器上，这台物理服务器被称为"宿主机"。虚拟化层模拟出来的主要逻辑功能为虚拟机，在虚拟机中运行的操作系统被称为"GuestOS"。

虚拟化场景包括三个部分：硬件资源、虚拟机监视器（VMM）和虚拟机（VM），如图 2-2 所示。系统虚拟化可以将一台物理机（Host）虚拟化为多台虚拟机，并通过虚拟化层（即虚拟机监视器）使每台虚拟机都拥有自己的虚拟硬件，并拥有一个独立的虚拟机运行环境，进而拥有一个独立运行的操作系统。

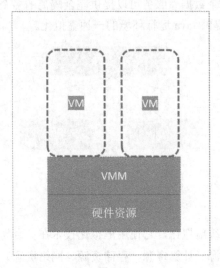

图 2-2

虚拟化具有如下特征。

○ 分区：对物理机分区，可实现在单一物理机上同时运行多台虚拟机。

○ 隔离：在同一台物理机上多台虚拟机相互隔离。

○ 封装：整个虚拟机执行环境，包括硬件、操作系统和应用等，都被封装在独立文件中。

○ 独立：不依赖产生该虚拟机的服务器，它可以不加修改地直接迁移到其他服务器上运行。

2.2 虚拟化指令集

虚拟化指令集指的是将某个硬件平台的二进制代码转换为另一个平台的二进制代码，从而实现不同硬件指令集之间的兼容。这种技术也被形象地称为"二进制翻译"。本节将重点介绍敏感指令集和虚拟化指令集的工作模式。

2.2.1　敏感指令集

原本的指令集设计是在传统场景下实现的，但在虚拟化场景下，在 GuestOS 的内核中有一部分非特权指令，它们不一定会改变或者损害整个系统，但是会影响基于虚拟化的整个系统的安全，因此人们定义了敏感指令（Sensitive Instruction）。敏感指令是操作特权资源的指令，包括修改虚拟机的运行模式，改变宿主机的状态，读/写时钟、中断等寄存器，访问存储保护系统、地址重定位系统及所有的 I/O 指令。例如，GuestOS 的内核指令可以读取宿主机 CPU 的寄存器内容，从而看到整个系统的状态，这样一台虚拟机就可以看到另一台虚拟机的内部信息了。在虚拟化场景下，所有会危害到系统安全的指令集被称为"敏感指令集"。

2.2.2　虚拟化指令集的工作模式

若想了解虚拟化指令集的工作模式，必须了解 Popek&Goldberg 原理。Popek&Goldberg 原理定义了如何设计一个有效的虚拟机监视器。

- ○　等价性：任何一个程序，在被管理程序控制时，除时序和资源可用性之外，应该与没有被管理程序控制时是一样的，而且预置的特权指令可以自由执行。

- ○　资源控制：一个程序发出的任何调用系统资源的动作在被执行时，都应先调用控制程序。

- ○　效率性：一个程序产生的所有无害指令都应该由硬件直接执行，控制程序不应该在任何地方产生中断。

这就是说，虚拟机 GuestOS 中的所有非敏感指令都会"穿透"虚拟机监视器，直接运行在CPU 上。

虚拟机 GuestOS 中的敏感指令，理想的状态是通过陷阱机制被虚拟机监视器所捕获，然后虚拟机监视器通过不同的模拟或虚拟化技术实现在虚拟机上的模拟。具体的整个处理过程，以及虚拟机监视器对敏感指令的详细处理过程，如图 2-3 所示。（Popek&Goldberg 原理的前提是，敏感指令必须都是特权指令，只有特权指令才能以图 2-3 所示的方式处理；若敏感指令不是特权指令，则会进行说明。）

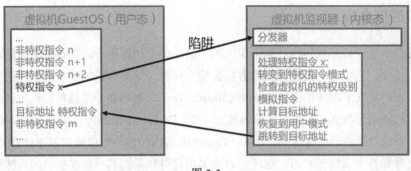

图 2-3

在 Popek&Goldberg 原理中，如果敏感指令都是特权指令，当在虚拟机中执行内核态的特权指令时，则会通过陷阱机制被下层的虚拟机监视器捕获。虚拟机监视器可以对捕获的特权指令进行替换操作，从而完整地模拟出某个虚拟机监视器下的特权操作。"陷阱+模拟"机制从本质上保证了可影响虚拟机监视器正常运行的指令由虚拟机监视器模拟执行，而大部分非敏感指令还是照常运行在物理 CPU 上。

虚拟机监视器用到了优先级压缩技术，使得虚拟机中的应用运行在 Ring 3 层，GuestOS 运行在 Ring 1 层（有时也可运行在 Ring 3 层），虚拟机监视器运行在 Ring 0 层。

将 GuestOS 内核的特权级别从 Ring 0 改为 Ring 1，即可"消除"GuestOS 内核的特权。但这会给 GuestOS 的内核指令带来一定的麻烦，原本 GuestOS 的内核指令是被设计在 Ring 0 层下执行的，通过优先级压缩后会造成部分指令在虚拟机中的 Ring 1 层或 Ring 3 层下无法执行。

针对这一问题，理论上采取的解决方法是让虚拟机监视器捕获特权指令。当 GuestOS 的特权指令无法直接下达到 CPU 执行时，可以通过虚拟机监视器的"陷阱+模拟"机制执行。

具体来说，当虚拟机中的应用需要操作重要资源时，会触发特权指令，通过陷阱机制被虚拟机监视器捕获，然后交由对应的 GuestOS 执行。因为虚拟化之后 GuestOS 运行在 Ring 1 层，它没有权限执行一些特权指令，需要通过其他方式保证这些特权指令的执行。

例如，当虚拟机中的应用使用系统调用时，其跳转到的 GustOS 内核中断处理程序（routine）运行于 Ring1 层。但是在内核中断处理程序中有部分指令是必须在 Ring 0 层才能执行的，此时会再通过陷阱机制将这些指令自动转入虚拟机监视器后执行。用户程序运行特权指令时会有两次特权下降，其中一次是进入 Ring 1 层的 GuestOS；另一次是通过特权指令的陷阱机制进入 Ring 0 层的虚拟机监视器。

但 Popek&Coldberg 原理的前提是，敏感指令必须都是特权指令，即敏感指令集是特权指令集的子集，如图 2-4 所示。只有这样，虚拟机监视器才能通过选用特权指令集的陷阱捕获方式进行虚拟化。

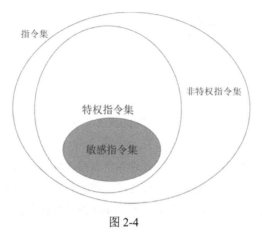

图 2-4

在虚拟化场景下，敏感指令必须通过陷阱机制被虚拟机监视器捕获并完成模拟执行。对于一般精简指令集（RISC）处理器，如 MIPS、PowerPC、SPARC，敏感指令肯定是特权指令，即敏感指令集属于特权指令集的子集。

但是在 x86 处理器中，只能保证绝大多数的敏感指令是特权指令，还有约 17 个敏感指令不是特权指令，也就是说，敏感指令的范围更大。然而，当特权指令集是敏感指令集的真子集时，有一部分敏感指令无法被虚拟机监视器捕获，从而无法完全被替换，这一现象被称为"虚拟化漏洞"，如图 2-5 所示。

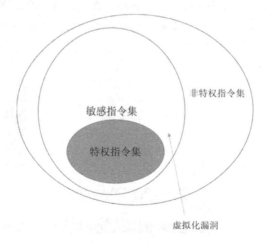

图 2-5

2.3　虚拟化类型

虚拟化分为全虚拟化、类虚拟化和硬件辅助虚拟化三类，本节我们将对不同的虚拟化类型进行详细描述。

2.3.1　全虚拟化

全虚拟化是虚拟化的一种理想状态，虚拟机监视器模拟出来的平台是一个完备的运行环境，从 GuestOS 看来和在真实的物理机上运行完全一致，GuestOS 察觉不到是运行在一个虚拟化平台上。在这样的虚拟化平台上，GuestOS 无须做任何修改即可运行，所抽象的虚拟机具有完全的物理计算机特性，我们称这种虚拟化平台为"全虚拟化平台"。全虚拟化平台需要正确处理所有的敏感指令，进而正确完成对 CPU、内存和 I/O 的各种操作。

在 x86 架构的 CPU 中，不是所有的敏感指令都是特权指令，因此并不能完全解决那些不是特权指令的敏感指令的虚拟化漏洞，例如全局描述符表（GDT）、局部描述符表（LDT）和中断描述符表（IDT）的一些操作指令，如 SGDT、SLDT、SIDT。早期没有硬件支持，全虚拟化只能通过软件方式实现，即主要通过二进制代码翻译机制实现。

如图 2-6 所示，在全虚拟化中，对于特权指令，还是采用先前的"陷阱+模拟"的方式。当虚拟机的内核态需要运行虚拟化漏洞指令时，Ring 0 下的虚拟机监视器通过二进制代码扫描并替换 Ring 1 下的 GuestOS 的二进制代码，将所有虚拟化漏洞指令替换为其他指令。二进制翻译是一种直接翻译可执行二进制程序的技术，能够把一种处理器上的二进制程序翻译到另一种处理器上执行。在虚拟机监视器中，会动态地把虚拟机中的虚拟化漏洞指令翻译为其他指令，从而实现虚拟化。

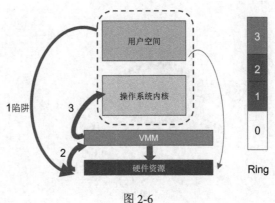

图 2-6

二进制代码翻译的优势在于，对 GuestOS 无须做任何修改；其劣势在于，由于实时的内存扫描，造成虚拟机的性能受到很大的损耗。

2.3.2 类虚拟化

2003 年出现的 Xen，使用了另外一种类虚拟化的方案来解决 x86 架构下 CPU 虚拟化漏洞的问题。不同于全虚拟化，类虚拟化的 GuestOS 知道自己运行在一个虚拟化环境中。类虚拟化可以通过修改 GuestOS 的内核代码来规避虚拟化漏洞的问题，GuestOS 会将与敏感指令相关的操作都转换为对虚拟机监视器的超级调用（Hypercall），交由虚拟机监视器进行处理，使 GuestOS 内核完全避免处理那些难以虚拟化的虚拟化漏洞指令。而超级调用支持批处理和异步两种优化方式，这使得通过超级调用能得到近似于物理机的速度。类虚拟化的方法是一种全新的设计理念，它将问题的中心由虚拟机监视器移向 GuestOS 自身，通过主动的方式由 GuestOS 去处理这些指令，而不是移交给虚拟机监视器进行处理，在这种设计理念下就必须得修改 GuestOS 内核。

但与全虚拟化相同的是，类虚拟化修改过的 GuestOS 也会运行在 Ring 1 下。运行在 Ring 1 下的 GuestOS 没有权限执行的指令，会交给运行在 Ring 0 下的虚拟机监视器来处理，这在很大程度上与应用的系统调用类似：系统调用的作用是把应用无权限执行的指令交给操作系统完成。因此，虚拟机监视器向 GuestOS 提供了一套"系统调用"，以方便 GuestOS 调用，这套"系统调用"就是超级调用。只有 Ring 1 下的 GuestOS 才能向虚拟机监视器发送超级调用请求，以防止 Ring 3 下的应用调用错误导致对系统可能的破坏。因此，只有运行在特权级别 Ring 1 下的 GuestOS 内核才能申请超级调用。例如，当虚拟机内核需要操作物理资源来分配内存时，虚拟机内核无法直接操作物理资源，而是通过调用与虚拟机监视器内存分配相关的超级调用，由超级调用来实现真正的物理资源操作。

如图 2-7 所示，类虚拟化让 GuestOS 知道自己是在虚拟机上运行的，工作在非 Ring0 状态。那么它原先在物理机上执行的一些特权指令，就会被修改成超级调用。这种方式是可以和虚拟机监视器约定好的，相当于通过修改代码把 GuestOS 移植到一种新的架构上，就像定制的一样。所以，类虚拟化技术的 GuestOS 都有一个专门的定制内核版本。这样就不需要有陷阱机制、二进制代码翻译、模拟的过程了，性能损耗非常低，这也是半虚拟化的优势。通过修改 GuestOS 和超级调用的机制，虚拟机的性能将会得到大幅度的提升，但是只有专属的虚拟机镜像可以被使用。

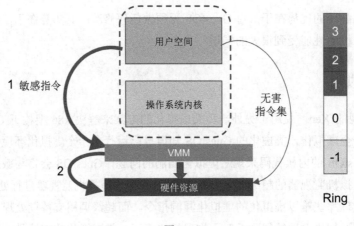

图 2-7

2.3.3　硬件辅助虚拟化

硬件辅助虚拟化，顾名思义，就是借助硬件实现虚拟化。为了更好地解决 x86 架构下虚拟化漏洞的问题，芯片厂商扩展了其指令集来支持虚拟化。其核心思想是通过引入新的指令和运行模式，使虚拟机监视器和 GuestOS 分别运行在 root 模式和 no-root 模式下，这样一来，GuestOS 还是可以运行在 Ring 0 下的，GuestOS 的内核也不需要修改。在通常情况下，GuestOS 的特权指令可以直接下达到计算机系统硬件执行，而不需要经过虚拟机监视器。当 GuestOS 执行到敏感指令时，系统会切换到虚拟机监视器，让虚拟机监视器来处理特殊指令。

为了弥补 x86 处理器的虚拟化缺陷，Intel 推出了基于 x86 架构的硬件辅助虚拟化技术 VT-x，支持硬件辅助虚拟化。Intel 的 VT-x 对虚拟机设计了一种新的模式，引入 root 模式和 no-root 模式的概念，两者都可以运行在 Ring 0~Ring 3 下。其中虚拟机监视器运行在 root 模式下的 Ring 0 下，而 GuestOS 运行在 no-root 模式下的 Ring 0 下。因为 root 模式下的 Ring 0 比原先的 Ring 0 还要优先，所以业界也把 root 模式下的 Ring 0 称为 Ring -1。Intel 的 VT-x 技术解决了早期 x86 架构在虚拟化方面存在的缺陷，可使未经修改的 GuestOS 运行在 Ring 0 下（在 no-root 模式下），同时减少虚拟机监视器对 GuestOS 的干预。

VT-x 将虚拟机监视器与 GuestOS 的执行环境完全隔离开，通过指令集的变化实现虚拟机监视器和 GuestOS 运行环境之间的相互转换，即上文所述的 root 模式和 no-root 模式。启动或退出 root 模式和 no-root 模式通过新添加的 VMXON 和 VMXOFF 指令实现。从 root 模式到 no-root 模式的转换通过 VMEntry 指令实现，从 no-root 模式到 root 模式的转换通过 VMExit 指令实现。若在 no-root 模式下执行了敏感指令或发生了中断等，则会执行 VMExit 操作，切换回 root 模式运行虚拟机监视器。切换过程如图 2-8 所示。

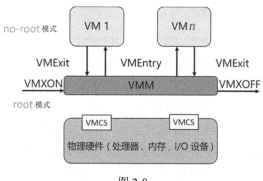

图 2-8

对于相同的敏感指令，在 root 模式和 no-root 模式下被处理的方式不同。当虚拟机中的应用产生一个中断时，会通过 VMExit 退出 no-root 模式，并把详细的中断信息保存在 VMCS 寄存器中。虚拟机监视器随后会确认该虚拟机退出的原因，执行相关操作，模拟虚拟机中的中断操作，并把结果发送给该虚拟机。该虚拟机重新进入 no-root 模式，其 GuestOS 根据收到的中断结果继续执行中断的后续操作。在 VT-x 模式下，Ring 0 下的指令会根据是否在 root 模式下而采取不同的处理方式，从而实现虚拟化。也就是说，在硬件层面已经做了区分，因此在全虚拟化情况下，性能越来越好。如前文所介绍的，VT-x 通过新添加的指令实现 Ring -1，从而解决了指令二进制翻译及类虚拟化无法解决的问题。硬件辅助虚拟化机制如图 2-9 所示。

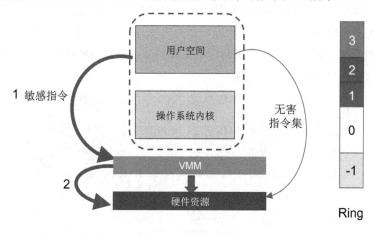

图 2-9

在 VT-x 模式下，当 GuestOS 的内核运行在 no-root 模式下的 Ring 0 下时，对系统资源操作的一部分指令不通过虚拟机监视器，而是穿透虚拟机监视器直接在 CPU 上运行，我们将这部分指令称为"非敏感指令"或"无害指令"。这种模式可以大大提升虚拟化的效率，实现虚拟化三大标准中的"高效性（Efficiency）"。

现在我们回顾一下 CPU 虚拟化技术的实现。纯软件的 CPU 虚拟化使用了"陷阱+模拟"的方式来模拟特权指令，而在 x86 架构下，由于只能模拟特权指令，无法模拟虚拟化漏洞指令，因此无法实现全虚拟化。硬件辅助虚拟化引入了 root 模式和 no-root 模式，它们都有 Ring 0~Ring 3 这四种特权级别。所以，在硬件辅助虚拟化中，传统的"陷阱"概念实际上被 VMExit 操作取代了，它代表从 no-root 模式切换到 root 模式，而从 root 模式切换到 no-root 模式使用 VMEntry 指令实现。基于硬件辅助的虚拟机监视器做了大量的优化，GuestOS 内包括 I/O 驱动等都无须做任何修改，GuestOS 可以直接在 CPU 上运行一部分特权指令，在确保虚拟机稳定运行的情况下大大提升了性能。

2.4 虚拟化架构

虚拟化架构主要分为裸金属架构和宿主模式架构两种，本节我们将分别介绍这两种架构的特点。

2.4.1 裸金属架构

裸金属架构如图 2-10 所示。虚拟机监视器被直接安装和运行在物理机上，依赖其自带的虚拟内核管理，使用底层硬件资源。虚拟机监视器拥有硬件的驱动程序，不依赖特定的操作系统，其管理着宿主机及其他虚拟机。宿主机和虚拟机都安装有各自的操作系统，即宿主机操作系统和 GuestOS。裸金属架构的代表是 Xen。

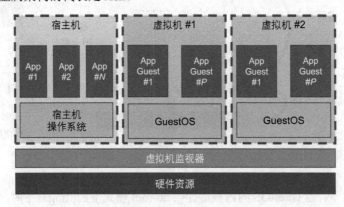

图 2-10

2.4.2　宿主模式架构

宿主模式架构如图 2-11 所示。

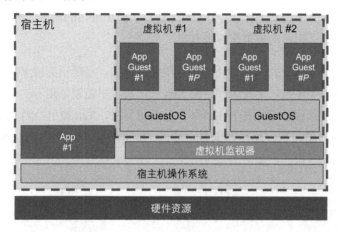

图 2-11

虚拟机监视器被安装和运行在操作系统上，依赖操作系统对硬件设备的支持和对物理资源的管理。在这种情况下，虽然虚拟机监视器对硬件资源进行访问必须经过宿主机操作系统，但虚拟机监视器依然可以充分利用操作系统对硬件设备的支持，以及内存管理进程调度等服务。宿主模式架构的代表是 KVM。

2.5　常见的虚拟化产品

虚拟化技术发展几十载，已经有了一些虚拟化产品，如 VMware、Xen、KVM 等，下面进行具体介绍。

2.5.1　VMware

虚拟化最早产生于大型机中，通过对大型机进行分区来提高硬件资源的利用率。后来随着 x86 架构的风靡，以及硬件成本的不断降低，虚拟化经历了一段时间的低潮期。但随着时间的推移，软件越来越复杂，对应的 IT 基础架构越来越庞大，使得服务器数量越来越多，与此对应的耗电和制冷等成本也节节攀升。1999 年，为了解决上述难题，VMware 推出了 VMware Workstation，通过软件辅助全虚拟化技术，在一个操作系统内虚拟出多台虚拟机。

2.5.2 Xen

在 VMware 推出 VMware Workstation 后没多久，开源社区在虚拟化领域也有了突破。2003 年剑桥大学推出了 Xen Hypervisor，它为 Linux 提供了类虚拟化的内核。再加上与 QEMU 模拟器软件的搭配，形成了完善的虚拟化解决方案。

目前最新版本的 Xen 支持类虚拟化和硬件辅助虚拟化。它在不支持 VT-x 技术的 CPU 上也能使用，但是只能以类虚拟化模式运行。在 Xen 中，虚拟机监视器运行在 Ring 0 下，GuestOS 运行在 Ring 1 下，应用程序运行在 Ring 3 下。系统引导时，Xen 被引导到 Ring 0 的内存中，在 Ring 1 下启动修改过的内核，这被称作 Domain0。接下来可以创建更多的 Domain 虚拟机，也可以进行销毁和迁移等操作，如图 2-12 所示。

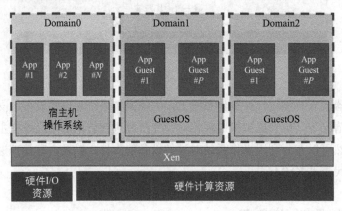

图 2-12

2.5.3 KVM

KVM（Kernel-based Virtual Machine）是一种硬件辅助虚拟化技术，由以色列的 Qumranet 公司开发，该公司后来被 RedHat 收购。2007 年 KVM 被合并到 Linux 内核 2.6.20，目前它是 Linux 的一个内核模块。借助 KVM 模块，可以将 Linux 内核转化为虚拟机监视器。当然，KVM 需要 CPU 有相关的虚拟化支持。KVM 机制示意图如图 2-13 所示。

KVM 包含一个内核模块 kvm.ko，以及与架构相关的 kvm-intel.ko 或 kvm-amd.ko。KVM 对外暴露/dev/kvm 接口，客户模式的 QEMU 利用它通过 ioctl 系统调用（一个专门用于设备输入/输出操作的系统调用）进入内核模式。在创建虚拟 CPU 后，通过 VMLAUCH 指令进入客户模式，进而执行虚拟机中的指令。如果虚拟机发生外部中断之类的情况，则会导致虚拟机退出至宿主机中进行异常处理，处理完成后可以通过 VMRESUME 指令重新进入客户模式，执行客户代码。周而复始，虚拟机指令不断执行，形成虚拟机和物理机分时复用 CPU 的状态。

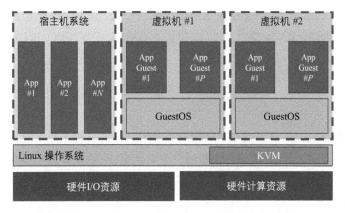

图 2-13

使用 KVM 创建的虚拟机实际上就是一个传统的 Linux 进程，它运行在 QEMU-KVM 进程的地址空间。如果在虚拟机的 no-root 模式下执行非敏感指令，则可以直接在物理 CPU 上执行。当虚拟机在 no-root 模式下执行敏感指令时，则会触发 VMExit，CPU 会从 no-root 模式切换到 root 模式。KVM Hypervisor 会接管对敏感指令进行一系列处理，处理完成后会触发 VMEntry 进入虚拟机的 GuestOS 继续执行其他指令。

2.5.4　QEMU

QEMU 是开源的软件辅助全虚拟化解决方案，其主要包含两部分内容：指令模拟器和虚拟机监视器。

- ○ 指令模拟器通过二进制代码翻译的方式为虚拟机提供指令支持，可以支持跨系统架构的转义，比如将 x86 架构的指令转义为 ARM 架构的指令，从而使得在 x86 架构上可以运行 ARM 架构的虚拟机。

- ○ 虚拟机监视器提供一系列硬件模拟（Emulation），使得虚拟机以为自己独占硬件设备，并认为自己与硬件直接交互，其实是与 QEMU 模拟出来的硬件交互。该虚拟机监视器模拟的硬件包括硬盘、网卡、CPU、CD-ROM、音频设备和 USB 设备等。

有了 KVM 之后，GuestOS 的 CPU 指令不用再经过 QEMU 的翻译便可直接运行，大大提高了运行速度。但 KVM 缺少虚拟设备的模拟，所以它结合 QEMU 才能构成一套完整的虚拟化技术，也就是我们通常所说的 QEMU-KVM 解决方案。QEMU 和 KVM 整合之后，CPU 的性能问题得到了解决。另外，QEMU 还会模拟其他硬件，如网络、磁盘等。同样，全虚拟化的方式也会影响这些设备的性能，于是 QEMU 采用类虚拟化的方式，让 GuestOS 加载特殊的驱动来实现硬件虚拟化。总体来说，KVM 提供 CPU 虚拟化，而 QEMU 实现除 CPU 之外的其他硬件的虚拟化。

2.5.5　NEMU

QEMU 一直是事实上的开源虚拟机管理程序标准，它的目标是尽可能通用，广泛支持模拟多种平台和多种设备的功能，并能够在大量硬件平台上运行。这就导致 QEMU 代码库十分庞大、繁杂，同时也放大了 QEMU 的安全漏洞。近年来，云中心不时爆出的安全漏洞，在很大程度上是 QEMU 相关漏洞。

NEMU 脱胎于性能强大又稳定的 QEMU 代码库，在此基础上只考虑特定的硬件架构和平台（目前只支持在近期版本的 64 位 Intel 芯片和 ARM 芯片上运行），这就使得 NEMU 无须关注无关的功能和硬件架构模拟，不仅简化了代码库，降低了复杂性，同时也缩小了攻击面。

2.5.6　Firecracker

当前云计算中对软件运行环境的模拟有容器和虚拟机两种重要的形态，其中容器具有启动快和资源利用率高的优点，但是安全性广为诟病；而虚拟机可以完整地模拟计算机结构，具有很好的安全性，但是也导致启动慢。

为了缩减启动时间并提高安全性，亚马逊云 AWS 开源了其虚拟机监视器技术 Firecracker。它是一个用 Rust 语言重新编写的虚拟机监视器，大大优化了原先的 QEMU，是一种利用 KVM 的新虚拟化技术。Firecracker 运行在用户态，基于 KVM 来创建并启动轻量级虚拟机。Firecracker 只模拟极少的几种硬件设备，并简化了内核加载过程，使得服务在 125ms 时间内即可启动。目前它主要用于创建和管理多租户容器，以及基于函数的服务。

2.5.7　VirtualBox

VirtualBox 是一款开源的 x86 虚拟机软件，是由德国 Innotek 公司开发，由 Sun Microsystems 公司出品的软件，使用 Qt 编写，在 Sun Microsystems 公司被 Oracle 收购之后，它被称为 Oracle VM VirtualBox。目前 VirtualBox 可运行在 Windows、Linux、Macintosh 和 Solaris 等各种平台上，

支持多种虚拟机，如 Windows、Linux、BSD、OS/2、Solaris 等虚拟机。

VirtualBox 支持软件辅助全虚拟化和硬件辅助虚拟化，支持 VDI、VMDK 和 VHD 等各种镜像格式。强大的功能和简易的部署，使得 VirtualBox 被广泛应用于虚拟化的测试和验证工作中。

2.5.8　Libvirt

如前文所述，各种各样的虚拟化技术提供了各式各样的管理接口，当需要异构不同的虚拟化技术时，需要适配不同的接口。另外，在云计算体系结构中，云控制平台和虚拟化平台之间缺少一层资源管理。基于以上两个理由推出了 Libvirt，它是一套管理虚拟化平台的开源 API。

Libvirt 的主要目标是为各种虚拟化提供一套统一的接口，方便用户使用统一的方式管理虚拟化资源。它包括一个 API 库函数、一个守护进程 libvirtd 和一个命令行工具 virsh。目前 Libvirt 兼容支持 QEMU、KVM、Xen、LXC、OpenVZ、VirtualBox 等，它主要有以下功能。

○ 　虚拟机管理：管理整台虚拟机的生命周期。

○ 　远程支持：支持远程调用 Libvirt。

○ 　存储管理：兼容多种不同的存储类型，并支持多种镜像格式。

○ 　网络管理：管理虚拟的逻辑网络接口。

Libvirt 的工作机制如图 2-14 所示。

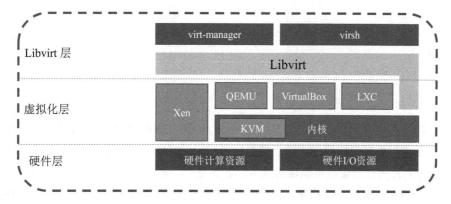

图 2-14

2.5.9　Vagrant

Vagrant 是一款基于 Ruby 的工具，可用于创建和部署虚拟化环境，它依赖下层的 VirtualBox 或者 VMware，使用 Chef 技术进行部署。在日常调试、运维中经常使用 Vagrant，它通过 Vagrantfile 文件来设置全部的部署环境，可以说是第一款通过声明的方式来定义底层基础设施的工具。Vagrant 的工作机制及部分命令如图 2-15 所示。

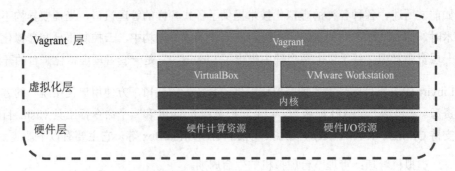

图 2-15

综上所述，本章介绍了虚拟化的发展历程。可以说，虚拟化的最终目标就是将应用部署为虚拟机，并把虚拟机打包成镜像。该镜像封装了应用运行中需要的全部服务，可以简化部署。在实际情况中，会将打包虚拟机镜像的服务部署到生产环境中，每个服务实例都是一台虚拟机。虚拟机镜像往往由部署流水线构建，在构建过程中包含了应用代码和服务运行时所需的任何软件依赖。当在生产环境中部署虚拟机镜像时，需要编写一个配置文件，用于指定基础镜像和运行该镜像的配置信息。

虚拟机镜像模式封装了技术栈，在镜像中包含了应用服务及所有依赖。它消除了错误来源，确保正确地安装和设置应用运行时所需的其他基础软件。一旦应用被打包成虚拟机镜像，它就会变成一个黑盒子，封装应用的整个技术栈，该镜像可以无须修改地部署在任何地方。虚拟机的另一个好处是，每个应用实例都以完全隔离的方式运行，每台虚拟机都有固定数量的 CPU 和内存，不能从其他应用中窃取资源。

虽然虚拟机解决了部分资源利用率的问题，但在这种模式下，每个应用仍然拥有整台虚拟机的开销，包括其操作系统，资源的利用率还未达到最大化。另外，虚拟机部署速度相对较慢，由于虚拟机镜像较大，构建虚拟机镜像往往需要几分钟的时间。同时还需要考虑系统管理的额外开销，当需要更新应用、给 GuestOS 和运行时打补丁时，要重新制作镜像。

第 3 章

云计算

3.1 云计算概述

说起云计算及其诞生，必须要说的一个问题就是虚拟化的不足，正是因为虚拟化存在不足之处，计算机科学家们才希望通过一种更加先进的技术来解决各类技术问题，而这种技术就是云计算。

3.1.1 虚拟化的不足

虚拟化软件解决了硬件资源利用率的问题。虚拟化软件可以用于创建虚拟机，但需要事先人工指定将虚拟机放在哪台物理服务器上。虚拟化技术缺乏以下三大灵活性。

- ○ 时间灵活性：虚拟化服务并非随时可用，服务商无法随时确保服务的可用性。同时虚拟化的过程还需要比较复杂的人工配置，随着集群规模的扩大，人工配置愈加复杂、耗时。所以，仅通过虚拟化软件管理的物理服务器规模并不是特别大，一般是几十台至百台的规模。

- ○ 空间灵活性：缺乏分布式部署，无法实现资源弹性扩展。当用户数量增多时，虚拟化软件所能管理的集群规模远未达到理想的程度，很可能造成资源不够。所以，随着对集群规模的需求越来越大，必须采取自动化的流程来实现资源弹性扩展。

- ○ 操作灵活性：缺乏统一的自动化管理。虽然创建一台虚拟机的过程相对较为基础，但是操作的灵活性意味着用户可以更方便、迅速地对资源进行更进一步的管理操作，所有操作都可以通过自动化脚本来实现。而云计算的目标，就是解决这三大灵活性的问题。云控制平台通过调度器（Scheduler）来管理由几千台物理服务器抽象而来的虚拟资源池，无论用户需要多少 CPU、内存、硬盘资源的虚拟机，调度器都会自动在资源池中匹配到最合适的资源，通过虚拟机的形式供给资源，并做好配置。这个阶段我们称为"池化"或者"云化"。虚拟化的能力和灵活性到了这个阶段，才可以被称为"云计算"，在这之前都只能叫作"虚拟化"。

3.1.2　云计算的特点

云计算指 IT 基础设施的交付和使用模式，用户可以通过网络，以按需、易扩展的方式获得所需资源。从广义上讲，云计算指服务的交付和使用模式，用户可以通过网络，以按需、易扩展的方式获得所需服务。具体来说，云计算的特点如图 3-1 所示。

图 3-1

- ❍ 按需自助：用户无须与服务提供商交互，就可以自动地得到自助的计算资源能力，如服务器的时间、网络存储等（资源的自助服务）。

- ❍ 访问无边界：借助不同的客户端，通过标准的应用对网络访问的可用能力。

- ❍ 资源池化：根据用户的需求动态地划分或释放不同的物理资源和虚拟资源，这些池化的计算资源以多租户的模式来提供服务。用户通常不需要控制或了解这些资源池的准确划分，但是需要知道这些资源池在哪个行政区域或数据中心，例如包括存储、计算处理、内存、网络带宽以及虚拟机数量等。

- ❍ 极速伸缩：一种对资源快速和弹性提供的能力以及释放的能力。对用户来讲，这种能力是无限的（随需的、大规模的计算机资源），并且可在任何时间以任何量化方式购买。

   ○ 量化服务：云系统通过计量的方法来自动控制服务的类型，优化资源的使用，例如存储、带宽以及活动用户数。监测和控制资源的使用，为供应商和用户提供透明的报告（即付即用的模式）。

     云连接着网络的另一端，为用户提供了可以按需获取的弹性资源和架构。用户按需付费，从云上获得所需的计算资源，包括存储、数据库、服务器、应用软件及网络等资源，大大降低了使用成本。云计算的本质是从资源到架构的全面弹性，这种具有创新性和灵活性的资源使用降低了运营成本，更加契合变化的业务需求。云计算把一台台服务器连接起来构成一个庞大的资源池，以获得超级计算机的性能，同时又保证了较低的成本。云计算的出现使高性能并行计算走近普通用户，让计算资源像用水和用电一样方便，从而大大提高了计算资源的利用率和用户的工作效率。云计算模式可以被简单地理解为，不论是服务的类型，还是执行服务的信息架构，依托互联网向用户提供应用服务，使其不需要了解服务器在哪里、内部如何运作，通过浏览器即可使用。

3.2　IaaS

     计算、网络、存储等资源常被称为"基础设施（Infrastructure）"，管理这些资源的云平台往往被称为"基础设施服务平台"，也就是 IaaS（Infrastructure as a Service，基础设施即服务）平台。IaaS 是虚拟化技术的一种延伸，以自动化的方式解决虚拟化技术遗留的三大灵活性的问题。IaaS 实现了时间灵活性、空间灵活性和操作灵活性，通过调度器动态地管理计算、网络、存储等资源。

3.2.1　云的部署模式

     常见的云的部署模式主要有 4 种，分别是私有云、社区云、公有云和混合云。各种模式的说明如表 3-1 所示。

表 3-1

	私有云	社区云	公有云	混合云
云基础设施用户	一个单一组织	有共同愿景的组织	对公众公开	混合云是私有云、社区云和公有云的有机结合：
云基础设施拥有者	机构、第三方、联盟等	机构、第三方、联盟等	企业、协会、政府组织、联盟等	• 保持独立实体
云基础设施归属	外购 内部	外购 内部	云平台供应商	• 通过各自的机制整合 • 让数据和应用的使用更便捷

1. 私有云

将虚拟化软件和云控制平台等部署在用户的数据中心,这种模式被称为"私有云"。使用私有云的用户往往需要自己提供场地、购买服务器,然后云厂商部署、实施整套云平台。

2. 社区云

将虚拟化软件和云控制平台等部署在有共同愿景的组织内部或外部,社区云通常支持特定的社群,由特定的社群独占使用,社群内部成员通常有着共同关切的事项(如使命、安全要求、政策等),这种模式被称为"社区云"。

3. 公有云

将虚拟化软件和云控制平台等部署在云厂商的数据中心,用户不需要很大的投入,只要注册一个账号,就能通过 Web 服务访问、管理云资源,这种模式被称为"公有云"。目前亚马逊的 AWS 以及腾讯云、阿里云等都提供了公有云服务。

公有云最先是由亚马逊开创的,那么亚马逊为什么要做公有云呢?亚马逊的主业是电商,其经常会遇到资源使用的波峰,例如,在"黑色星期五"促销期间有大量用户访问,这时就特别需要一个能力强大的平台来弥补虚拟化灵活性的不足,以支撑瞬间爆发的流量。因为不能时刻都准备好所有的资源,否则会造成资源的浪费;但也不能不准备,否则会造成电商平台的崩溃。亚马逊提出的方案是创建一大批虚拟机来临时支撑电商,等过了波峰再释放这些资源。因此亚马逊实现了一个云平台。然而,商用的虚拟化软件实在是太贵了,于是亚马逊基于开源的虚拟化技术 Xen,自己开发了一套云控制平台软件。亚马逊后期在自己使用云平台之余,还把平台上的资源开放出来供其他用户使用,从而形成了公有云模式。

4. 混合云

公有云因其大规模、集约化,在弹性、敏捷性以及不需要硬件投资、按需申请、按量计费方面有着巨大的优势。然而,安全性一直是公有云的一大问题,用户尤其是企业用户,仅在自建的数据中心及自己维护的私有云内,才认为能够保障其敏感信息涉及的关键资产的安全。这一事实决定了私有云在很长一段时间内仍是很多大企业建设云平台的首选模式。公有云是终极方向,但是私有云在其过渡过程中会长期存在,而混合云将是在过渡过程中采用的主要手段。只有打通了公有云和私有云的混合云模式,才能够将线上的公有云的弹性、敏捷性优势,与私有云的安全、私密保障优势相结合。混合云通过对私有云和公有云的统一管理,按需将不同安全等级的应用部署到不同的云上。同时,混合云还提供了异地容灾能力,将主要业务部署在私有云上，将备用业务部署在公有云上，降低了成本，而且灾难恢复被控制在很短时间内。

3.2.2 IaaS 的主要功能

IaaS 的主要功能具体包括以下几个方面。

- ❍ 资源接入与抽象：通过虚拟化及软件可定义方式，将底层虚拟化资源抽象为可识别的计算、存储、网络等资源池，以此作为云控制器对各类硬件资源实施管理的基础。

- ❍ 资源分配与调度：利用云控制器的资源管理能力，按照不同租户对资源类型和数量的不同需求，将资源分配给各个租户。

- ❍ 应用生命周期管理：协助租户实现虚拟机在云上的安装、启动、停止、卸载等管理操作。

- ❍ 云平台管理维护：通过云平台管理员实施对整个云平台的各类管理及运维操作。

- ❍ 人机交互支持：提供人机交互界面，支持云平台管理员及普通租户对云平台实施各类操作。

3.2.3 IaaS 架构

从架构层面来看，IaaS 可分为 6 层，具体如图 3-2 所示。

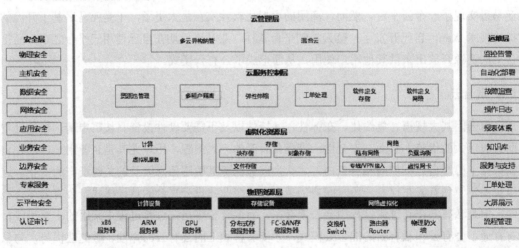

图 3-2

- 物理资源层：IT 基础设施硬件，包括服务器、存储设备、网络交换机、物理防火墙、VPN 网关、路由器等物理设备。

- 虚拟化资源层：将分布在不同物理设备上的基础设施资源进行统一虚拟化，让上层的每个应用都认为自己是在独占物理资源（如 CPU、内存、I/O 等资源），而实际上所占用的只是虚拟资源，通过虚拟化资源层屏蔽虚拟化中的动态调用、复制、拦截等技术细节。

- 云服务控制层：该层为运行的应用提供基本的 API，将池化的计算、存储、网络等资源作为基本资源单位，为上层提供统一的资源调用接口，同时实现虚拟资源的调度逻辑，让上层应用可以更有效地使用这些资源。

- 云管理层：基于云服务控制层的 API 实现多云的异构纳管，打通不同的云服务，建立统一的逻辑大资源池。此外，打通私有云与公有云，实现资源的统一纳管。依托标准的云服务与调度层接口，通过通用的信息模型及 API，以及通过一个具有多云纳管功能的云管理平台，实现多云纳管能力。云管理平台通过把原先的云控制平台作为计算、存储、网络资源池，提供统一的租户管理，实现不同云控制平台之间的资源统一管理和资源跨越统一编排，对外提供统一的 API。

- 运维层（跨层设计）：运维包括不同模块的安装，部署已有补丁的升级包，物理设备层、虚拟化层及服务层的监控与故障管理，日志管理，自动化测试等。IaaS 往往通过管理工具支持日常运维人员对系统健康状态、运行中的异常事件进行监控，并能快速、高效地响应处理问题，从而保障整个平台的可靠性、可用性、性能等，以达到服务级别协议（SLA）中用户的要求。

- 安全层（跨层设计）：云平台的安全涉及方方面面，从物理层一直到云管理层，其主要包括物理安全、主机安全、数据安全、网络安全、应用安全等。同时还提供了类似于认证审计、专家服务等的功能。

3.2.4　云平台组织架构

本节将从两个方面来介绍云平台的组织架构，分别是资源组织架构和用户组织架构。

1. 资源组织架构

云平台自身的资源按照多级组织架构进行划分。

○   服务区（Region）：整个云平台由多个服务区组成，每个服务区都对应一个云管理平台，只有一组服务产品目录。这种模式往往用于公有云中，为处于不同地区的用户提供云服务。但是不同的服务区需要共享一套身份识别与访问管理（IAM）服务，从而确保用户一旦完成鉴权登录之后，就可以在不同的服务区之间随意切换而无须重新登录。

○   可用区（Available Zone，AZ）：每个服务区都由多个可用区组成，每个可用区都对应一个物理上独立的云控制平台（如 OpenStack）。一个可用区往往由一个或多个物理上临近的数据中心构成，独享独立的电源供给、UPS 等物理设备。

○   资源池：每个可用区都包含多个资源池，每个资源池往往都对应一组同构的物理设备。可用区的云控制平台可以同时管理多个资源池。

2. 用户组织架构

在云平台中，多个用户往往可以共享一组资源，所以这些用户又被称为"租户"。

○   虚拟数据中心（Virtual Data Center，VDC）：虚拟数据中心对应 OpenStack 中的 Domain。一个大型用户对应一个虚拟数据中心，虚拟数据中心可以对其内使用的不同资源进行配额管理，包括虚拟的 CPU、内存、存储、网络等资源。

○   虚拟私有云（Virtual Private Cloud，VPC）：租户占用的资源区域也被称为"虚拟私有云"，对应 OpenStack 中的 Project。一个虚拟数据中心可以包含多个租户的资源区域，是虚拟私有云的上一层组织关系。虚拟私有云是使用虚拟数据中心的资源创建的一个虚拟安全域，提供安全的网络边界防护。虚拟私有云主要起到计算和网络环境隔离的作用，并为隔离环境提供如虚拟防火墙、弹性 IP 地址、安全组等虚拟化服务。

云平台的组织架构如图 3-3 所示。

图 3-3

3.2.5 OpenStack

在公有云初期，亚马逊遥遥领先，而位列第二的 Rackspace 一直在寻求突破。与亚马逊不同，虽然亚马逊使用了开源的虚拟化技术 Xen，但其云平台软件的代码一直是闭源的；而 Rackspace 采取了开源的策略，将其云平台的代码公开。于是，很多想做又做不了云平台的公司相继加入了云平台开源社区，通过整个行业一起做好云平台。Rackspace 和美国国家航空航天局（NASA）合作推出了开源软件 OpenStack，为底层计算、网络、存储资源提供云化管理平台。

OpenStack 项目由 NASA 和 Rackspace 于 2010 年发起，目的是为数据中心的基础设施管理创建一个可编程的、基于 API 的 IaaS 层。在 2012 年又有很多厂商参与其中，这时他们一起创建了 OpenStack 基金会，也就是现在运营着 OpenStack 项目的组织，同时也处理项目法律、技术和行政管理等事务。有了 OpenStack 之后，果真像 Rackspace 想的一样，所有想做云的大企业都相继加入了，包括：IBM、惠普、戴尔、腾讯、华为、联想等。所有 IT 厂商都加入这个社区，对这个云平台做出贡献，包装成自己的产品，连同自己的硬件设备一起售卖。比如有的做了私有云，有的做了公有云，OpenStack 已经成为开源云平台的实际标准。

OpenStack 需要与下层的虚拟机监视器集成，从而实现对服务器的计算资源的池化。例如，使用 KVM 作为 OpenStack 的虚拟机监视器，由 KVM 完成将一台物理服务器虚拟化为多台虚拟机的功能，而 OpenStack 负责记录与维护资源池的状态，如整个云平台中有多少台服务器，每台服务器有多少资源，其中已经向用户分配了多少资源，还有多少资源空闲，等等。在此基础上，OpenStack 负责根据用户的要求，向 KVM 下达各类控制命令，执行相应的虚拟机生命周期管理操作，如虚拟机的创建、删除、启动、停止等。因此，OpenStack 也被称为"云控制器"。

OpenStack 采用插件化的方式实现不同类型的计算、存储、网络资源的接入，如图 3-4 所示，使用一套框架实现了对不同厂商、不同类型设备的资源池化。例如，在虚拟化领域中，可以以插件形式接入 KVM、Xen、vCenter 等不同的虚拟机监视器。OpenStack 的主要组件及组件之间的关系如图 3-5 所示。

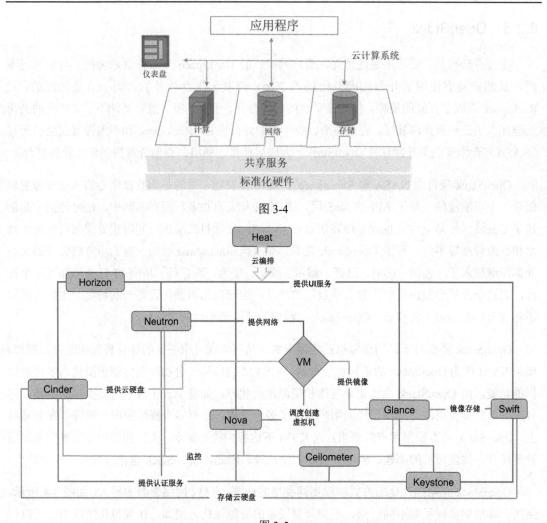

图 3-4

图 3-5

○　Nova：Nova 是整个 OpenStack 里面最核心的组件。当初 Rackspace 和 NASA 贡献代码时，NASA 贡献的就是 Nova 最早的代码（Rackspace 贡献的是 Swift 代码）。OpenStack 云实例生命周期所需的各种动作都将由 Nova 进行处理和支撑，它负责管理整个云的计算资源、网络、授权及调度。Nova 最核心的功能就是对计算资源池中资源的生命周期进行管理，包括虚拟机的创建、删除、启动、停止等。

○　Keystone：Keystone 为所有的 OpenStack 组件提供认证和访问策略服务，主要对（但不限于）Swift、Glance、Nova 等进行认证与授权。Keystone 先对用户进行身份认证，并向被认定为合法的用户发放 token，用户持 token 访问 OpenStack 的其他服务。

- Glance：Glance 主要负责对云平台的各类镜像的元数据进行管理，并提供镜像的创建、删除、查询、上传、下载的能力。

- Swift：Swift 是 OpenStack 提供的对象存储服务，常用于存储单文件数据量较大、访问不频繁、对数据访问延迟要求不高的数据。

- Cinder：Cinder 负责将不同的后端存储设备或软件定义存储集群提供的存储能力统一抽象为存储资源池，然后根据不同的需求划分为不同大小的存储卷，分配给虚拟机或用户使用。

- Neutron：Neutron 是 OpenStack 的网络服务项目，其包含多个子项目，分别为用户提供 L2 到 L7 不同层次的多种网络服务功能。

- Heat：云计算的核心之一就是 IT 资源管理和使用的自动化，大量传统靠人工操作实现的复杂管理都可以通过云平台提供的 API 以自动化的方式完成。Heat 能够解析用户提交的描述应用对系统资源类型、数量、连接关系的定义模板，并根据模板要求调用 Nova、Cinder、Neutron 等组件自动化完成资源的部署工作。这一高度自动化、程序化的过程，还可以通过模板重复使用，大大提升了资源部署的效率。

- Horizon：Horizon 是一个用于管理、控制 OpenStack 服务的 Web 控制面板，用户可以通过它对 OpenStack 状态进行查看和管理。Horizon 可以满足云平台使用人员的基本需求，适合作为基本管理界面使用。

3.2.6　云平台部署架构

如图 3-6 所示是一个 IDC 云平台的部署架构，通过该架构大家可以更直观地了解云平台的实际部署情况。云平台的部署总体可以分为如下几个部分。

- 互联网区：互联网区是整个 IDC 机房互联网的出口，除了传统的网络路由服务器，还配备有防止互联网攻击的安全设备，主要包括抗 DDoS 设备、物理防火墙等。

- 交换区：交换区以三层的架构提供核心交换机、汇聚交换机、接入交换机。

- 安全管理区：核心交换机通过导流的模式把指定网络流量导流到某个安全管理区。安全管理区提供租户级别的虚拟化安全功能，包括堡垒机、IPS 入侵防御、应用防火墙、漏洞扫描、数据库审计等。该区内的安全功能可以动态地保护租户的虚拟化资源的安全。

○ 云资源管理区：云平台的控制、管理节点往往会被独立地放置在一个区域内，通过专有的管理网络管理云资源池中的所有物理设备。

○ 通用计算资源区：通用计算资源区中包含两类物理设备，即计算服务器和存储服务器。计算服务器除了要与存储接入网连接，自身还要通过内部网络连接，确保在计算服务器上创建的虚拟机之间的通信。存储服务器通过一个内部的存储复制网实现服务器间的数据复制，通过存储接入网与计算服务器连接。这两类服务器同时通过管理网被云控制平台管理。

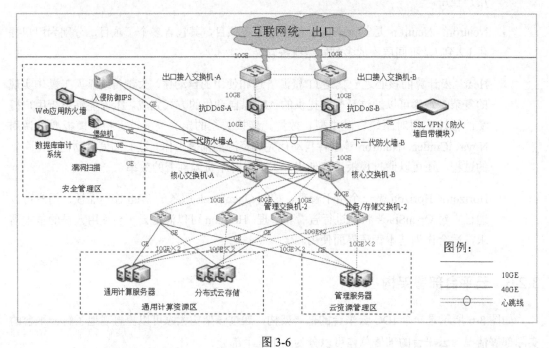

图 3-6

3.3　PaaS

虽然通过 IaaS 实现了资源层的灵活性，但应用层的灵活性依然不够，于是在 IaaS 平台之上又加了两层，即 PaaS（Platform as a Service，平台即服务）和 SaaS（Software as a Service，软件即服务），用于解决应用灵活性问题。相比 IaaS 对资源的管理，PaaS、SaaS 与其有着本质的区别，它们更多的是对上层应用和服务的管理。整个云计算的服务模式如图 3-7 所示。

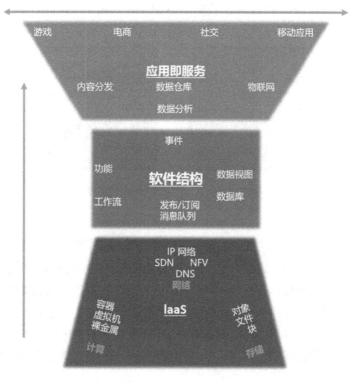

图 3-7

PaaS 不但基于 IaaS 提供了虚拟化资源（如计算、存储、网络等资源），同时还基于虚拟化资源自动化部署了应用运行时所依赖的库、工具、服务、运行时环境等。

3.3.1　简介

有了 IaaS，下一步需要做的就是在 IaaS 之上部署应用、服务。PaaS 所能提供的服务主要包括特定编程语言的运行环境，应用运行所需的库、工具以及基础服务。PaaS 的核心理念是用户只需要在 PaaS 之上部署应用，PaaS 可以确保底层的稳定性，从而使用户把更多精力投放在自己的应用中。在使用 IaaS 服务时，用户仍需要对操作系统、中间件、数据库等进行日常维护，这不仅加大了使用的复杂度，而且还大大增加了日常维护的工作量；而在 PaaS 服务模式下，用户无须关心虚拟机、操作系统、存储，可以自由地在虚拟机上安装所需的应用，如图 3-8 所示。通过 PaaS，用户可以完成应用的构建、部署、运维管理，而不需要自己搭建计算环境。PaaS 为用户提供了更高层的资源抽象，简化了用户对操作系统、中间件、数据库等的日常维护工作，从而使 PaaS 使用者只需要关注自己的应用，而由 PaaS 负责应用的部署、运维以及弹性伸缩、高可用等功能。

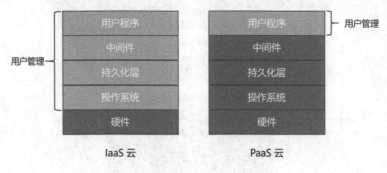

图 3-8

　　PaaS 的理想工作模式是：应用开发者提交应用代码，PaaS 平台的代码托管工具实现代码的编译、打包。打包后的代码，通过 PaaS 平台的自动化部署模块在 IaaS 提供的虚拟机上自动部署，此部署过程涉及整个代码运行环境的设置。一旦代码部署完毕，PaaS 平台就会为该应用自动提供所有依赖的外部服务，从而确保应用正常运行。而且在应用运行过程中，PaaS 平台还会自动接入日志、监控、告警等非核心业务服务，保障应用的整个运行过程。所以，一个完整的 PaaS 平台包括应用的运行环境、应用的内部支撑服务、应用的外部依赖服务三部分，如图 3-9 所示。

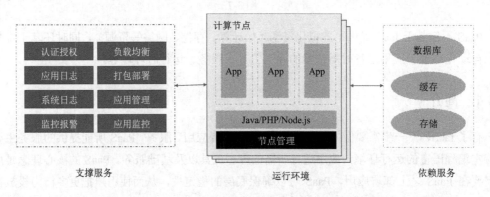

图 3-9

　　○　应用的运行环境：表示应用实际运行的计算节点上所需的运行环境，包括编程语言环境、应用框架等，以及运行环境所需的资源隔离和限制。

　　　　●　资源管理：设置应用所需的 CPU、内存、磁盘空间等资源，并管控应用资源的使用情况。

- ● 应用部署：包括代码的上传，根据开发语言将其所有的依赖和框架打包，并将打包文件部署在所选定的计算节点上。

- ● 应用伸缩：增减应用的实例数，以应对负载的变化。此过程可以手动操作，也可以自动弹性伸缩。

○ 应用的内部支撑服务：主要负责应用的认证授权、运维监控、日志管理等。

- ● 认证授权：对应用的所有访问都会通过认证授权模块进行验证，以确保应用的安全性。

- ● 运维监控：监控应用中各个模块的状态和 CPU、内存等信息，并实施对应用的运维操作，包括启动、停止、配置、升级应用等。

- ● 日志管理：查看应用日志，方便测试和调试。

○ 应用的外部依赖服务：为应用提供的外部服务，包括数据库、缓存、中间件等，不仅需要 PaaS 提供关系型数据库、缓存、存储服务，而且通常还需要大数据、NoSQL、机器学习等服务。

3.3.2 核心功能

PaaS 的核心功能主要有自动化部署、多副本管理和弹性伸缩等，下面我们具体介绍。

1. 自动化部署

PaaS 提供了自动化编译、打包、部署的核心能力。基于已有的 IaaS，先前主流的做法是租一批虚拟机，然后像使用物理服务器一样通过脚本或者手工的方式在这些虚拟机上部署应用。在部署过程中难免会遇到云端虚拟机和本地环境不一致的问题，而 PaaS 的核心目的就是解决这个问题。Cloud Foundry 是 VMware 在 2009 年推出的，也是业内首个正式定义 PaaS 的项目，它通过对应用的直接管理、编排和调度，让开发者专注于业务逻辑而非基础设施。在 Cloud Foundary 中，当虚拟机创建好之后，只需要在虚拟机上部署 Cloud Foundry，然后开发者执行一条命令就能把本地应用部署到虚拟机上。

像 Cloud Foundry 这样的 PaaS 项目，其最核心的组件就是一套应用的打包和分发机制，把应用的可执行文件和启动脚本打包到一个压缩包内，上传到云上 Cloud Foundry 的存储中。Cloud Foundry 会通过调度器选择一台可以运行这个应用的虚拟机，然后通知这台机器上的代理（Agent）把应用压缩包下载下来启动。

2. 多副本管理

为了保障 PaaS 服务的高可用性，需要通过多副本机制实现应用的高可用性。多副本机制将应用及相关数据复制到不同的节点上，从而确保即使有部分节点损坏，也不会影响整体的 PaaS 服务。

因为相同的数据有多个副本同时存在，所以在数据源更新之后需要进行副本数据的同步。同步方式有推（Push）和拉（Pull）两种，其中推是指从数据源向各个副本推送更新数据；拉是指各个副本根据同步算法从数据源拉取更新数据。

3. 弹性伸缩

虽然多副本机制可以保证 PaaS 服务的高可用性，但是无法保证 PaaS 有足够的能力服务于所有的用户，尤其当用户海量时。PaaS 通过垂直或水平的弹性伸缩来实现高可用性，其中垂直弹性伸缩是指通过在单节点上添加 CPU、内存等资源实现伸缩；水平弹性伸缩是指通过添加节点实现伸缩。因为垂直弹性伸缩很容易达到物理资源的瓶颈，所以目前更多地采用水平弹性伸缩。

PaaS 服务的弹性伸缩首先会通过负载均衡器将用户请求分发到该云服务的不同实例上。一旦负载均衡器认为负载超过了目前该云服务的上限，它就会通知云编排器。云编排器基于相同的虚拟机实例，调用相同的自动化部署工具安装、启动服务，从而实现水平弹性伸缩。前端的负载均衡器会陆续把新的请求转发到新的云服务实例上。

在对应用进行弹性伸缩时，需要考虑以下两点。

- 应用无状态化：实现弹性伸缩的一个重要前提是在实例上部署的应用没有状态，从而确保当负载均衡器把新的请求转发到新的实例上时，用户端不会丢失状态信息。

- 有状态应用分区：对于有状态的应用，例如数据库，往往采用分区模式，把状态信息分隔为一块块独立的部分，每个分区（Partition）负责一块信息。通过分区增强可扩展性，实现弹性伸缩。但是每个数据还是只有一个分区负责，所以无法实现高可用性，如图 3-10 所示。

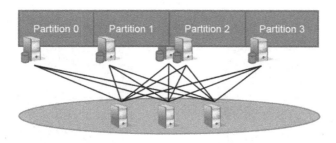

图 3-10

3.3.3　微软 Azure

本节以微软 Azure 平台为例进行介绍。Azure 是一个集 IaaS 和 PaaS 于一身的平台，它于 2010 年推出，致力于为用户提供一个高质量的云平台，在这个平台上用户可以方便地开发出稳定、可扩展的 Web 应用。Azure 的 PaaS 方案是在其 IaaS 服务基础之上构建的，包括计算、存储的虚拟化资源，以及 SQL Azure 提供的数据库等。

Azure 上的应用由不同的组件构成，而组件基于三种不同的模板（或者说开发模式）构建（在 Azure 中模板被称为"角色"）——Web Role、Worker Role 和 VM Role。其中 Web Role 通常用于运行 Web 应用的前端，支持.NET、Node.js（通过 IIS）、PHP、Ruby 等；Worker Role 是一台已经安装了应用运行时环境的虚拟机，支持.NET 以及 C++、Java 等编程语言；而 VM Role 就是一台传统的基于 Hyper-V 的虚拟机，具体如图 3-11 所示。

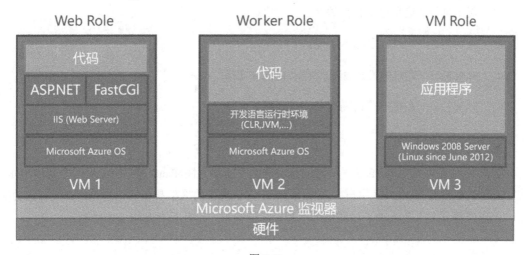

图 3-11

在 Azure PaaS 平台上，是通过为每个 Role 拉起多个实例来实现扩展性的，如图 3-12 所示。

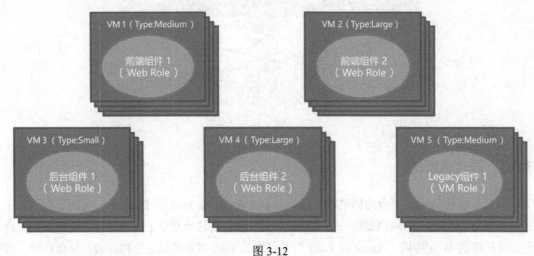

图 3-12

3.3.4　PaaS 的优缺点

前面我们从组成、功能等方面介绍了 PaaS，还列举了 Azure PaaS 实例进行说明，下面我们总结 PaaS 的优缺点，以便大家更加清楚地了解 PaaS。

PaaS 的优点如下：

○　灵活性——应用自动化部署。

○　高可用性——通过多副本实现。

○　高性能——通过弹性伸缩以及自动化部署实现。

○　隔离性——多租户逻辑隔离或物理隔离。

PaaS 的缺点如下：

传统 PaaS 使得应用与 PaaS 平台之间有着非常强的耦合性，PaaS 为应用提供了专属的 SDK，应用必须依赖这些 SDK，而用户必须使用 PaaS 平台提供的框架和中间件来重新开发自己的应用。此模式使开发人员失去了对底层环境和资源的控制力，并且存在较多的限制。

3.4　SaaS

　　SaaS 以服务的形式对外提供应用程序的能力，其本质等同于通过 SOA 形式对外暴露服务，供最终用户使用。SaaS 与 PaaS 长期混淆的地方是，虽然在理论讲述或讨论时，SaaS 分层总在 PaaS 之上，但是大部分 SaaS 不是基于 PaaS 开发的，而是直接在 IaaS 上开发的。所以可以说，SaaS 和 PaaS 是两种不同的云计算对外提供服务的方式。

　　这里以人工智能程序为例进行介绍。由于人工智能程序的算法依赖大量的数据，而这些数据往往需要长期积累，如果没有数据，人工智能算法就无法发挥作用，所以人工智能应用很少像 IaaS 和 PaaS 一样，通过较为简单的部署流程就可以交付使用。因为若没有足量的相关数据做训练，人工智能程序的使用效果就会很差。

　　一些有能力的云计算厂商在某些行业已经积累了大量数据，所以他们可以将已经训练好的人工智能程序部署在自己的云平台产品中，对外暴露一个服务接口提供能力。比如用户想鉴别一个文本是否涉及暴力，直接用这个云端服务就可以了。这样一来，人工智能程序就作为 SaaS 平台被纳入云计算中。

　　云计算架构的演进过程可以用图 3-13 来说明。

图 3-13

伴随底层架构的不断演进，云计算的发展经历了四个时期。

○　云计算 1.0：IT 基础设施虚拟化。通过引入虚拟化技术，将应用与底层基础设施彻底分离、解耦，将多个应用及其运行环境部署在同一台物理服务器上。在虚拟化之前，数据中心运维人员手动管理物理服务器、存储及网络硬件。在虚拟化之后，运维人员的管理对象从物理设备变成了虚拟机、存储卷、虚拟交换机等，但工作量并没有减少。在这个阶段，数据中心的物理服务器还只是孤岛式的虚拟化资源池，无法实现自动化、统一管理。

○ 云计算 2.0：IT 基础设施 IaaS 化。通过引入资源调度及基础设施标准化服务，使得原本需要通过数据中心管理人员人工干预的 IT 基础设施申请、配置、释放等过程自动化。这大幅提升了基础设施的快速、敏捷发放能力，实现了资源动态弹性按需供给。此外，虚拟化、自动化资源的服务对象从先前的数据中心用户扩展到了网络上的每个租户，租户可以按照自身的需求自助创建、配置、释放虚拟化资源。并且通过自动化手段，使得应用运行环境的供给、安装及配置可基于虚拟机镜像固化下来，从而在后续部署过程中简化了复杂且重复的安装及配置过程。

○ 云计算 3.0：多云级联。实现多云同构及异构纳管，并且通过混合云模式打通私有云和公有云。通过引入统一的云管理平台，将物理上分布在多个数据中心的异构云平台统一整合为一个更大的逻辑资源池，并对外抽象为标准化的基础设施服务。其租户仅需要定义所需的资源数量、服务等级协议（SLA）/服务质量（QoS）及安全隔离要求，即可从底层基础设施中以自动化的模式弹性、按需、敏捷地获取资源。被使用的资源可以分布在不同的云平台中，而且可以以私有云或公有云的模式部署。

○ 云计算 4.0：应用的云原生化。除了云平台本身技术的进步，云上的应用也需要逐步从单体、小规模、有状态、进程式、烟囱式向云原生应用模式转变。云原生化主要是通过容器编排技术来实现应用的分布式和高并发要求，保障应用的快速启动、大规模管理、动态编排，从而实现应用自身的上云改造。

云计算的发展历史如下。

○ 2006 年：Amazon 率先推出了基于开源 Xen 开发的 EC2 弹性伸缩服务，使用户可以在公有云上申请应用所需的虚拟机。EC2 借助提供 Web 服务的方式，让用户可以弹性地拥有自己的虚拟机，用户可以在虚拟机上运行任何应用。EC2 提供了可调整的云计算能力，使应用开发人员所需的底层资源供给变得更为容易。

○ 2008 年：Google 发布了 Google App Engine，它是一款让用户可以在 Google 的 IaaS 上运行应用程序的平台产品。Google App Engine 应用程序易于构建和维护，并可随着用户的访问量和数据存储需求的增长而轻松扩展，它不需要维护服务器，只需上传应用程序，就可以立即为用户提供相应的服务。

○ 2009 年：Heroku 推出了第一款 PaaS 服务，Heroku 在基础操作系统 Debian 之上提供了多种编程语言的开发、运行环境。初期它仅支持 Ruby，后来又增加了对 Java、Node.js、Scala、Clojure、Python、PHP 和 Perl 等多种语言的支持。

○ 2010 年：Microsoft 推出了 IaaS+PaaS 平台 Azure，大举进入云计算市场。Rackspace 和 NASA 正式发布了开源的 IaaS 云控制软件 OpenStack，帮助云服务商和企业构建类似于 Amazon EC2 和 S3 的 IaaS，目前它已经成为 IaaS 私有云的事实标准。

○ 2011 年：Pivotal 发布了开源的 PaaS 平台 Cloud Foundry，它支持多种框架、语言、运行时环境、云平台及应用服务，使开发人员能够在短时间内部署和扩展应用程序，无须担心任何基础架构的问题。

○ 2013 年：Google 正式推出了 IaaS 服务 Google Cloud Engine，宣告云计算三大巨头——Amazon、Microsoft、Google 的大战开始。

○ 2014 年：Amazon 推出了首款 FaaS（Function as a Service）产品 Lambda，用户无须预配置或管理服务器即可运行代码，标志着云上应用进入 Serverless（无服务）时代。

○ 2015 年后，云计算本身的发展就进入了比较平缓的阶段，整个行业的注意力转移到了更为热点的"云原生"上。

综上所述，我们从虚拟化的不足、云平台、云计算的发展、云计算的特点等方面介绍了云计算。云计算的核心目的是提供标准化的、云化的资源给上层应用，也就是虚拟机、虚拟存储、虚拟网络、应用运行时环境及依赖。云计算以一种灵活的方式提供完整的云化资源来支持上层应用，让应用无须担心下层的资源分配调度，使开发人员将更多精力放在应用本身上，如图 3-14 所示。

图 3-14

通过本章内容不难发现，在传统的计算服务模式中，需要通过较多的手工操作或脚本方式来部署虚拟机、操作系统、数据库、Web 服务器等，随着应用越来越多、越来越复杂，其部署实施和运维工作量则呈指数级增长。但通过云计算的方式，让基础设施即代码（IaC），通过声明式的方式实现基础设施运维自动化，像对待软件一样对待基础设施，用编写、执行代码的方式来定义、部署、更新和释放基础设施资源，从而极大程度地减少实施和运维的工作量与难度，使开发人员将更多注意力放在应用本身上。

与手动配置相比，基础设施即代码的优势显而易见。

- ❍ 自助服务：由于将基础设施定义为代码，因此整个部署和运维过程可以自动化，并且可以由 DevOps 团队中的任何人启动，有基础设施需求的用户可以在需要时获得所需的资源。

- ❍ 幂等性：幂等性意味着定义了"所需状态"，并且无论运行脚本多少次，结果都是相同的。它检查当前状态和所需状态，并仅将所需的更改予以实施。而使用 Bash 脚本很难做到这一点。

- ❍ 降低成本：可以降低配置所需的时间和精力。

- ❍ 更快的环境交付：快速为开发、测试和生产配置基础设施。由于部署过程是自动化的，因此它也是一致且可重复的。

以上这些，就是使用云计算为应用构建底层计算架构时所具有的最大优势。

第4章

容器

4.1 容器简介

在云平台迅速发展过程中，困扰运维工程师最多的是，需要为各种风格迥异的应用部署运行环境、依赖服务。虽然自动化运维工具可以降低环境搭建的复杂度，但仍然不能从根本上解决运行环境的问题。

容器是一种打包应用及其运行环境的方式，为应用打包所有软件及其所依赖的环境，并且可以实现跨平台部署，它是一系列内核特性的统称。 比如广泛使用的容器实现 Docker，它提供了让开发人员可以将应用及其依赖封装到一个可移植的容器中的能力。Docker 通过集装箱式的封装方式，让开发人员和运维人员都能够以其所提供的"镜像+分发"的标准化方式发布应用，使得异构语言不再是应用环境部署的"枷锁"。

4.1.1 容器技术的优缺点

相比先前的各种技术，容器技术具有以下优点。

❑ 轻量化：相比虚拟机，容器提供了更小的镜像，因此可以更快速地对容器进行构建和启动。容器更适合需要批量快速上线和快速弹性伸缩的应用。

❑ 细粒度（资源管控）：容器是一个沙箱运行进程，这个沙箱起到了细粒度管控资源的作用。在创建容器时，可以指定 CPU、内存及 I/O 资源。在运行容器时强制执行这些资源限制，可防止容器占用其他资源。

❑ 高性能（资源利用率高）：容器使用更轻量级的运行机制，它是一种操作系统级别的虚拟化机制。由于容器是以进程形态运行的，因此其性能更接近裸机的性能。对于对性能有较高要求的应用，如高性能计算等，容器更为合适。

○ 环境一致性：容器实现了操作系统的解耦，它打包了整个操作系统，保证应用运行的本地环境和远端环境的高度一致性，从而保证一次容器打包可以到处运行，对跨平台、不同环境的应用部署有显著的帮助。

○ 管理便捷性：使生命周期管理，包括迁移、扩展、运维等更加便捷。

但不可否认，安全隔离一直是容器技术的一大弊端。容器只是运行在宿主机上的一种特殊进程，因此多个容器之间共享的还是同一台宿主机的操作系统内核，从而大大增加了安全攻击面。

4.1.2　大事记

下面是关于容器技术发展的大事记。

○ 1979 年，UNIX 7 引入了 chroot，它被认为是最早的容器技术之一。在传统的 Linux 中，系统默认的目录结构都是以根 "/root" 开始的，而 chroot 的作用是切换进程的根目录，以指定的位置作为根位置。它允许将进程及其子进程与文件系统的其余部分隔离开来，但是此时 chroot 的隔离功能仅限于文件系统，对进程和网络空间并没有进行相应的处理。

○ 2000 年，FreeBSD 4.0 版本中引入了 Jail，为 chroot 文件隔离提供了更好的安全性。与 chroot 不同，FreeBSD 除了能实现文件系统的隔离，还有独立的进程和网络空间，而 Jail 中的进程，既不能访问也不能看到 Jail 之外的文件、进程和网络资源。

○ 2001 年，Linux-VServer 实现了操作系统级别的虚拟化功能，它使用类似于 chroot 的机制和 "安全上下文" 相结合来提供虚拟化解决方案，能够划分文件系统、网络地址和内存。它比 chroot 更先进，允许用户在 Linux 操作系统之上虚拟出多台独立运行的服务器。操作系统级别的虚拟化有一些限制，因为共享相同的体系结构和内核版本，所以无法为用户提供不同的内核版本。

○ 2004 年，Oracle 发布了 Solaris Containers，这是一个应用于 x86 和 SPARC 处理器的 Linux-VServer。Solaris Containers 是由系统资源控制和 "区域" 提供边界隔离的。

○ 2005 年，SWsoft 基于 Linux 2.6.15 内核发布了 OpenVZ，它与 Linux-VServer 一样，实现了操作系统级别的虚拟化。每个 OpenVZ 容器都有一套隔离的文件系统、用户及用户组、进程树、网络、设备和 IPC 对象。

○ 2006 年，Google 发布了 Process Container（进程容器）内核补丁，可以隔离进程的 CPU、内存、磁盘 I/O、网络 I/O 等资源。2007 年，其更名为 cgroup（control group），cgroup 可以对进程分组配置，用来限制该进程可用的资源；同年它被集成到 Linux 内核。

○ 2008 年，LXC（Linux Container，Linux 容器）的第一个版本发布，LXC 的实现机制与 OpenVZ、Solaris Containers、Linux-VServer 类似，但它使用了已经集成到 Linux 内核的 cgroup，同时利用 namespace 为容器提供独立的隔离空间，包括进程树、网络、用户组及文件系统等，再利用 capability 限制容器内的敏感系统调用。

○ 2013 年，dotCloud 公司开源了其容器项目 Docker，它与 OpenVZ、Solaris Containers 一样，实现了操作系统级别的虚拟化。Docker 的最初版本基于 LXC 构建，但创新性地定义了分层镜像格式。

○ 2014 年，Google 开源了其内部系统 Borg 的容器系统 lmctfy（let me contain that for you），提供了 Linux 应用程序容器。lmctfy 在同一内核上的隔离环境中运行应用程序，并且不需要补丁，因为它使用 cgroup、namespace 和其他 Linux 内核功能。但 lmctfy 因为对用户不够友好，所以被 Docker 比下去了。

○ 2014 年 12 月，CoreOS 发布并开始支持 rkt 容器系统（最初作为 Rocket 发布），试图成为 Docker 的替代品。

○ 2015 年，OCI（Open Container Initiative）由 Docker、CoreOS 和容器行业的其他领导者发起，旨在建立软件容器的通用标准，方便同一个容器镜像可以在不同的容器运行时上运行。它包含运行时规范（runtime-spec）和镜像规范（image-spec）。

4.2　基本技术

一个应用程序的运行环境的总和（内存中的数据、寄存器里的值、堆栈中的指令、被打开的文件，以及各种设备的状态信息的集合）被称为一个进程。容器技术的核心就是通过约束和修改进程的动态表现，从而为其创造出一个逻辑的"边界"。容器其实是一种沙盒技术，沙盒能够像集装箱一样把应用"装"起来，这样应用与应用之间就因为有了边界而不会相互干扰。被装进"集装箱"的应用，也可以被方便地搬来搬去。容器技术本质上为应用解决了两个核心问题：应用的资源隔离限制和应用的可移植性（即在新的环境中可以直接运行）。容器将替代进程，成为今后主流的应用运行形态。

4.2.1　namespace

容器基于 Linux 的 namespace 技术，为每个应用进程都创建了一个完全隔离的环境，让每个应用进程都觉得自己拥有整个系统。

namespace 是 Linux 用来隔离系统资源的方式，它使得 PID、IPC、network 等系统资源不再是全局性的，而是属于特定 namespace 的，其中的进程好像拥有独立的"全局"系统资源。每个 namespace 里面的资源对其他 namespace 都是透明的、互不干扰的，改变一个 namespace 中的系统资源只会影响当前 namespace 中的进程，对其他 namespace 中的进程没有影响。

在原先的 Linux 中，许多资源都是全局管理的。例如，系统中的所有进程按照惯例都是通过 PID 标识的，这意味着内核必须管理一个全局的 PID 列表。而且，所有调用者通过 uname 系统调用返回的系统相关信息（包括系统名称和有关内核的一些信息）都是相同的。用户 ID 的管理方式与其类似，即各个用户都是通过一个全局唯一的 UID 标识的。namespace 提供了一种不同的解决方案，前面所讲的所有全局资源都通过 namespace 封装、抽象出来。本质上，namespace 建立了系统的不同视图，此前的每一项全局资源都必须被包装到 namespace 数据结构中。Linux 系统对形式简单的命名空间的支持已经有很长一段时间了，主要是指 chroot 系统调用。该方法可以将进程限制到文件系统的某一部分，因而是一种简单的 namespace 机制，但真正的命名空间能够控制的功能远远超过文件系统视图。

创建 namespace 有以下三种方法。

○　在用 fork 或 clone 系统调用创建新进程时，可通过特定的选项控制，是与父进程共享命名空间，还是建立新的命名空间。

○　setns 系统调用让进程加入已经存在的 namespace 中，Docker exec 就采取了该方法。

○　unshare 系统调用让进程离开当前的 namespace，加入新的 namespace 中。

当一个进程通过上述方法从父进程命名空间中分离后，从该进程的角度来看，改变全局属性不会传播到父进程命名空间，而父进程的修改也不会传播到子进程。但是对于文件系统来说，情况就比较复杂了，其中的共享机制非常强大，带来了大量的可能性。

1. PID namespace

如果在调用 clone 时设定了 CLONE_NEWPID，就会创建一个新的 PID namespace，形成的新进程将成为该 namespace 里的第一个进程。PID namespace 为进程提供了一个独立的 PID 环境，

PID namespace 内的 PID 将从 1 开始，在 namespace 内调用 fork、vfork 或 clone 都将产生一个独立的 PID。新创建的进程将会"看到"一个全新的进程空间，在这个进程空间里它的 PID 是 1，就像一个独立系统里的 init 进程一样。之所以说"看到"，是因为该进程在宿主机真实的进程空间里的 PID 是其真实的数值。该 namespace 内的其他进程都将以该进程为父进程，当该进程结束时，其中所有的进程都会结束。

PID namespace 是有层次的，新创建的 namespace 将会是创建该 namespace 的进程所属的 namespace 的子 namespace。子 namespace 中的进程对父 namespace 是可见的，一个进程将拥有不止一个 PID，其所在的 namespace 及所有直系祖先 namespace 中都将有一个 PID。系统启动时，内核将创建一个默认的 PID namespace，该 namespace 是所有以后创建的 namespace 的祖先，因此系统的所有进程在该 namespace 内都是可见的。

2. IPC namespace

如果在调用 clone 时设定了 CLONE_NEWIPC，就会创建一个新的 IPC namespace，形成的进程将成为该 namespace 里的第一个进程。一个 IPC namespace 由一组 System V IPC object 标识符构成，这些标识符由与 IPC 相关的系统调用创建。在一个 IPC namespace 中创建的 IPC object 对该 namespace 内的所有进程可见，但是对其他 namespace 中的进程不可见，这就使得不同 namespace 之间的进程不能直接通信，就像在不同的系统里一样。当一个 IPC namespace 被销毁时，该 namespace 内的所有 IPC object 都会被自动销毁。

PID namespace 和 IPC namespace 可以组合使用，只需在调用 clone 系统时同时指定 CLONE_NEWPID 和 CLONE_NEWIPC，这样新创建的 namespace 就既是一个独立的 PID 命名空间，又是一个独立的 IPC 命名空间。不同 namespace 中的进程彼此不可见，也不能互相通信，这样就实现了进程间的隔离。

3. mount namespace

如果在调用 clone 时设定了 CLONE_NEWNS，就会创建一个新的 mount namespace。每个进程都存在于一个 mount namespace 中，mount namespace 为进程提供了一个文件层次视图，用于让被隔离的进程只看到当前 namespace 里的挂载点信息。只有在"挂载"这个操作发生之后，进程的视图才会被改变，而在此之前新创建的容器会直接继承宿主机的各个挂载点。

如果不设定这个 flag，子进程和父进程将共享一个 mount namespace，其后子进程调用 mount 或 umount 将会对该 namespace 内的所有进程可见。如果子进程在一个独立的 mount namespace

中，就可以调用 mount 或 umount 建立一个新的文件层次视图，mount、unmount 只对该 namespace 内的进程可见。该 flag 配合 chroot、pivot_root 系统调用，可以为进程创建一个独立的目录空间，chroot 实现目录独享，mount namespace 实现挂载点独享。

4. network namespace

如果在调用 clone 时设定了 CLONE_NEWNET，就会创建一个新的 network namespace。network namespace 为进程提供了一个完全独立的网络协议栈视图，其包括网络设备接口、IPv4 和 IPv6 协议栈、IP 地址路由表、防火墙规则、Socket 等。一个 network namespace 提供了一个独立的网络环境，就跟一个独立的系统一样。一个物理设备只能存在于一个 network namespace 中，但它可以从一个 namespace 移动到另一个 namespace 中。虚拟网络设备（Virtual Network Device）提供了一种类似于管道的抽象，可以在不同的 namespace 之间建立隧道。利用虚拟网络设备，我们可以建立某个 namepace 与其他 namespace 中物理设备的桥接。当一个 network namespace 被销毁时，物理设备会被自动移回初始的 network namespace，即系统最开始的 namespace 中。

5. UTS namespace

如果在调用 clone 时设定了 CLONE_NEWUTS，就会创建一个新的 UTS namespace，即系统内核参数 namespace。一个 UTS namespace 就是一组被 uname 返回的标识符。新的 UTS namespace 中的标识符通过复制调用进程所属的 namespace 的标识符来初始化，clone 出来的进程可以通过相关系统调用改变这些标识符，比如调用 sethostname 来改变该 namespace 的主机名。这一改变对该 namespace 内的所有进程可见。CLONENEWUTS 和 CLONE_NEWNET 一起使用，可以虚拟出一个有独立主机名和网络空间的环境，就跟网络上一台独立的主机一样。

总结来说，Linux 中的每个进程都包含以上多种 namespace，可以通过 "ls -alt/proc/PID/ns" 命令来查看。以上所有 clone flag 都可以一起使用，为进程提供一个独立的运行环境。LXC 正是通过在调用 clone 时设定了这些 flag，为进程创建了一个有独立 PID、IPC、mount、network、UTS 空间的容器。

一个容器就是一个虚拟的运行环境，它对容器里的进程是透明的，进程会以为自己是直接在一个系统上运行的。实际上，容器在创建容器进程时，指定了这个进程所需启用的一组 namespace 参数，这样容器进程就只能"看到"当前 namespace 所限定的资源、文件、设备、状态或配置，而对于宿主机及其他不相关的应用，它就完全看不到了。这时，容器进程就会觉得自己是各自 PID namespace 里的第 1 号进程，只能看到各自 mount namespace 里挂载的目录和文件，只能访问各自 network namespace 里的网络设备，就好像运行在一个"容器"里面。

Linux namespace 机制本身就是为实现容器虚拟化而开发的，它实际上修改了应用进程看待整个系统资源的"视角"，即它的"视线"被 namespace 做了限制，只能看到某些指定的内容。但对于宿主机来说，这些被隔离的进程与其他进程并没有太大的区别，所以 namespace 提供了一套轻量级、高效率的系统资源隔离方案，其远比传统的虚拟化技术开销小。不过，它也不是完美的，它为内核的开发带来了更大的复杂性，在隔离性和容错性上与传统的虚拟化技术相比也有差距。

4.2.2　cgroup

虽然容器通过 namespace 实现了隔离，但是它在宿主机上还是被看作一个普通的进程与其他所有进程之间保持着平等关系。这就意味着，虽然容器进程表面上被隔离起来，但是它所能够使用的资源（比如 CPU、内存等）却是可以随时被宿主机上的其他进程（或其他容器）占用的，这显然不是一个"沙盒"应该表现出来的合理行为。而这个缺陷可以通过 Linux 内核中用来为进程设置资源限制的 cgroup 来弥补。

cgroup 是 Linux 内核中的一项功能，它可以对进程进行分组，并在分组的基础上限制进程组能够使用的资源上限（如 CPU 时间、系统内存、网络带宽等）。通过 cgroup，系统管理员在分配、排序、拒绝、管理和监控系统资源等方面，可以对硬件资源进行精细化控制。cgroup 的作用和 namespace 不一样，namespace 是为了隔离进程之间的资源，而 cgroup 是为了对一组进程进行统一的资源监控和限制。

cgroup 技术将系统中的所有进程组织成进程树——进程树中包含系统的所有进程，树的每个节点都是一个进程组。cgroup 中的资源被称为 subsystem，进程树可以与一个或者多个 subsystem 关联。系统中可以有很多棵进程树，每棵树都与不同的 subsystem 关联。一个进程可以属于多棵树，即一个进程可以属于多个进程组，只是这些进程组与不同的 subsystem 关联。进程树的作用是将进程分组，而 subsystem 的作用是监控、调度或限制每个进程组的资源。目前 Linux 支持 12 种 subsystem（比如限制 CPU 的使用时间、内存，以及统计 CPU 的使用情况等），也就是 Linux 中最多可以建立 12 棵进程树，每棵树都关联一个 subsystem，当然也可以只建立一棵树，然后让这棵树关联所有的 subsystem。

在实际操作中，cgroup 就是一个 subsystem 目录（如/sys/fs/cgroup/cpu）和一组资源限制文件的组合。

4.2.3　rootfs

为了实现应用运行环境的一致性，容器使用了 rootfs 技术，这使得容器镜像中打包的内容不只有应用本身，还包括整个操作系统的文件和目录，即应用及其所需的依赖都被封装在一起，实现了应用环境的强一致性。

从文件隔离的角度来讲，我们希望新建的容器进程看到的文件系统就是一个独立的隔离环境，而不是继承自宿主机的文件系统。在 Linux 中有一个 chroot 命令，它的作用就是将进程的根目录变更到指定的位置（change root file system）。因为容器就是一个进程，所以可以通过 chroot 为容器进程提供一个新的根目录及新的文件系统。为了能够让容器的根目录看起来更像是一个真实的操作系统的根目录，一般会在容器启动时在其根目录下挂载一个完整的操作系统的文件系统，比如 Ubuntu 16.04 的 ISO。这样在容器启动之后，在容器内执行"ls /"命令就可以查看整个根目录下的内容，也就是 Ubuntu 系统的所有目录和文件。

这个被挂载在容器根目录下，用来为容器进程提供隔离后运行环境的文件系统，就是容器镜像，被称为 rootfs（根文件系统）。rootfs 只是一个操作系统的文件系统，其中包括文件、配置和目录等，但并不包括操作系统内核。Linux 操作系统只有在开机启动时，才会加载指定版本的内核镜像到内存中。同一台宿主机上的所有容器，都共享宿主机操作系统的内核。这就意味着，如果容器中的应用程序需要配置内核参数、加载额外的内核模块，以及与内核进行直接的交互等，那么这些都是对宿主机操作系统内核的操作，其对于该宿主机上的所有容器来说是全局操作。

正是有了容器镜像"打包操作系统"的能力，应用的依赖环境终于变成了应用沙盒的一部分。这就赋予了容器所谓的一致性：无论在本地、云端还是在任何一台宿主机上，只需要解压缩打包好的容器镜像，应用运行所需的完整环境就可以重现。这种深入到操作系统级别的运行环境的一致性，解决了过去因本地开发环境和远端运行环境不同所带来的各种应用问题。

Docker 镜像的制作并没有沿用以前制作 rootfs 的标准流程，而是在镜像的设计过程中引入了层（layer）的概念。用户制作镜像的每一步操作都会生成一个层，整个文件系统的增量机制是基于 UnionFS 的。UnionFS 是 Linux 内核中的一项技术，它将多个处于不同位置的目录联合挂载到同一个目录下。而 Docker 就是利用这种联合挂载的能力，将容器镜像里的多层内容呈现为统一的 rootfs 的。在 Docker 中使用的 UnionFS 是通过 aufs 来实现的，虽然 aufs 还未进入 Linux 内核主干，但是它在 Ubuntu、Debain 等发行版本中均有使用。

以 Docker 为例，其镜像主要分为三层，具体如下。

○ 只读层：容器的 rootfs 最下面的五层，以增量的方式分别包含整个文件系统。

○ 可读/写层：容器的 rootfs 最上面的一层，在没有写入文件之前，这个层是空的。一旦在容器里进行了写操作，由此产生的内容就会以增量的方式出现在这一层中。可读/写层就是专门用来存放修改 rootfs 后产生的增量内容的——无论是增加、删除还是修改产生的增量内容。当使用完这个被修改过的容器之后，还可以使用"docker commit"和"push"命令保存这个被修改过的可读/写层，而只读层里的内容不会有任何变化，这就是增量 rootfs 的好处。

○ init 层：这是 Docker/Kubernetes 单独生成的一个内部层，专门用来存放/etc/hosts、/etc/resolv.conf 等配置信息。这些文件本来属于只读层，但是在启动容器时每次都会自动写入一些指定的参数，比如 hostname，所以理论上需要在可读/写层对它们进行修改。但这些修改往往只对当前的容器有效，并不希望执行"docker commit"命令时，需将这些信息连同可读/写层一起提交，所以设置了额外的 init 层，init 层的内容在执行"docker commit"命令时会被忽略。

由于容器镜像的操作是增量式的，因此每次镜像拉取、推送内容所需的空间，比原本多次推送完整操作系统所需的空间要小得多。而只读层的存在，可以使得所有这些容器镜像需要的总空间比单个镜像占用的空间总和要小。这也使得基于容器镜像的协作，要比基于动辄几 GB 的虚拟机磁盘镜像的协作敏捷得多。

更重要的是，一旦发布了镜像，则在任何环境中使用这个镜像启动的容器都完全一致，可以完全复现当初制作镜像时的完整环境，这也是容器技术"强一致性"的重要体现。基于 aufs 的容器镜像的出现，不仅打通了"开发—测试—部署"流程的每一个环节，而且更重要的是，容器镜像将会成为未来软件发布的主流方式。

4.3　Docker

Docker 是使用最广泛的容器运行时管理工具，其基本思想是隔离运行应用程序的单个进程，并监督容器的生命周期及其所使用的资源。不同于其他容器技术，Docker 创新性地解决了应用打包和分发技术难题，并且通过其友好的设计和封装，大大降低了容器技术的使用门槛。

4.3.1　容器运行时

容器运行时主要包括 libcontainer、runC 和 containerd 几个部分，下面具体介绍。

1. libcontainer

Docker 最初使用 LXC 来创建容器，后来开发了属于自己的 libcontainer 库，可与 Linux 内核（Linux Kernel）功能（如 namespace、cgroup）进行交互，用于容器生命周期管理，包括创建和管理隔离的容器环境，如图 4-1 所示。

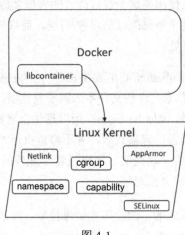

图 4-1

2. runC

随着 Docker 内部架构的日渐复杂，Docker 把底层容器管理部分单独剥离出来作为一个底层容器运行时，称作 runC。runC 中包含了原先的 libcontainer 库，可以独立于 Docker 引擎，其目标是使标准容器随处可用。runC 专注于容器实现，功能涉及环境隔离、资源限制、容器安全等，后来它被捐赠给了 OCI。

3. containerd

在将 runC 项目捐赠给 OCI 的同时，Docker 在 2016 年开始使用 containerd 作为其上层容器运行时。为了使容器生态系统保持标准化，底层的 runC 容器运行时只允许运行容器，它更轻巧、快速，并且不会与其他更高层级的容器管理发生冲突。而像 containerd 这类的上层容器运行时负责容器生命周期的管理，如镜像传输和存储、容器运行和监控、底层存储、网络附件管理等。

containerd 向上为 Docker 守护进程提供了 gRPC 接口，屏蔽了底层细节，向下通过 containerd-shim 操控 runC，使得上层 Docker 守护进程和底层容器运行时相互独立。

容器运行时的整体工作流程如图 4-2 所示。

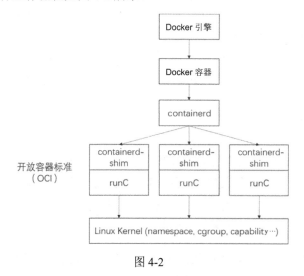

图 4-2

① Docker 引擎创建容器并将其传递给 containerd。

② containerd 调用 containerd-shim。

③ containerd-shim 使用 runC 来运行容器——即使容器死亡，containerd-shim 也会保证文件描述符为打开状态。

④ 容器运行时（此处为 runC）在容器启动后退出。

4.3.2　镜像

应用打包、部署的最大问题是必须为每种语言、每个框架，甚至每个版本的应用都维护一个打好的包。这个打包过程没有任何通用规则可言，在一个环境中运行得很好的应用，要在另一个环境中运行起来，需要做很多修改和配置工作。而 Docker 镜像正好解决了打包所存在的根本性问题。所谓 Docker 镜像，其实就是一个压缩包，这个压缩包直接由一个完整的操作系统的所有文件和目录构成，即包含了这个应用运行所需的所有依赖，所以这个压缩包里的内容与本地开发和测试环境中的操作系统是完全一致的。Docker 镜像应用运行方式和环境标准化，其包含完整的运行环境，保证了环境的一致性。

Docker 通过容器镜像，直接将一个应用运行所需的完整环境，即整个操作系统的文件系统也打包进去。这种思路解决了困扰 PaaS 用户已久的一致性问题，制作一个"一次发布、随处运行"的 Docker 镜像，比制作一个连开发和测试环境都无法统一的 Buildpack 有意义。Docker 大大降低了容器技术的使用门槛，轻量化、可移植、虚拟化、与语言无关，将程序做成镜像可以随处部署和运行，开发、测试和生产环境彻底统一了，还能进行资源管控和虚拟化。Docker 允许开发人员将各种应用及其依赖打包到一个可移植的 Docker 容器镜像中，以 Docker 容器为运行时资源分割和调度的基本单位，封装整个软件的运行时环境，然后发布到 Linux 机器上。

4.3.3　Docker 总结

按照 Docker 的设计理念，应用的交付过程就如同海上运输，操作系统如同货轮，在操作系统基础上开发的每一个软件如同集装箱，用户可以通过标准化手段自由组装运行环境，同时集装箱的内容可以由用户自定义，也可以由专业人员（开发人员或系统管理员）定制。如此一来，交付一个应用就相当于交付一系列标准化组件的集合。

通过 Docker，我们可以先使用镜像在本地进行开发和测试，然后上传到云端运行。在这个过程中，不需要进行任何修改和配置，因为 Docker 镜像提供了本地环境和云端环境的高度一致性。大部分镜像都使用相同的操作系统，而且许多文件的内容都一致，因此 Docker 镜像中的分层机制可以重复利用这些基础文件，从而解决磁盘和内存的开销问题。所以，虽然我们往往把 Docker 容器归并到 PaaS，但其实 Docker 并不是 PaaS，而是为 PaaS 提供自动化部署功能的工具。

4.4　内核容器技术

除了传统的 Docker 容器技术，内核容器技术在一定意义上解决了 Docker 安全隔离性的问题。下面提到的 Kata、Firecracker 和 gVisor 都是拥有独立内核的安全容器，简称"内核容器"。

4.4.1　Kata

2015 年，Intel OTC 和国内的 HyperHQ 团队同时开源了基于虚拟化技术的容器实现，分别为 Intel Clear Container 和 runV 项目。2017 年，这两个相似的容器运行时项目在 OpenStack 基金会的撮合下合并，变成了现在的 Kata Containers。由于 Kata Containers 的本质就是一台精简后的轻量级虚拟机，所以它的特点是"像虚拟机一样安全，像容器一样敏捷"。

在启动 Kata Containers 之后，Kata 通过一个容器运行时来控制远程服务器上的 Hypervisor（如 QEMU），同时 Kata 提供一个超轻量级的虚拟机镜像，专门用于在虚拟机内部署容器。在

Kata Containers 运行起来之后，虚拟机里的用户进程（容器），实际上只能看到其中被裁剪过的 GuestOS，以及通过 Hypervisor 虚拟出来的硬件设备，如图 4-3 所示。

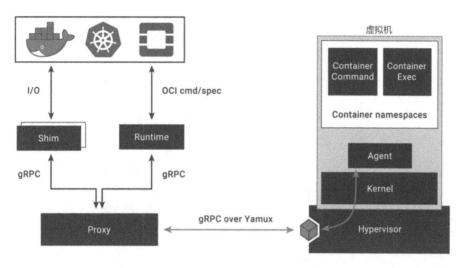

图 4-3

　　Kata Containers 使用传统的虚拟化技术，通过虚拟硬件模拟出一台"小虚拟机"，然后在这台小虚拟机里安装一个裁剪后的 Linux 内核来实现强隔离。Kata 为容器进程分配了一个独立的 GuestOS，从而避免了让容器共享宿主机内核。这样，容器进程能够看到的攻击面，就从整台宿主机内核变成了一个极小的、独立的、以容器为单位的内核，从而有效解决了容器进程发生"逃逸"或者夺取整台宿主机的控制权的问题。

4.4.2　Firecracker

　　2018 年，AWS 发布了一个名为 Firecracker 的安全容器项目，它的核心其实是一个用 Rust 语言重新编写的虚拟机监视器。Firecracker 和 Kata Containers 的本质原理相同，只不过 Kata Containers 默认使用的虚拟机监视器是 QEMU，而 Firecracker 则使用自己编写的虚拟机监视器。Firecracker 机制如图 4-4 所示。

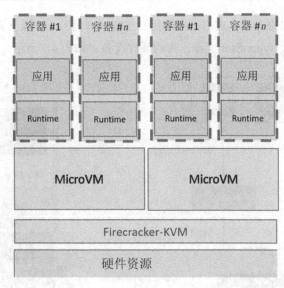

图 4-4

4.4.3　gVisor

2018 年，Google 发布了 gVisor，gVisor 为容器进程配置了一个用 Go 语言实现的运行在用户态、极小的"独立内核"。这个内核对容器进程暴露了 Linux 内核 ABI（Application Binary Interface），扮演着 GuestOS 的角色，从而达到了将容器和宿主机隔离开的目的。

gVisor 是一个用户态内核，为上层容器提供了一个安全隔离的环境，容器所有的系统调用都会被 gVisor 执行。这个用户态内核是一个名为 Sentry 的进程，而 Sentry 进程的主要职责就是提供一个传统操作系统内核所能提供的能力，即运行用户程序、执行系统调用。所以 Sentry 并不是使用 Go 语言重新实现的一个完整的 Linux 内核，而只是一个模拟内核的系统组件。Sentry 会使用 KVM 进行系统调用的拦截，Sentry 自身就扮演着 GuestOS 的角色，负责运行用户程序、发起系统调用，而这些系统调用被 KVM 拦截下来后继续交给 Sentry 进行处理。只不过这时候，Sentry 被切换成一个普通的宿主机进程的角色，向宿主机发起它所需的系统调用。在这个实现中，Sentry 并不会真的像虚拟机那样虚拟出硬件设备、安装 GuestOS，它只是借助 KVM 进行系统调用的拦截，以及处理地址空间切换等细节，如图 4-5 所示。

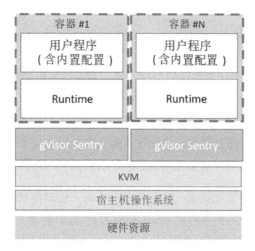

图 4-5

4.4.4 Unikernel

Unikernel 是一个精简的、专属的库操作系统（LibraryOS），它能够使用高级语言编译并直接运行在商用云平台虚拟机管理程序之上。Unikernel 与开发语言紧密相关，在一个特定的 Unikernel 上只能运行使用特定语言编写的程序，这个 LibraryOS 加上自主定制的程序最终被编译成一个操作系统，在这个操作系统中只运行定制的程序，且里面只有这一个程序，没有其他冗余的东西，所以不需要多应用进程切换，系统很简单，开销也很小。简单来说，Unikernel 就是一个容器应用定制化的内核，如图 4-6 所示。

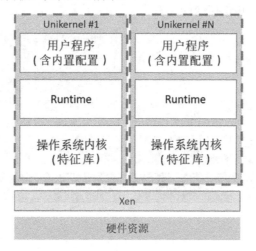

图 4-6

4.5　容器与虚拟机

Hypervisor 通过硬件虚拟化模拟出可以运行操作系统的各种硬件，比如 CPU、内存、I/O 设备等。然后在这些虚拟的硬件上安装一个新的操作系统 GuestOS，这样用户的应用就可以运行在这台虚拟机中，该应用只能看到 GuestOS 的文件和目录，以及这台虚拟机里的虚拟设备，从而实现了将不同的应用进程相互隔离。因为在虚拟机中必须运行一个完整的 GuestOS，才能执行用户的应用进程，所以就不可避免地带来了额外的资源和时间的消耗。

容器被称为轻量级的虚拟化技术，它并没有一个真正的容器层运行在宿主机上，而是帮助应用进程在创建过程中加上各种各样的 namespace 参数。这时容器进程就会觉得自己是各自 PID namespace 里的第 1 号进程，只能看到各自 mount namespace 里挂载的目录和文件，只能访问各自 network namespace 里的网络设备，就像运行在一个个隔离的"容器"里面，但其实这只是一个被逻辑构建出来的"虚拟沙箱"。相比虚拟机，容器化的应用只是宿主机上的普通进程，这就意味着不存在虚拟化带来的性能损耗。使用 namespace 作为隔离手段的容器并不需要单独的 GuestOS，这就使得容器额外的资源占用几乎可以忽略不计。

不同于虚拟机对底层硬件设备进行抽象处理，容器只对操作系统进行抽象处理，容器有自己的 CPU、内存、文件系统，能够像虚拟机一样独立运行却占用更少的资源。长期来看，容器技术将以其轻量化、快速化的优势取代虚拟化技术，为应用运行提供最好的支持，但是诸如安全隔离、底层资源供给等问题仍需要通过虚拟化来解决。

容器与虚拟机的对比如图 4-7 所示。

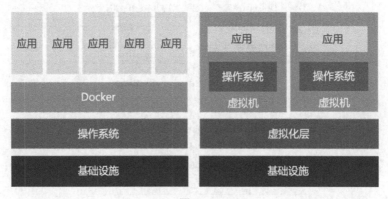

图 4-7

4.6 容器与 PaaS

传统 PaaS 为了实现运行的一致性，需要为每种语言、每个框架都维护一个包。而且，因为本地环境和 PaaS 环境的差异性，在本地环境中调试没问题的包，要想在 PaaS 环境中运行起来，很可能需要做很多修改，因此维护成本过高。

容器将应用及其所依赖的框架、中间件等运行环境打包到镜像中，因此容器应用在运行时不再依赖宿主机提供开发语言等环境支持。作为基于容器的 PaaS 平台，用户提交到 PaaS 平台的不再是代码，而是容器镜像，从而将应用与 PaaS 平台进行了解耦，使 PaaS 平台无须像 Cloud Foundary 一样准备各种语言支持和复杂的应用打包过程。容器将应用运行所需的整个操作系统直接打包，来保证远端 PaaS 环境和本地环境的完全一致性，从根本上解决了一致性问题，所以容器技术将会是新一代 PaaS 平台的核心基石。

综上所述，容器的最终目标是在单机上为应用提供相互隔离、轻量化、简便化的运行环境。

○ 运行环境封装：Docker 容器诠释了应用"集装箱"的概念——Docker 容器作为一个"集装箱"，可以装指定的软件和库，以及任意环境配置。当开发人员和运维人员在部署与管理应用时，只需要把容器运行起来，不用关心容器里面是什么。这种标准的应用封装形式，从真正意义上打破了原先虚拟机镜像格式、大小等的束缚。因此，**容器让应用以一种自包含且一致的形式部署在任何环境中**。

○ 资源轻量化：容器的细粒度为应用提供了更有效的资源供给和管理，采用 rootfs 帮助应用做到快速启动及伸缩。

○ 运维简便化：对于原来需要在机房里管理计算设备、网络设备、存储设备的 IT 运维工程师来讲，容器提供了一种简便的运维模式。

然而，容器技术也有其局限性，主要体现在应用必须运行于单机上，无法支持跨主机的分布式应用的打包和部署。

第5章

容器编排

5.1 容器编排简介

容器实现了单节点上的应用打包、发布、运行等功能，有了应用的容器镜像之后，用户更希望将应用运行在给定的集群（一组物理服务器）上。但随着应用规模的逐渐扩大，对散落在不同节点上的容器的管理成本逐渐上升，因此需要一个容器编排和调度工具来统一管理分布式的容器节点。**容器编排是指自动化管理和协调容器的能力，它实现了容器的生命周期管理。**容器编排器势必成为支撑分布式应用的必然趋势，其凭借强大的编排和调度能力，被认为是云平台上的分布式操作系统。

5.1.1 大事记

随着容器技术的发展，容器编排技术逐渐进入主流视野，以下是容器编排技术发展的大事记。

○ 2015 年，云原生计算基金会（Cloud Native Computing Foundation，CNCF）由 Google、RedHat 等公司牵头成立，开源了 Kubernetes。CNCF 致力于整合开源技术，使容器编排功能成为微服务架构的一部分。

○ 2017 年，在容器编排领域的竞争中，Docker 公司的 Swarm 落败。因此，Docker 公司在拒绝了微软早先的天价收购之后，在没有任何回旋余地的情况下，选择了逐步放弃开源社区，而专注于自己的商业化转型。Docker 公司将 Docker 项目的运行时部分 containerd 捐赠给 CNCF，并宣布将 Docker 项目改名为 Moby，交给 CNCF 自行维护。Docker 公司基于 Moby 开源项目与 CNCF 共同构建了 Docker 社区版（CE），在社区版基础上构建了 Docker 企业版（EE），从此 Docker 成为商业产品的名字，而原 Docker

项目化身为 Moby 继续发展。

- ❍ 2017 年 9 月，Apache 公司宣布 Mesos 1.10 版本支持 Kubernetes。

- ❍ 2017 年 10 月，Docker 公司宣布在自己的主打产品 Docker 企业版中内置了 Kubernetes 项目，宣告容器编排大战结束，以 Kubernetes 胜出告终。

- ❍ 2018 年 1 月 30 日，RedHat 宣布斥资 2.5 亿美元收购 CoreOS。

- ❍ 2018 年 3 月，在 OSLS 开源领袖峰会上，Google Cloud 工程总监 Chen Goldberg 宣布 Kubernetes 成为第一个从 CNCF 毕业的项目。这也意味着该开源项目已经成熟，目前 Kubernetes 已经成为容器编排的事实标准。

5.1.2　Swarm 与 Kubernetes 之争

Kubernetes、Mesos、Swarm 是容器编排领域的"三驾马车"。由于 Mesos 始终只是借着容器技术的声势，并没有完全参与到容器领域中；同时，其所属的 Apache 社区有着固有的封闭性，导致它在容器编排领域鲜有创新。因此，容器编排领域的争端主要聚焦在 Swarm 和 Kubernetes 项目上。

虽然 Docker 是容器生态的事实标准，但是 Docker 公司在 PaaS 层上的能力与 Google、RedHat 等公司有着一定的差距。除了容器，用户还希望平台可以提供路由网关、水平扩展、监控、备份、灾难恢复等一系列运维能力。于是，Google 和 RedHat 等公司牵头发起了 CNCF，期望以 Kubernetes 为基础，建立一个由开源基础设施领域的厂商主导、按照独立基金会运营的平台及社区，对抗以 Docker 为核心的容器商业生态。

Kubernetes 的设计思想来源于 Borg 和 Omega 的内部特性，这些特性落到 Kubernetes 上，就是 Pod、SideCar 等功能和设计模式。而 Google 牵手 RedHat 成立联盟，将这些先进思想应用到 Kubernetes 项目中。Kubernetes 凭借其先进的设计理念和号召力，并没有被 Docker 公司的"Docker Native"的说辞击败，反而很快构建出一套与众不同的容器编排和管理的生态体系，并且在 GitHub 上各项指标"一骑绝尘"（如图 5-1 所示），远超 Swarm 项目。CNCF 在成员项目中迅速添加了 Prometheus（容器监控事实标准）项目后，又相继添加了 Fluentd、OpenTracing、CNI 等一系列优秀的容器生态工具和项目，Kubernetes 社区被大量公司和创业团队所支持和推广。

Docker 公司面对这样的态势，2016 年宣布放弃现有的 Swarm 项目，将容器编排、集群管理和负载均衡功能全部内置到 Docker 项目当中。这也是 Swarm 项目的唯一优势——与 Docker

项目的无缝集成可以实现优势最大化。内置容器编排、集群管理和负载均衡能力，固然可以使 Docker 项目的边界直接扩展成一个完整的 PaaS 项目的范畴，但是同时也增加了技术复杂度和维护难度，从长远来看这是不利的。

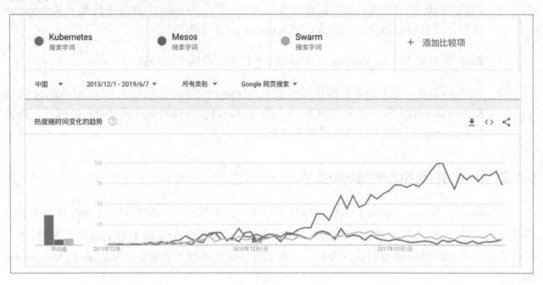

图 5-1

针对 Docker 公司打出的这张牌，Kubernetes 反其道而行之，开始在整个社区推行"民主化"架构。因此，Kubernetes 在 2016 年得到了空前发展。推行"民主化"架构，使得从 API 到容器运行的每一层，Kubernetes 项目都为开发者暴露了可以扩展的插件机制，鼓励用户通过代码的方式接入 Kubernete 项目的每个阶段。这项变革立即在容器社区催生出大量基于 Kubernetes API 和扩展 API 的二次创新，其中包括：微服务治理项目 Istio、有状态应用部署架构 Operator，以及 Rook 通过 Kubernetes 的扩展接口，把 Ceph 这样的重量级产品封装成简单、易用的容器存储插件。

在 Google 的一篇关于内部 Omega 调度系统的论文中，将调度系统分为三类：单体、两层和共享状态，如图 5-2 所示。按照这种分类，通常 Google 的 Borg 被当作"单体"调度系统，Mesos 被当作"两层"调度系统，而 Google 的 Omega 被当作"共享状态"调度系统。论文的作者实际上是 Mesos 的设计者之一，后来去了 Google 公司设计新的 Omega 系统，并发表了这篇论文。这篇论文的主要目的是提出一种全新的"Shared State"模式，来同时解决调度系统的性能和扩展性问题。但就目前阶段而言，Shared State 模式太过理想化，根据这个模式开发的 Omega 系统在 Google 内部似乎并没有被大规模使用，也没有任何一个被大规模使用的调度系统采用 Shared State 模型。

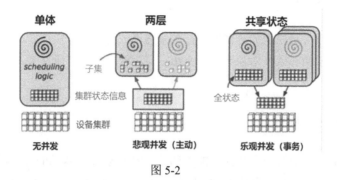

图 5-2

因为 Kubernetes 的大部分设计是延续 Borg 的，而且 Kubernetes 的核心组件（Controller Manager 和 Scheduler）默认都是绑定部署在一起的，状态也都被存储在 etcd 中，所以通常会把 Kubernetes 当作第一代"单体"调度系统。但其实 Kubernetes 的调度模型完全是两层调度的，与 Mesos 一样，任务调度和资源调度是完全分离的，Controller Manager 承担任务编排的职责，而 Scheduler 则承担资源调度的职责。（注意：调度与编排的区别在于，调度是选择合适的节点部署应用；而编排则是根据事先准备好的配置模板创建、组合各种对象，从而构建应用。）

5.1.3　容器编排工具的核心功能

如果说容器镜像能够保证应用本身在开发与部署环境中的一致性，那么容器编排工具通过统一的配置文件，就可以保证应用的"部署参数"在开发与部署环境中的一致性。容器编排器的核心功能分为三个部分。

○ 资源管理：将一组服务器视为由 CPU、内存和存储卷构成的资源池，对其进行管理。

○ 调度和编排：如 YARN、Mesos、Swarm 所擅长的是按照某种规则，把一个容器放置在某个最佳节点上运行，我们称之为"调度"。而 Kubernetes 所擅长的是按照用户的意愿和整个系统的规则，完全自动化地处理容器之间的各种关系，并且对其进行生命周期管理，这样的过程被称为"编排"。Kubernetes 的本质是为用户提供一个具有普遍意义的容器编排工具，更重要的是，Kubernetes 提供了一套基于容器构建分布式系统的基础依赖。

○ 服务管理：为运行的应用提供额外的支撑性服务，如负载均衡、健康检查等。

5.2 Kubernetes

Kubernetes 是现今最主流的容器编排技术，它已成为行业事实标准。本节将会对它的设计理念与特性、运行架构和 API 对象等进行介绍，让读者了解如何通过 Kubernetes 来实现无状态应用和有状态应用。

5.2.1 设计理念与特性

Kubernetes 最大的价值在于其提倡的声明式 API 和以此为基础的控制器模式。Kubernetes 为使用者提供了 API 扩展能力和良好的 API 编程范式，从而催生出一种完全基于 Kubernetes API 构建的上层应用服务生态，这样的理念使 Kubernetes 具备了非常好的扩展性。具体来说，其设计理念如下。

1. 一切皆为对象

在 Kubernetes 中，所有的信息都是以 API 对象的形式存储在 etcd 中的，所有的操作都是对 API 对象的操作。同时 Kubernetes 通过使用一种 API 对象（如 Deployment）来管理另一种 API 对象（Pod）的方法，全面使用对象实现业务建模。

2. 声明式 API

声明式 API 是指对所有 API 的调用都是通过配置文件完成的。传统的模式是用镜像交付，镜像最大限度地把我们需要的运行时环境和应用可执行文件打包在一起，在各种环境中都能完美地运行。但除镜像之外，还需要配置启动参数、分布式应用的组网、服务发现等。Kubernetes 的声明式 API 将所有这些配置都放到声明文件中，实现了真正的 Application/Infrastructure as Code。它使用一个 YAML 文件来表达应用的最终运行状态，并且自动对应用进行运维和管理。

所谓"声明式"，是指只需要提交一个定义好的 API 对象来"声明"所期望的状态。同时声明式 API 允许有多个 API 写端，以 PATCH 的方式对 API 对象进行修改，而无须关心某个 YAML 文件的内容。有了上述两种能力，Kubernetes 才可以实现对 API 对象的增、删、改、查，在完全无须外界干预的情况下，完成对实际状态和期望状态的调谐（reconcile）过程。

3. 切面式管理

Kubernetes 通过控制器模式（controller pattern）实现切面式管理及职责划分。Kubernetes 的控制器可以对任何一种 API 对象实现全生命周期管理，控制器循环地对比实际状态与期望状态，执行响应操作，从而确保实际状态趋向期望状态。在 Kubernetes 中，响应操作也被叫作"调谐"。在具体实现中，实际状态往往来自 Kubernetes 集群本身，而期望状态一般由用户定义。控制器模式真正把 Kubernetes 从简单的容器部署工具提升为容器生命周期管理工具。Kubernetes 通过声明式的方式来描述应用的"终态"，然后 Kubernetes 通过控制器不断地将整个系统的实际状态向这个"终态"逼近并且达成一致。

此外，控制器模式也实现了"面向切面编程"模式，不同的控制器负责不同方面的管理，也就是应用的不同切面，从而保证了不同切面之间相互协调、共同协作。这个思想不仅是 Kubernetes 里每一个组件的"设计模板"，也是 Kubernetes 能够将开发者紧紧团结到自己身边的重要因素。

4. 无隐藏 API

Kubernetes 暴露了所有底层 API，所以它具有以其自身为底座进行二次建设的能力。简单地说，如果是 Kubernetes 已有的能力，则可以直接使用；如果 Kubernetes 底座的能力不够，则应该补充和加强 Kubernetes 的能力，体现为实现新的控制器；如果 Kubernetes 的抽象不够，比如对于某些复杂场景，现有的 CRD（Customer Resource Defination）不适用或不够用，则应该定义新的抽象，体现为添加新的 CRD。将加固 Kubernetes 底座（controller）和扩展 Kubernetes 抽象（CRD）结合起来，就可以实现应用功能向基础设施的下沉。在通过这种方式打造新的云原生基础设施后，再在这些云原生基础设施的基础上生产新的云原生产品。

基于上述设计理念，Kubernetes 具有如下一些专属特性。

○　Kubernetes 服务发现和负载均衡。

○　自动调度。

○　存储编排。

○　应用的自恢复。

○　应用版本更新及回滚。

○　配置管理。

○　批处理任务。

○　弹性伸缩。

5.2.2   运行架构

Kubernetes 的运行架构由 Master 和 Node（节点）组成，它们分别扮演着控制节点和计算节点的角色，如图 5-3 所示。

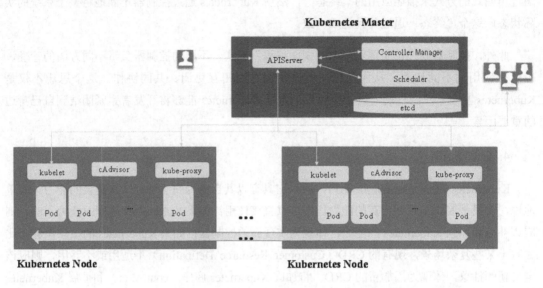

图 5-3

1. Master

Master 由 4 个紧密协作的独立组件组合而成，它们分别是数据库 etcd、API Server（即负责 API 服务的 kube-apiserver）、Scheduler（即负责调度的 kube-scheduler）和 Controller Manager（即负责容器编排的 kube-controller-manager）。整个集群的持久化数据，则由 kube-apiserver 处理后保存在 etcd 中。

（1）etcd

etcd 是用来存储所有 Kubernetes 的集群状态的，它除了具备状态存储的功能，还有事件监听和订阅、Leader 选举的功能。所谓事件监听和订阅，是指各个组件之间的通信等并不是通过相互调用 API 来完成的，而是把状态写入 etcd 中（相当于写入一个消息），其他组件通过监听 etcd 中状态的变化（相当于订阅消息）进行后续的处理，并把更新的数据写入 etcd 中。所谓 Leader 选举，是指其他组件（比如 Scheduler）为了实现高可用性，通常会有 3 个副本，etcd 需要从多个实例中选举出一个做 Master，其他的都是 Standby（旁站）。

（2）API Server

etcd 是整个 Kubernetes 的核心，所有组件之间的通信都需要通过 etcd。在以前版本的 Kubernetes 中，其他组件直接通过 WATCH 机制调用 etcd 进行通信，从而造成 etcd 的压力过大；而在现在版本的 Kubernetes 中，各个组件并不是直接访问 etcd 的，而是访问一个代理 API Server。API Server 通过标准的 RESTful API，重新封装了对 etcd 接口的调用。此外，这个代理还实现了一些附加功能，比如身份认证、缓存等。API Server 提供了操作 Kubernetes 各种对象的 RESTful 接口，如图 5-4 所示。无论是客户端命令行工具 kubectl，还是 Master 中的 Scheduler、Controller Manager，抑或是 Node 中的 kubelet，都要通过 API Server 实现对 etcd 的访问，这就是 Kubernetes 的通信机制。

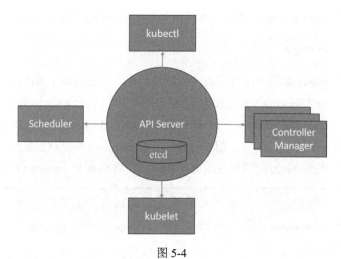

图 5-4

API Server 可以通过 Web 端、客户端命令行工具 kubectl 及用户界面等方式由用户进行访问，其内部也有认证（authentication）、授权（autorization）、访问控制（addmission control）等功能，如图 5-5 所示。

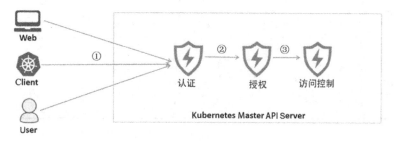

图 5-5

（3）Scheduler

Master 中的 Scheduler 负责资源调度，Controller Manager 会将任务对资源的要求写入 etcd 中，当 Scheduler 监听到有新的资源需要调度（新的 Pod）时，它就会根据整个集群的状态把 Pod 分配到具体的节点上。具体流程如下：

① 从等待执行的 Pod 队列中取出 Pod。

② 通过预选（predicate）机制筛选出符合要求的节点，例如不能满负载、无法通信等。

③ 通过评级（priority）机制对满足需求的节点打分，选择得分最高的节点来进行调度。

④ 最后完成绑定过程，把新建的 Pod 调度到选中的节点上并更新缓存。

（4）Controller Manager

控制器是 Kubernetes 实现资源管理的实际组件。当一个任务请求 Kubernetes 创建各类资源时，比如 Deployment、DeamonSet 或者 Job，将任务请求发送给 Kubernetes 之后都是由控制器来处理的。每一种类型的资源都对应一个控制器，比如 Deployment 对应 Deployment 控制器，DaemonSet 对应 DaemonSet 控制器。图 5-6 展示了 Kubernetes 中默认的控制器列表，这个列表可以随着开发者对 Kubernetes 的深度使用而不断扩大，这也是 Kubernetes 成长性的重要体现。

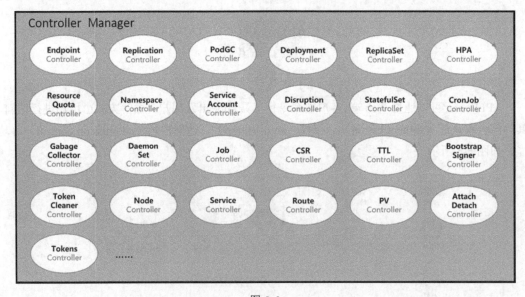

图 5-6

（5）kubectl

kubectl 是一个命令行工具，它会调用 API Server 发送请求，或者将更新状态写入 etcd 中，或者查询 etcd 中的更新状态。

2. Node

（1）kubelet

在 Node（节点）上最核心的是 kubelet 组件，其负责与容器运行时（比如 Docker）协同交互。而这个交互所依赖的是一个称作 CRI（Container Runtime Interface）的远程调用接口，该接口定义了容器运行时的各项内容和核心操作，比如启动一个容器需要的所有参数。这也是 Kubernetes 并不关心容器运行时是什么（可以是 Docker，也可以是 Rocket）的原因，只需确保容器运行时符合 OCI 规范，就可以通过实现 CRI 接入 Kubernetes 中。而具体的容器运行时通过 OCI 规范与底层的 Linux 进行交互，将 CRI 请求翻译成对 Linux 的调用（操作 Linux namespace 和 cgroup 等）。此外，kubelet 还通过 gRPC 协议与一个名为 device plugin 的插件进行交互，这个插件是 Kubernetes 用来管理 GPU 等宿主机物理设备的主要组件。总体来说，kubelet 的主要功能是调用网络插件 CNI、存储插件 CSI 为容器配置网络和持久化存储，以及使用 device plugin 等插件。

具体来说，当 Master 中的 Scheduler 将新建的 Pod 绑定到一个节点时，Kubernetes 就需要按照 Pod 的定义在节点上创建该 Pod。完成创建这一系列操作即通过 kubelet 来实现，kubelet 本身也是按照控制器模式来工作的——它是一个 Agent，运行在每一个节点上，它会监听 Master API Server 中的 Pod 信息，如果发现分配给其所在节点的 Pod 有需要运行的，就在节点上运行相应的 Pod，并把状态更新回 etcd 中。注意，目前负责节点监控的 cAdvisor 已经被集成到 kubelet 中。kubelet 实际的工作原理，可以用图 5-7 来表示清楚。kubelet 的工作核心就是一个控制循环——SyncLoop（即图 5-7 中的大圆圈）。而驱动这个控制循环运行的事件有 4 种：

○　Pod 更新事件。

○　Pod 生命周期变化。

○　kubelet 本身设置的执行周期。

○　定时的清理事件。

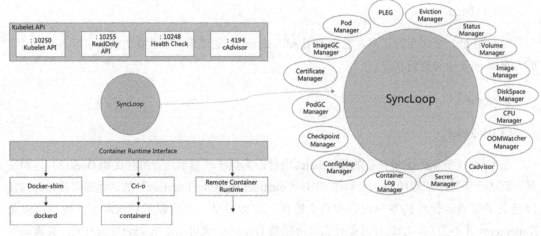

图 5-7

（2）kube-proxy

kube-proxy 负责从 API Server 获取所有的 Server 信息，并根据 Server 信息为 Pod 创建代理服务，实现从 Server 到 Pod 的请求路由和转发，进而实现 Kubernetes 层级的虚拟转发网络。具体来说，就是实现集群内的客户端 Pod 访问 Service，或者集群外的主机通过 NodePort 等方式访问 Service。在较早版本的 Kubernetes 中，kube-proxy 默认使用的是 iptables 模式，通过各个节点上的 iptables 规则来实现 Service 的负载均衡，但是随着 Service 数量的增加，iptables 模式由于线性查找匹配、全量更新等特点，其性能会显著下降。从 Kubernetes 1.8 开始，kube-proxy 引入了 IPVS 模式，IPVS 模式与 iptables 同样基于 netfilter，但是其采用 hash 表，因此当 Service 数量达到一定规模时，hash 表的查找速度优势就会体现出来，从而提高了 Service 的服务性能。

5.2.4 API 对象

这里以一个简单的应用为例，具体说明 Kubernetes 是如何通过其 API 对象来实现应用的。Kubernetes 首先从基本的容器出发，通过 Pod 实现了容器间的紧密协作，通过 Deployment 实现了 Pod 的多实例管理；然后通过 Service 为一组相同的 Pod 提供固定的 VIP 和端口，并以负载均衡的方式访问这些 Pod。接下来，Kubernetes 又提供了 Secret 对象在 etcd 中安全地保存键值对数据，并且在指定的 Pod 中自动将 Secret 数据以 volume（卷）的形式挂载到容器上。为了适应应用的不同形态，Kubernetes 还定义了新的基于 Pod 改进的对象，如图 5-8 所示。其中，Job 对象用来描述一次性运行的 Pod；DaemonSet 对象用来描述每台宿主机上必须且只能运行一个副本的守护进程服务；CronJob 对象用来描述定时任务等。

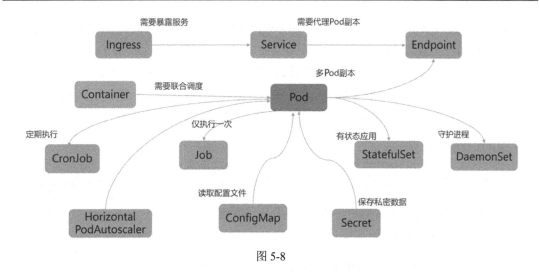

图 5-8

1. Pod

Pod 是 Kubernetes 中最基础的对象，它是一个或者多个容器的组合，每个容器都负责应用的不同特性操作。Pod 里的所有容器共享同一个 network namespace，并且可以声明共享同一个存储卷，如图 5-9 所示。

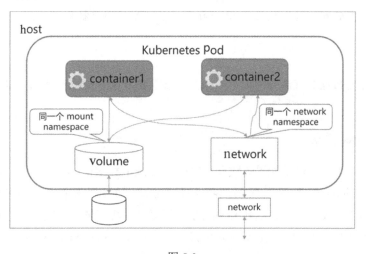

图 5-9

Pod 是 Kubernetes 中的原子调度单位，Kubernetes 是统一按照 Pod 而非容器的资源需求进行计算的。凡是与容器的 Linux namespace 相关的属性一定是 Pod 级别的，这样就可以让容器尽量共享 Linux namespace，仅保留必要的隔离和限制能力。

Pod 的实现需要使用一个中间容器，这个中间容器被称作 Infra 容器。在 Pod 中，Infra 容器永远都是第一个被创建的容器，而用户定义的其他容器都是通过 join network namespace 的方式与 Infra 容器关联在一起的。Infra 容器占用极少的资源，所以它使用的是一个非常特殊的镜像——k8s.gcr.io/pause。该镜像是一个用汇编语言编写的、永远处于"暂停"状态的容器，其解压缩后的大小也只有 100~200KB。

Pod 网络的管理分为两步。

① 构建网络容器，包括创建网络容器、设置网络设备、设置设备 IP 地址和路由信息等。

② 启动业务容器，逐步启动业务容器并与网络容器共享 network namespace。比如，对于 Pod 里的容器 A 和容器 B：

- 它们可以直接使用 localhost 进行通信。

- 它们看到的网络设备与 Infra 容器看到的完全一样。

- 一个 Pod 只有一个 IP 地址，也就是这个 Pod 的 network namespace 对应的 IP 地址。

- 其他所有网络资源都是一个 Pod 一份，并且被该 Pod 中的所有容器共享。

- Pod 的生命周期只与 Infra 容器一致，而与容器 A 和容器 B 无关。

2. 存储

Kubernetes 对数据的存储分为：在 etcd 中存储数据（etcd-based）和在 volume 中存储数据（volume-based）。

（1）etcd-based 数据

Kubernetes 中大部分涉及配置的数据都被存储在 etcd 中。Kubernetes 的 etcd-based 数据既不用来存放容器里的数据，也不用来进行容器和宿主机之间的数据交换，它的作用是为容器提供预先定义好的配置参数等数据。Pod 中的容器可以通过环境变量或挂载 volume 的方式访问到 etcd-based 数据中的内容。与一般 volume 的最大区别在于，**etcd-based volume 不真实存在，它只是 etcd 中的一组数据，通过环境变量或 volume 的形式为 Pod 中的容器提供数据**。将数据交给 Kubernetes 保存，而 Pod 通过 volume 的形式使用这些数据。在 Kubernetes 中，这样的数据对象是以 key-value 形式保存的，其中 key 是对象名，value 是对象值。当对象以 volume 的形式被挂载到 Pod 上后，key 对应文件名，value 对应文件内容。一旦 etcd 里的数据被更新，这些被挂载的 volume 里的文件内容同样也会被实时更新。

总结一下，Kubernetes 的 etcd-based 数据包括 ConfigMap、Secret、Download API 和 ServiceAccountToken，它们的核心功能是将配置信息通过 API 资源保存到 etcd 中，或者将配置信息以文件的形式挂载到 Pod 上，或者将配置信息以环境变量的形式注入 Pod 的容器中。

- ⭕ ConfigMap：它用于保存 Kubernetes 中的配置文件对象，可以保存单个属性、整个配置文件或者二进制文件。

- ⭕ Secret：它用于保存 Pod 想要访问的加密数据，然后 Pod 中的容器通过挂载 volume 的方式就可以访问到这些 Secret 里保存的信息了。不同于 ConfigMap，Secret 对象要求保存的数据必须经过 Base64 转码，以免出现明文密码的安全隐患。在 volume 被挂载之后，数据会经过反转码以明文的形式出现在容器中。

- ⭕ Download API：它让 Pod 中的容器能够直接通过 Kubernetes 的 API Server，获取到这个 Pod API 对象的相关信息。

- ⭕ ServiceAccountToken：Kubernetes 会为 ServiceAccount 自动创建并分配一个 Secret 对象，即 ServiceAcount 里的 secrets。这个 Secret 与 ServiceAccount 相对应，是用来与 API Server 进行交互的授权文件，被称作 ServiceAccountToken。它的内容一般是证书或者密码，以 Secret 对象的形式保存在 etcd 中。每个 Pod 都会默认绑定一个 ServiceAccount，并为其自动声明一个类型为 Secret、名为 default-token-xxxx 的 volume，然后自动挂载到每个容器的/var/run/secrets/k8s.io/serviceaccount 上，这正是默认 ServiceAccount 对应的 ServiceAccountToken。应用程序只要直接加载该目录下的授权文件，就可以访问并操作 Kubernetes 的 API Server 了。

（2）volume-based 数据

在 Kubernetes 中，volume 分为本地 volume 和持久化 volume，二者在存储数据时的机制是不同的。下面分别进行介绍。

a．本地 volume

本地 volume 是指在创建 Pod 时临时创建的 volume，其生命周期与 Pod 绑定。Pod 中的容器重启后，数据依然存在，而当 Pod 被删除后，原则上本地 volume 也会被删除，但具体实现视 volume plugin 类型而定。Kubernetes 的本地 volume 方案就是将一台宿主机上的目录与一个容器里的目录绑定挂载在一起，其实现是基于 Docker 的 volume 方案。

○ hostPath：将宿主机的文件系统中已经存在的某个目录挂载到 Pod 上，于是 Pod 中的容器可以使用宿主机上的文件，或者可以采集宿主机上的数据。

○ emptyDir：当 Pod 被调度到一个节点上时，在这个节点上会自动创建一个临时目录，并将其挂载到 Pod 上。当将 Pod 从节点上删除时，该目录也一并被删除，可以使用 volume tmpfs 类型，此类 volume 用于保存 Pod 中的临时数据。

○ rbd：调用 Ceph 创建存储块，并把它挂载到 Pod 上。

b．持久化 volume

所谓持久化 volume，就是指宿主机上的目录具有持久性，即该目录中的内容既不会因为容器的删除而被清理掉，也不会与当前宿主机绑定。当容器重启或者在其他节点上重建之后，仍然能够通过挂载这个 volume 访问到这些内容。

持久化 volume 的实现往往依赖于一个远程存储服务，比如远程文件存储（如 NFS、GlusterFS）、远程块存储（如公有云提供的远程磁盘）等。Kubernetes 使用这些存储服务为 Pod 准备一个持久化的宿主机目录，以供将来进行绑定挂载时使用。而所谓持久化，指的是容器在这个目录中写入的文件都会被保存在远程存储中，从而使得这个目录具有持久性。

○ PersistentVolumeClaim（PVC，持久化存储数据卷声明）：它描述的是 Pod 所希望使用的持久化存储的属性，比如 volume 大小、可读/写权限等。从 Pod 角度声明需要使用的 volume，Kubernetes 会自动为 PVC 寻找合适的 PV 进行绑定。

○ PersistentVolume（PV，持久化存储数据卷）：它是持久化 volume 在 Kubernetes 中对应的 API 资源。这个 API 对象定义了一个持久化存储在宿主机上的目录，比如一个 NFS 的挂载目录，它与 PVC 的关系是一一绑定的。

○ StorageClass：StorageClass 是创建 PV 的模板（类），其包括 PV 的属性（如存储类型、volume 大小等）、创建这种 PV 需要用到的存储插件（如 Ceph 等）。有了这些信息，Kubernetes 就能够根据 PVC 找到一个对应的 StorageClass，然后调用该 StorageClass 声明的存储插件创建所需的 PV（存储插件需要支持 dynamic provisioning）。

PVC 可以被理解为持久化存储的"接口"，它提供了对某种持久化存储的描述，但不提供具体的实现，持久化存储的实现则由 PV 负责完成。这样做的好处是，应用开发者只需要跟 PVC 这个"接口"打交道，而不必关心具体的实现是 NFS 还是 Ceph。PV 与 PVC 的管理可分为静态和动态两类，其中在静态下由管理员手动创建 PV，而在动态下则通过 Kubernetes 提供的自动创建 PV 机制——StorageClass 根据 PVC 的需求动态创建 PV。整个 Kubernetes 的存储分三个步骤演进：本地 volume、静态 PV、动态 PV，如图 5-10 所示。

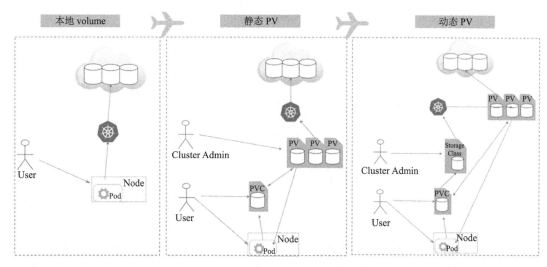

图 5-10

3. 无状态 workload

Kubernetes 中的对象有很多，业界通常将这些对象统称为 workload。这里主要介绍两种 workload，分别是无状态 workload 和有状态 workload。在 Kubernetes 的无状态 workload 中，最典型的就是 ReplicaSet 和 Deployment。

（1）ReplicaSet 和 Deployment

Kubernetes ReplicaSet 是由 Pod 副本数的定义和一个 Pod 模板组成的，负责通过控制器模式保证系统中 Pod 的个数永远等于指定的个数。这也正是 ReplicaSet 只允许设置容器的 restartPolicy=Always 的主要原因——只有在容器能保证自己始终是 Running 状态的前提下，ReplicaSet 调整 Pod 的个数才有意义；否则，即使 Pod 恢复了，但 Pod 中的容器却不能自启动，Pod 也什么作用都没有。

Deployment 实现了 Kubernetes 中一个非常重要的功能：Pod 的水平扩展/收缩（horizontal scaling out/in）。Deployment 控制器实际操纵的是 ReplicaSet 对象，而不是 Pod 对象。Deployment 要实现 Pod 的水平扩展/收缩，只需要修改其所控制的 ReplicaSet 的 Pod 副本数就可以了，如图 5-11 所示。

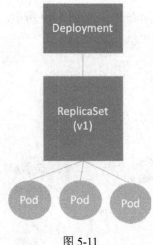

图 5-11

Kubernetes 的另一个功能"滚动更新"也是通过 Deployment 实现的，滚动更新是指在一个集群中运行的多个 Pod 版本交替逐一升级的过程。Deployment 滚动更新会创建一个新的 ReplicaSet，这个新的 ReplicaSet 的初始 Pod 副本数是 0，然后交替逐步替代现有 ReplicaSet 的旧 Pod，如图 5-12 所示。

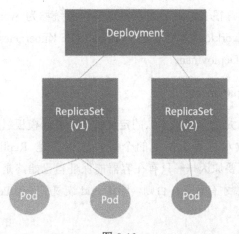

图 5-12

Deployment 的设计实际上实现了对无状态应用的抽象，它是一个两层控制器，先通过 ReplicaSet 的个数来描述应用的版本，再通过 ReplicaSet 的 replicas 值来保证 Pod 副本数。

（2）DaemonSet

一个 DaemonSet 对象能确保其创建的 Pod 在集群中的每一个（或指定）节点上都运行一

个副本。如果在集群中动态加入了新的节点，DaemonSet 中的 Pod 也会被添加到新加入的节点上运行。删除一个 DaemonSet 也会级联删除其创建的所有 Pod。下面是一些典型的 DaemonSet 的使用场景。

❍ 在每个节点上都运行一个集群存储服务，例如 glusterd、ceph。

❍ 在每个节点上都运行一个日志收集服务，例如 fluentd、logstash。

❍ 在每个节点上都运行一个节点监控服务，例如 Prometheus Node Exporte、collectd、Datadog Agent、New Relic Agent 或 Ganglia gmond。

由 DaemonSet 创建的 Pod 具有如下特征：

❍ 该 Pod 运行在 Kubernetes 集群的每一个节点上。

❍ 每个节点上都只有一个这样的 Pod 实例。

❍ 当有新的节点加入集群时，在新的节点上会自动创建出该 Pod；而在旧的节点被删除后，它上面的 Pod 也会被相应地回收。

（3）Job & CronJob

在 Kubernetes 中，Job 和 CronJob 用于管理离线的、定时的无状态应用。Job 负责批量处理短暂的一次性任务（short lived one-off task），即仅执行一次的任务，它保证批处理任务的一个或多个 Pod 成功结束。CronJob 即定时任务，其类似于 Linux 系统的 crontab，在指定的时间周期内运行指定的任务。在 Kubernetes 1.5 中，使用 CronJob 需要开启 batch/v2alpha1 API，即设置--runtime-config=batch/v2alpha1。其他相关内容，有兴趣的读者可以查阅更多资料。

通过上文介绍，我们知道了 Kubernetes 的 ReplicaSet、Deployment、DaemonSet 对象可以方便地实现无状态应用的弹性伸缩和滚动更新，而无状态应用发展的下一步就是 Serverless。关于 Serverless 的内容，会在后文中进行更详细的描述。

4. 有状态 workload

有状态 workload 则主要有 StatefulSet 和 Operator 两种，下面分别进行介绍。

（1）StatefulSet

StatefulSet 用于实现有状态应用，它把应用的状态抽象为三类。

❍ 拓扑状态：应用的多个实例之间不是完全对等的关系，有些应用实例必须按照某种顺序启动，比如应用的主节点 A 要先于从节点 B 启动。如果把 A 和 B 两个 Pod 删除，它们再次被创建出来后，也必须严格按照这种顺序启动才行。

❍ 网络状态：重启后的 Pod 的网络标识必须和原来 Pod 的网络标识一样，这样才能用原先的访问方法访问到这个新的 Pod。

❍ 存储状态：应用的多个实例分别绑定了不同的存储数据，对于这些应用实例来说，Pod A 读取到一份数据，即使在 Pod A 重启之后再次读取，也应该是同一份数据。

StatefulSet 的核心功能就是通过某种方式记录这些状态，然后在重新创建 Pod 后，能够为新的 Pod 恢复这些状态。恢复这些状态的具体方式如下。

❍ 拓扑状态：Pod 的拓扑状态 StatefulSet 通过 Pod 命名解决，以 0、1、2 为后缀，并且按照次序逐一创建。StatefulSet 的每个 Pod 实例的名字里都携带了一个唯一且固定的编号，这个编号的顺序决定了 Pod 的拓扑关系，在启动 Pod 时也会按照编号逐一启动。

❍ 网络状态：通过 Headless Service，直接以 DNS 记录的方式解析出被代理 Pod 的 IP 地址，然后把该 Pod 的 IP 地址注册给 "my-pod.my-svc.my-namespace.svc.cluster.local"，这样就可以直接通过 Pod 的域名访问 Pod，并且可以实时更新 Pod 中的主机名。

❍ 存储状态：使用与 Pod 相同的命名规则为 Pod 的每个 PVC 命名，从而确保 PVC 与 Pod 的一一绑定关系。当一个 Pod 被删除后，其对应的 PVC 和 PV 会被保留下来，所以当这个 Pod 被重新创建后，Kubernetes 会根据命名规则为它找到同样编号的 PVC，挂载这个 PVC 对应 PV，从而获取到以前保存在 volume 里的数据。

（2）Operator

不同 workload 之间的依赖问题，workload 本身无法解决，而 Operator 正好可以解决该问题。

通过 CRD（Custom Resource Definition），Kubernetes 允许用户在 Kubernetes 中添加一种与 Pod、节点类似的新的 API 资源类型，即自定义 API 资源（或自定义 API 对象）。也就是说，通过 CRD 可以在 Kubernetes 中注册一种新的资源类型。

对新的 CRD 资源的增加、删除、更新的业务逻辑，实际上就是为自定义 API 对象编写一个自定义控制器（Custom Controller）。"声明式 API"并不像"命令式 API"那样有着明显的执行逻辑，基于声明式 API 的业务功能实现，往往需要通过控制器模式来监视 API 对象的变化，然后以此来决定实际要执行的具体工作。自定义控制器获得的资源对象，正是 API Server 里保存的期望状态，而实际状态则通过实际业务的 API 获得。自定义控制器的无限循环，就是通过对比期望状态和实际状态的差异完成一次调谐的过程。

Operator 的工作原理是利用 Kubernetes 的自定义 API 资源 CRD，来描述想要部署的有状态应用，具体的部署和运维工作需要在 Operator 的自定义控制器里，根据自定义 API 对象的变化来完成。Operator 其实就是一个 Deployment/Pod，它首先会自动化注册 CRD，同时 Operator 本身就是该 CRD 的自定义控制器，用于对相应的自定义资源进行生命周期的监控和管理。然后对自定义资源实例的创建都会通过 Operator 这个自定义控制器进行操作，从而实现管理有状态应用的生命周期。

5. Service 对象和 Ingress 对象

Service 对象和 Ingress 对象的主要作用是将 Pod 中的服务提供给外界。Service 对象通过规则定义出由多个 Pod 对象组成的逻辑组合，以及访问这组 Pod 的策略，Ingress 对象则描述了不同资源之间的路由规则。

下面将详细介绍这两个对象。

（1）Service 对象

简单来说，Service 对象就是工作节点上的一组规则，用于将到达 Service 对象 IP 地址的流量调度转发至相应 Pod 的 IP 地址和端口之上。一方面，Service 克服了 Pod IP 地址的动态性，使其可以被接入；另一方面，Service 为 Pod 提供了对外入口，帮助容器被外部访问。此外，Service 还提供了服务发现机制，方便把 Service 名转换为 Service 的 VIP（ClusterIP）地址，如图 5-13 所示。

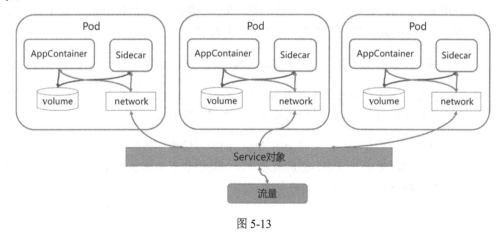

图 5-13

（2）Ingress 对象

Service 对象解决了 Kubernetes 集群内不同 Pod 之间通信的问题，而 Ingress 对象的主要任务是将服务暴露到 Kubernetes 集群之外，根据自定义的服务访问策略动态路由给各个 Service 对象，如图 5-14 所示。

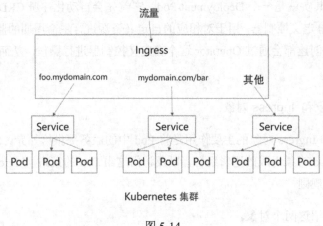

图 5-14

5.3　容器编排与 PaaS

很多人把容器编排归并到 PaaS 中，但其实容器编排更多的是为 PaaS 和 SaaS 提供一种自动化封装、打包、部署的能力，实现应用的生命周期管理，并且它还可以用来自动实现应用依赖服务的维护。容器编排提供了如下功能。

- 应用编排：帮助构建及管理分布式应用。编排引擎调用容器调度模块，在 PaaS 上构建并管理整个应用，同时可以为应用构建依赖服务。

- 容器调度：根据调度算法，在平台上选择合适的资源创建应用。

- 自动伸缩：为了提高稳定性及实现高可用性，分布式应用会在平台上部署多个容器实例，平台可以根据预先定义好的策略自动增减容器数量。

- 滚动升级：应用升级时，系统会用新版本的容器镜像创建容器，逐步增加新版本容器的数量，同时减少旧版本容器的数量，在对外服务不中断的情况下实现升级，在出现问题的情况下自动回滚。

5.4　Kubernetes 企业级实战：OpenShift

OpenShift 是由 RedHat 推出的企业级 Kubernetes 平台，其主要目标是构建以 OCI（Open Container Initiative）容器封装和 Kubernetes 容器集群管理为核心，对应用生命周期进行管理并实现 DevOps 工具链等完整功能的开源容器 PaaS 平台。OpenShift 对应用的持续开发、多租户部署和安全管控等进行了优化，并在 Kubernetes 的基础上增加了以开发人员和操作管理人员为中心的工具集，以便实现应用程序的快速开发、轻松部署、简单扩展和全生命周期维护。OpenShift 在上游开源社区的版本名称是 OKD（最初叫 Origin），OKD 版本与 Kubernetes 发行版本相对应，如 OKD 1.10 对应 Kubernetes 1.10。

Kubernetes 是主流的容器编排引擎，Kubernetes 已成为 OpenShift 不可分割的一部分。那么，OpenShift 与 Kubernetes 之间究竟有什么关系？企业为什么不直接使用 Kubernetes，而要选择使用 OpenShift 呢？首先，OpenShift 更像一个完整产品，而 Kubernetes 只是一个开源项目，这就意味着 OpenShift 在安全性、易用性、多租户和用户体验等方面必然优于 Kubernetes。其次，OpenShift 的商业产品叫作 OpenShift 容器平台（OpenShift Container Platform，OCP），通过订阅 RedHat 的 OCP 服务，企业用户可以获得来自 RedHat 的专业服务和支持。而如果使用 Kubernetes，企业用户就只能获取社区的技术支持，其实有没有专业服务是很多企业用户在进行技术选型时的一个重要考虑因素。此外，OpenShift 还提供了开源版本 OKD，OKD 具有与商业版本类似的功能，只是 RedHat 不提供技术支持和服务，企业用户需要自己对 OKD 有较为深入的理解。

总体而言，从功能上看，Kubernetes 所具备的功能特性，OpenShift 也一定具备，但是 OpenShift 所拥有的某些企业级功能特性，Kubernetes 却不一定拥有。从集成度上看，OpenShift 是基于 Kubernetes 的高度集成产品，如果将 OpenShift 看成操作系统，那么 Kubernetes 就是这个系统的内核。总之，OpenShift 是一个用于构建、部署和智能化管理生产环境中 Kubernetes 应用程序的完整平台。

5.5　实现有状态应用和无状态应用

通过以上介绍，相信读者对 Kubernetes 的整个机制已经有了一定的了解，下面将会介绍如何使用这些机制来实现不同的应用。

5.5.1　无状态应用与有状态应用

整个云原生应用可以分为两个部分：无状态部分和有状态部分。业务逻辑往往属于无状态部分，状态则被保存在有状态的中间件中，如缓存、数据库、对象存储、大数据平台、消息队列等，这样就可以很容易地对无状态部分进行横向扩展，也可以很容易地将应用的请求分发到新的应用实例上进行处理。而将状态保存在后端，后端的中间件是有状态的，这些中间件在设计之初就考虑了扩容，以及状态的迁移、复制、同步等机制，不用业务层关心。

5.5.2　从无状态应用到 Severless

对应用的管理最终会划分为有状态和无状态两类应用。容器及其编排器善于管理的是无状态应用，通过 Kubernetes 的 Deployment、DaemonSet 资源类型可以方便地实现无状态应用的弹性伸缩和滚动更新，而无状态应用的下一步就是 Serverless。

针对先前讲到的如物理机、虚拟机、容器、编排器，虽然有些可以实现自动弹性伸缩，可以根据负载动态调整虚拟机和容器的数量，但是资源使用率无法达到 100%。其共同的特征是用户必须负责系统管理，不论运行什么计算资源，用户都必须承担管理操作系统和软件补丁的工作。而 Serverless 提供了一种受约束的编程模型，以换取最小化的系统管理开销。Serverless 通过自动运行足量的服务实例来处理传入的请求，开发人员在写代码时就再也不需要担心服务器、虚拟机、容器的其他管理需求了，而是可以专注于业务本身。Serverless 的三个主要特点是"高可扩展性"、"工作流驱动"和"按使用计费"。无论是传统应用还是容器、存储服务、网络服务，都开始尝试以不同的方式和形态朝"高可扩展性"、"工作流驱动"和"按使用计费"这三个方向发展。Serverless 和传统的云计算有着本质的区别，包括以下三点：

○　计算和存储解耦，通过实现无状态应用达到独立扩展。

○　将执行的代码作为运行对象，不再为代码的执行而分配资源。

○　代码运行或函数调用成为明码标价的对象，不再对运行程序时的资源进行计费。

5.5.3　Kubernetes 对有状态应用的管理

有状态应用是指在应用内存储状态信息。例如，用户登录后会有一定的会话信息（也就是应用中的 Session 对象）被存储在实例中，如果该实例异常停止，该用户的会话信息就会丢失。在无状态应用中，服务内部的变量值不被存储在服务内部。有状态服务的伸缩非常复杂，所以云上的应用应尽可能做到无状态，这样就可以很容易地实现伸缩。无状态不代表状态消失，而是把状态迁移到分布式缓存和数据库中，这样就可以把复杂度抽象到统一的位置，便于集中管理。

　　Kubernetes 首先实现了分布式、无状态应用的部署及生命周期管理，如图 5-15 所示。后续出现的 StatefulSet 部分解决了有状态应用的问题，接下来出现的 Operator 真正实现了分布式、有状态应用的部署及全生命周期管理。Operator 为应用的动态描述提供了一套行之有效的实现规范，它为通过容器管理有状态应用提供了一个事实标准。Operator 其实就是把控制器模式的思想运用在有状态应用上，所以 Operator 是有状态应用的打包标准规范。所提交的 API 对象不再是对一个单体应用的描述，而是对一个完整的分布式、有状态应用集群的描述，整个分布式、有状态应用集群的状态和定义都成了控制器需要保证的"终态"。比如，一个应用有几个实例、如何处理实例之间的关系、将实例数据存储在哪里、如何对实例数据进行备份和恢复，等等，都是控制器需要根据 API 对象的变化进行处理的逻辑，从而确保有状态应用的状态能够在伸缩过程中得以保持。

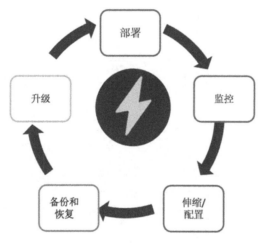

图 5-15

5.5.4　容器编排的最终目标

　　Docker 容器实现了应用及其依赖的独立运行，虽然它提供了一些基本的管理功能，例如，在容器崩溃或者服务器重启时自动重启容器，但是它不能处理服务器崩溃的问题，同时容器需要承担大量容器镜像的管理工作。此外，应用服务通常不是独立存在的，它往往还依赖其他服务，例如数据库和消息队列等，除了将服务及其依赖作为一个单元部署，还要考虑这些服务之

间的通信问题，这就不是简单的 Docker 容器所能够完成的工作了。而 Kubernetes 就是为分布式
应用提供运行环境并对应用的生命周期进行管理的优良工具。Kubernetes 通过创建、组合不同
的 API 对象构建应用，解决了应用状态、存储、动态路由、弹性伸缩等各种问题，使得分布式
节点上的应用能够有机结合，对外提供高效服务，从而实现其终极目标——实现分布式应用的
全生命周期管理。

第 2 部分

"架构"一词属于计算机术语，在百度百科中对它的解释是"有关软件整体结构与组件的抽象描述"。架构的重要性在于实现应用的非功能性需求，而非功能性需求往往能决定一个应用运行时的质量（比如可扩展性和可靠性），也能决定一个应用开发时的质量（比如可维护性、可测试性和可部署性）。

这一部分将从宏观上介绍应用架构的意义、分类、目标等，列举主流架构视图，并按照技术演进过程介绍单体架构、分布式架构、SOA 架构、微服务架构等内容。

应用架构

第 6 章

应用架构概述

架构是一个非常容易混淆的概念，Martin Fowler 曾经说过：软件业的人乐于找一些词汇，并将它们引申到大量微妙而又相互矛盾的含义中。其中最大的受害者就是"架构"这个词，很多人都试图对"架构"下定义，但是这些定义本身却很难统一。有关架构的图书、作者的观点及关注方向也都不同，看看与架构相关的一些词汇就知道了：

- 软件架构（software architecture）

- 系统架构（system architecture）

- 企业架构（enterprise architecture）

- 信息架构（information architecture）

- 应用架构（application architecture）

- IT 架构（IT architecture）

- 业务架构（business architecture）

- 技术架构（technology architecture）

- 解决方案架构（solution architecture）

- 基础架构（infrastructure architecture）

- 领域架构（domain architecture）

这些架构之间既相关又存在对立性，而学习架构的本质是在掌握了基本概念之后，结合自己的实践和思考逐步呈现所要解决的问题，整理出自己的理解。

6.1　架构与框架的区别

在对应用的架构做详细介绍之前，需要先区别一组概念：架构和框架。

架构是针对某种特定目标系统的具有体系性、普遍性的问题而提出的通用的解决方案，是对复杂形态的一种共性的抽象。在本章中，架构是对纷繁复杂的应用设计元素的一种抽象，它从某一个特殊的角度提取相关的重要设计元素，去除不相关元素，以一种最简单、直观的方式呈现，让我们能够正确并合理地理解、设计和构建复杂的应用。

不同于架构，框架的开发理念是将业务逻辑和处理过程分离开来，使开发者只需关注业务逻辑，而不需要过多关注实际的处理过程。使用框架的效果类似于通信中的协议，即事先定义好不同模块间的调用"协议"，从而解除模块间的依赖性——即使一个模块被替换，但是只需保证遵守协议，模块间也能继续协作。

6.2　狭义的和广义的应用架构

在了解了架构和框架的区别之后，还有一些有关架构的概念需要厘清。从狭义的和广义的角度来讲，应用架构的定义是不同的，下面分别进行介绍。

6.2.1　狭义的应用架构

对于狭义的应用架构，Mary Shaw 等人在《软件体系结构：一门初露端倪学科的展望》中定义架构为：软件系统的架构被描述为计算机组件以及组件之间的交互。这里提到的组件可以是子系统、层、模块、类等不同粒度的软件元素，这些组件通过相互交互来完成更高层次的计算。在某些场景中，还需要考虑交互过程中所涉及的约束，它是为元素的协作链接所提供的限制条件。狭义的应用架构包含三个方面。

- ○　结构性：应用整体根据分工被划分成不同的组件。
- ○　关联性：在内部结构之间通过某种机制建立起沟通关联的关系。
- ○　约束性：依赖有限条件或边界进行建设和延展。

6.2.2 广义的应用架构

广义的应用架构更类似于一种概览全局的思维模式，系统化地分享所有需求，并提出整体解决方案。它是应用设计时一系列重要决策的集合，表示设计一个应用时在各个重要方面需要做出的决策。广义的应用架构包括：

○ 应用的组织、架构的划分。

○ 组成应用的结构组件，以及它们之间的接口。

○ 组件之间所采用的交互机制。

○ 开发组件的技术选型。

○ 应用组织的架构风格，包括接口设计、协作方式。

○ 非功能性特性，如性能、弹性、质量属性等。

广义的应用架构不但包含了关于应用的组织、组件、交互等信息，还包含了众多非功能性需求的决策。在 TOGAF 9 中对架构的定义更倾向于后者：架构表示为一个系统的形式化描述，或者指导系统实现的构件级的详细计划。所以，当架构师谈论起应用的架构时，首先需要明确所说的是狭义的应用架构还是广义的应用架构。

6.3 应用架构的定义

本节中关于应用架构的定义采用了 Len Bass 的观点，认为对应用的架构应该从应用的多个角度来描述，每种架构都由一些抽象元素以及这些元素之间的关系组成。参考 ArchiMate 中业务、应用、技术的三层分类，本节将应用的架构分为业务架构、应用架构和基础架构，如图 6-1 所示。

○ 业务架构：描述使用者的组织结构，以及交付业务愿景所需的功能性能力，解决 What 和 Who 的问题，如组织的业务愿景、战略和目标是什么，谁在执行所定义的业务服务。它具体描述外部或内部用户与应用交互的整体流程，可以通过诸如角色、流程等建模。

○ 应用架构：描述应用程序及其交互，以及它与组织核心业务流程的关系，解决 How 的问题，用于定义如何实现先前定义的业务服务。应用架构具体可以细分为以下三类。

● 功能架构：参考 Philippe Kruchten 提出的"4+1"视图中的逻辑视图，主要描述软件的不同功能元素，以及它们之间的关系。功能架构的核心任务是比较全面地描述功能模块、规划接口，并基于此进一步明确功能模块之间的使用关系和使用机制。

- 数据架构：描述组织的逻辑和物理数据资产，以及数据管理资源的结构。参考 ArchiMate 中的信息架构，它包含了应用涉及的业务数据的结构。

- 实现架构：基于"4+1"视图中的实现视图，以及 ArchiMate 中的实现架构，具体描述分层架构、六边形架构、洋葱架构、整洁架构等不同的实现架构。

○ 基础架构：描述实现业务、数据和应用程序所需的软件与硬件环境，也有相对于描述这些软硬件环境的工件、图表和实践。

- 物理架构：描述物理组件及其之间的协作关联。

- 运行架构：可以认为是"4+1"视图中的运行视图和部署视图的融合，描述软件运行时状态，以及该状态在实际物理环境中的实施部署。

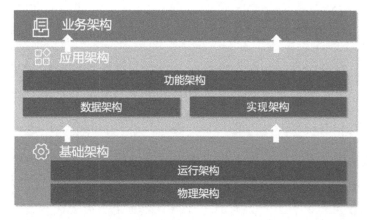

图 6-1

6.4 应用架构的目标

应用架构的终极目标是用最少的人力成本来实现构建和维护应用的需求。就像物理学的终极目标是通过一个公式来解释所有物理现象一样，应用架构的目标是希望通过技术的不断进步逐步优化不同的架构（如功能架构、基础架构），最终做到把多种架构合并起来。本书第 1 部分讲到的"系统资源"技术的演进，从某个角度来讲，其实就是不断优化物理架构和运行架构的过程。

    ○   虚拟化技术优化了物理架构中资源的供给。

    ○   云计算技术自动化及简化了物理架构的部署和配置。

    ○   容器技术更深层次地优化了资源的供给，并且使应用的运行与底层基础设施彻底解耦。

    ○   容器编排技术通过特定软件实现了应用的自动化部署及运行时管理。

应用架构是基于"系统资源"技术的演进而逐步发展起来的，只有在底层"系统资源"的支撑下，先进的应用架构（如微服务架构）才能得以实现和被广泛使用。

第7章

主流架构

本章将会对"4+1"视图、ArchiMate 和 TOGAF 这几个行业主流架构进行介绍，它们各有优劣，读者在了解后可按需选择使用。

7.1 "4+1"架构视图

应用的架构往往是多维度的，不同涉众会从不同的视角看待架构，因此需要为不同涉众设计不同的架构视图，从而从不同的角度来展现。Philippe Kruchten 在《Rational 统一过程引论》中写道：一个架构的视图是对从某一视角或某一点看到的系统所做的简化描述，描述中涵盖了系统的某一特定方面，而省略了与此方面无关的实体。也就是说，架构要涵盖的内容和决策太多了，因此需要采用分而治之的方法，从不同视角分别观察，这也为架构的理解、交流和归档提供了方便。

从涉众的角度来看，整个应用开发团队、客户等涉众对应用架构的理解存在很大的差异。为了完成各自的工作，他们需要分别了解应用架构决策的不同子集。而架构视图便是从不同角度提供这类子集的一种交流以及传递设计的方式。通过视图对架构分而治之，使不同涉众可以分别关注架构的不同方面，独立分析和设计不同的子问题，从而将应用架构简化和清晰化。

Philippe Kruchten 在 "Architectural Blueprints: The 4+1 View Model of Software Architecture" 论文中提出了软件架构的"4+1"视图，其中定义了 4 种不同的软件架构视图，即逻辑视图、开发视图、进程视图和物理视图，每种视图都只描述架构的一个特定方面。

7.1.1　逻辑视图

　　逻辑视图规定了应用由哪些逻辑组件组成，以及这些逻辑组件之间的关系。这些逻辑组件可以是逻辑层、功能子系统、模块。逻辑视图主要支持应用的功能性需求，即应用提供给最终用户的功能点。在逻辑视图中，将应用分解成一系列功能抽象，这些抽象主要来自问题领域。这种分解可以用来进行功能分析。在面向对象设计中，通过抽象、封装和继承等，可以用对象模型来代替逻辑视图，用类图来描述逻辑组件以及它们之间的关系。在逻辑视图设计中，主要问题是要保持一个单一的、内聚的对象模型贯穿整个应用。逻辑视图就是把功能模块分出来，将功能模块封装成类，然后将对象类与功能类之间的所有关系表示出来。

7.1.2　开发视图

　　开发视图也被称作模块视图，主要侧重于应用开发过程中的工程模块的组织和管理。开发视图主要考虑应用内部的需求，如应用开发的容易性、应用工程模块的重用和应用的通用性，要充分考虑由于具体开发工具的不同而带来的局限性。开发视图通过系统输入/输出关系的模型图和子系统图来描述。

　　开发视图通常采用层次结构风格，往往有 4~6 层，而且每层仅仅能与同层或更低层的子系统通信，这样就可以使每层的接口既完备又精练，避免了各个模块之间有很复杂的依赖关系。在设计时，层次越低，通用性越强，这样就可以保证对应用程序的需求发生改变时，所做的改动最小。

7.1.3　进程视图

　　图 7-1 描述了某个应用的进程视图。进程视图侧重于应用的运行特性，主要关注一些非功能性需求。进程视图强调并发性、分布性、系统集成性和容错能力，它描述了逻辑视图中的主要抽象功能是如何适应进程结构的，以及逻辑视图中各个类的操作具体是在哪一个线程中执行的。

　　进程视图可以被描述成多层抽象，每个级别分别关注不同的方面。在最高层抽象中，进程结构可以被看作是构成一个执行单元的一组任务，也可以被看成是一系列独立的、通过逻辑网络相互通信的程序。进程是分布式的，通过总线或网络连接起来。进程视图描述的是逻辑视图中某个具体功能是怎样在线程中执行的，展示的是逻辑视图中的工作细节。

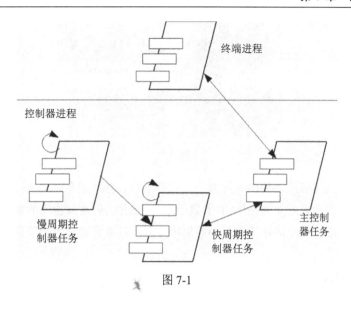

图 7-1

7.1.4　物理视图

物理视图主要考虑如何把应用程序映射到具体的物理硬件上，它描述了组成应用的物理元素、这些物理元素之间的关系，以及将应用功能部署到硬件上的策略。物理视图可以反映出应用动态运行时的组织情况。物理视图通常要考虑到系统性能、规模、可靠性等，解决系统拓扑结构、系统安装、通信等问题。

当将应用运行于不同的物理节点上时，各视图中的物理元素都直接或间接地对应系统的不同节点。因此，从应用到节点的映射有较大的灵活性，当环境发生变化时，对系统其他视图的影响最小。物理视图就是分配应用组件的物理资源，将组件或进程的物理资源的分配情况具体展示出来。

7.1.5　场景视图

如图 7-2 所示，"4+1" 视图最终通过场景视图将以上视图串联起来，每个场景都负责描述一个视图中的多个元素是如何协作的。场景可以被看作是一些重要应用活动的抽象，它将 4 种视图有机地联系起来，从某种意义上说，场景是最重要的需求抽象。在开发应用时，场景可以帮助开发者找到应用架构的组件以及它们之间的作用关系。同时，也可以通过场景来分析一个特定的视图或者描述不同视图组件间是如何相互作用的。场景视图就是描述现实中的一个应用运行场景的过程，将其中涉及的对象、服务和操作都展示出来。

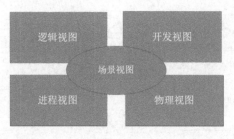

图 7-2

　　"4+1"视图是描述应用架构的一种方法，它可以将多种视图串联起来，每种视图都负责描述某一业务场景下的元素是如何协作的，着重于某一个侧面。但是从应用的整体角度来说，"4+1"视图不够全面，无法完整地描述应用的不同架构方面，只用它对应用建模是不够完善的。

7.2   ArchiMate

　　ArchiMate 是一套被广泛认可的架构描述建模语言，它使用清晰的概念和关系来描述架构领域，提供了简单一致的结构化架构描述模型。

7.2.1   ArchiMate 概述

　　如图 7-3 所示，ArchiMate 希望从业务架构、应用架构和技术架构三个层面来完整地描述一个应用。

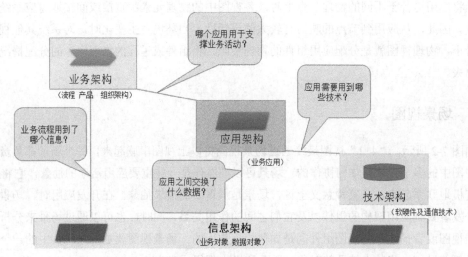

图 7-3

○　业务架构提供对用户业务服务的描述，这些服务由业务角色通过业务流程来实现。

○　应用架构是用于支撑业务活动的应用组件，主要用于实现应用的主体业务逻辑。

○　技术架构则通过软件和硬件来支持应用程序的运行。

如图 7-4 所示，对业务架构、应用架构、技术架构的具体描述，都使用了主体、行为、对象这三个方面进行建模。

○　主体元素可以通过不同形式的主体接口方法调用行为服务。

○　行为服务由一个或多个行为元素实现。

○　通过行为元素可以创建、使用、修改所涉及的对象。

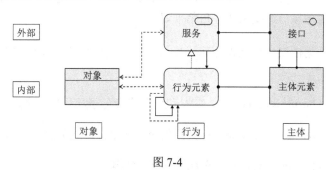

图 7-4

将上述三个层面与三个方面结合起来，先分层，再根据不同的方面分成不同的领域，从而将企业应用整体分为业务产品域、业务信息域、业务过程域、组织架构域、数据域、应用域、技术架构域 7 个领域，如图 7-5 所示。

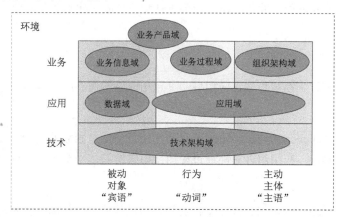

图 7-5

7.2.2　业务层

业务层的主体是组织架构域，其具体可以包括以下几个角色。

- 业务参与者（business actor）：业务参与者是执行某些行为的一个组织实体。业务参与者可以是人、部门或者业务单元，一个业务参与者通过一个或多个业务角色来执行行为。

- 业务角色（business role）：业务角色是执行一组特定行为的角色。业务角色根据责任和技能来执行或使用业务流程或者业务功能。

- 业务接口（business interface）：业务接口是业务角色使用应用的连接方式。业务接口是一个业务服务对外暴露的方式，同一个业务服务可以使用不同的接口，如 E-mail、网络等。业务接口主要由业务角色来调用。

业务层的主要行为由流程领域来体现，其具体包括业务流程、业务功能、业务事件和业务服务。

- 业务流程（business process）：它是包含更多业务子流程或业务功能的一个工作流。

- 业务功能（business function）：其提供一个或多个对业务流程有用的功能。

- 业务事件（business event）：它是触发流程的事件。

- 业务服务（business service）：它是外部可见的功能单元。

业务层主要包含一组业务对象（business object）。业务对象是信息的最小单元，是领域中重要的概念元素。业务流程、业务功能、业务事件和业务服务使用业务对象。

7.2.3　应用层

应用层的主体和行为都被集成在应用域，其包括应用组件、应用接口、应用服务和应用功能。

- 应用组件（application component）：应用组件是一个独立的功能单元，它实现一个或多个应用功能。应用组件只能通过应用接口来访问，一个应用组件可以暴露一个或多个应用接口。

- 应用接口（application interface）：应用接口就像应用组件的一种契约，它规定了一个组件为外部环境提供的功能，其可能包括参数、执行前后条件和数据格式等。其中供接口（provided interface）指明外部组件如何访问这个组件的功能，而需接口（required interface）则规定了需要由外部提供的功能接口。

○ 应用服务（application service）：应用服务由一个或多个应用功能实现，其通过定义良好的接口为外部环境提供可见的功能，实现与业务层对接，可以被业务流程、业务功能或应用功能所使用。应用服务可以生成和使用数据对象。

○ 应用功能（application function）：应用功能描述应用组件内部的行为。应用功能对外部是不可见的，如果需要暴露给外部，则必须通过应用服务。应用功能可以实现应用服务，也可以使用其他应用功能提供的应用服务。

应用层的对象主要以数据对象（data object）的形式存在。数据对象在交互过程中可以用来传递信息和进行沟通，数据对象可以由应用服务生成和使用。

7.2.4　技术层

技术层由技术架构域表示，它包含以下几个部分。

○ 工件（artifact）：工件代表事实存在的具体展现元素，如元文件、可执行程序、脚本、数据表、消息、文档等。工件可以被部署在一个节点上，一个应用组件可以由一个或多个工件实现。

○ 节点（node）：节点是执行和处理工件的元素，它的具体表现形式可以是服务器、虚拟机、应用服务器、数据库服务器等。节点能通过通信路径连接起来，工件可以与节点相关联，如将工作部署在节点上。

○ 设备（device）：设备是节点的继承元素，它表示拥有处理能力的物理资源，通常用来对硬件建模，如主机（mainframes）、PC 或者路由器。设备通常与系统软件一起使用，它们通过网络相连。

○ 网络（network）：网络是两个或多个设备间的连接，有带宽和响应时间等属性。使用网络可以连接两个或多个设备，网络实现了一条或多条通信路径。同时网络可以包含子网络。

○ 基础设施服务（infrastructure service）：它由一个或多个节点组成，通过定义好的接口对外提供可见的功能单元。外部环境通过基础设施接口对基础设施进行访问，可以使用工件，也可以产生工件。典型的基础设施服务有消息服务、存储服务、域名服务和目录服务。

○ 基础设施接口（infrastructure interface）：其他节点或者应用组件访问某个节点时，该节点提供的功能接口。基础设施接口指定节点的基础设施服务如何被其他节点访问。

○ 系统软件（system software）：系统软件是软件的执行环境，它可以是操作系统、J2EE应用服务器、CORBA、数据库系统、工作流引擎、ERP、CRM、中间件等。

通过 ArchiMate 为应用建模时，会将应用拆分为业务、应用、技术三层，每层都从不同方面对应用进行了描述。集成业务、应用、技术三层的总体流程，就能得到完整的 ArchiMate 模型。如图 7-6 所示，展示了一个请假应用通过 ArchiMate 建模后的完整模型。

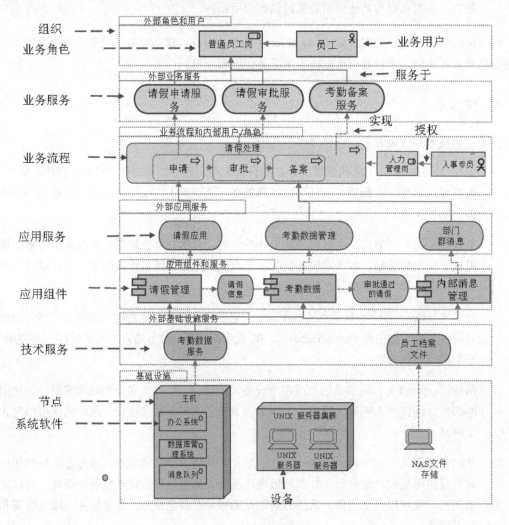

图 7-6

从图 7-6 就能看出，即使像请假功能这样一个比较简单的功能，通过 ArchiMate 进行描述后也很复杂。正是由于 ArchiMate 相对过于复杂、烦琐，有些设计细节无实际使用场景，所以它往往只能作为一种架构语言供参考。

7.3　TOGAF 框架

业界有很多企业架构框架，TOGAF 是其中使用最广泛的一个框架，它结合 ArchiMate 的模型语言来描述业务、应用和技术等不同层面，从而实现一套完整的企业应用体系。

如前面所说的，应用由不同的视图（架构）来呈现其不同方面的特性。而架构框架主要用于说明如何组织和使用这些视图（架构），通过一个标准化的流程把不同的视图（架构）有机地组织在一起。如图 7-7 所示，对于大型的、复杂的企业级应用，以及由多个应用组成的企业 IT 系统来说，将不同视图之间的关系梳理清楚后，就能得到一个标准的企业架构框架，它可以实现标准化的流程和高质量的应用软件交付。

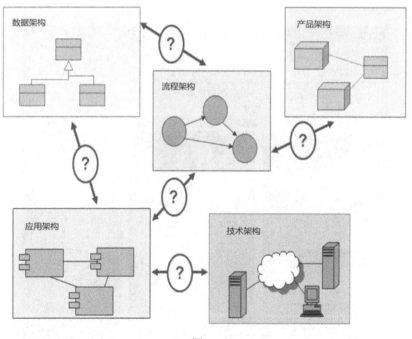

图 7-7

TOGAF 的基础是美国国防部的信息管理技术架构 TAFIM。大多数企业在进行 IT 建设时，都会跳过企业架构这个环节而直接进入项目建设中，这会导致出现重复投资、信息孤岛等情况。

缺少规划就会导致开发的很多功能重复，有些功能在开发完成后无人使用。企业架构实现了业务和 IT 的对齐，使企业内不同的人员对企业现状和企业愿景有了一个整体的了解。企业架构应当是业务人员、应用人员、技术人员的共同愿景，是理解、沟通的基础。如果没有一个清晰的架构，就无法保证有正确的决策和好的实现。

在具体操作层面，可以使用 TOGAF 及其架构开发方法（ADM）来定义企业愿景、目标、组织架构、职能及角色。在 IT 战略方面，TOGAF 及 ADM 详细描述了如何定义业务架构、数据架构、应用架构和技术架构，它们是描述企业级应用架构的最佳实践指引。

大型企业一般由多个部门组成，每个部门往往都会开发和维护一些独立的企业架构来处理自己的业务。但是每个部门的应用通常都有很多相同之处，使用相同的架构框架会带来诸多便利。例如，使用相同的架构框架能提供架构资源库来重用模型、设计和基线数据。一个架构框架就是一个工具包，可被应用于开发的不同阶段。

TOGAF 是一个架构框架，也是一种协助开发、运行、使用、验收和维护架构的工具，其整体内容如图 7-8 所示。

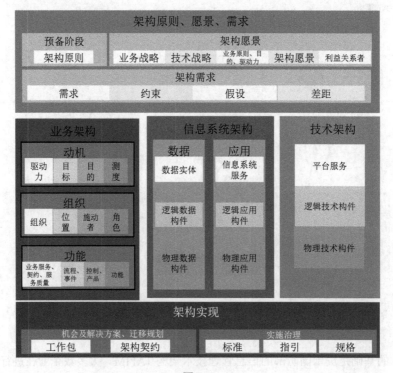

图 7-8

ADM（Architecture Development Method，架构开发方法）为开发企业架构所要执行的各个步骤以及它们之间的关系进行了详细的定义，同时它也是 TOGAF 规范中最为核心的内容。在一个组织中，企业架构的发展过程可以被看成是企业从基础架构开始，历经通用基础架构和行业架构最终到达组织特定架构的演进过程，而在此过程中用于对组织开发行为进行指导的正是 ADM。ADM 是企业应用顺利演进的保障，而作为企业应用演进中的实现形式或信息载体，企业架构资源库也与架构开发方法有着千丝万缕的联系。企业架构资源库为架构开发方法的执行过程提供了各种可重用的信息资源和参考资料，而 ADM 中各步骤所产生的交付物和制品也会不停地填充和更新企业架构资源库。在刚开始执行 ADM 时，各企业常常会因为企业架构资源库中内容的缺乏和简略而举步维艰，但随着一个又一个架构开发循环的持续进行，企业架构资源库中的内容将日趋丰富和成熟，从而使得企业架构的开发也会越发简单和快捷。

如图 7-9 所示，ADM 建立在一个循环迭代的模型基础之上，并且 TOGAF 还通过定义一系列按指定顺序排列的阶段和步骤，对这一迭代过程进行了更加详尽和标准的描述。

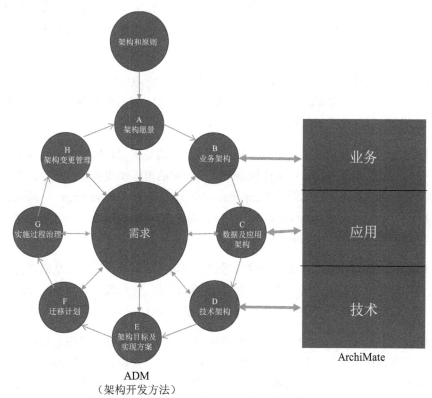

图 7-9

ADM 的具体步骤如下。

- 预备阶段：确定实现过程的涉众，并让他们了解企业架构工作的内容。该阶段交付基于组织业务逻辑的架构指导方针（architecture guiding principle），并且描述用于监控企业架构实现进展的过程和标准。

- 阶段 A（架构愿景）：架构愿景（architecture vision）明确企业架构工作的目的，并创建基线和目标的粗略描述。如果业务目标不明确，该阶段中的一部分工作将帮助业务人员确定关键的目标和相应的过程。该阶段的交付物是架构工作描述（statement of architectural work），用于描述企业架构的范围及约束，并制订架构工作的计划。

- 阶段 B（业务架构）：在架构愿景中概括的基线和目标会在此阶段进行详细说明，从而作为技术分析的有用输入。业务过程建模、业务目标建模和用例建模是用于生成业务架构的一些方法，这又包含了所期望状态的间隙分析。

- 阶段 C（数据及应用架构）：该阶段利用基线和阶段 A 中的目标架构，以及阶段 B 中的业务架构，根据架构工作描述中所概括的计划，为目前和将来的环境交付数据及应用架构。

- 阶段 D（技术架构）：该阶段通过交付技术架构完成 TOGAF ADM 循环的详细架构设计工作。基于前面阶段中的分析结果及交付物，通过诸如 UML（统一建模语言）等生成各种详细的技术架构。

- 阶段 E（架构目标及实现方案）：该阶段的目的是阐明目标架构所表现出的需求，并概述可能的解决方案，该工作围绕着实现方案的可行性和实用性展开。此阶段生成的交付物包括实现与移植策略（implementation and migration strategy）、高层次实现计划（high-Level implementation plan）、项目列表（project list），还有将更新的应用架构作为实现项目所使用的蓝图。

- 阶段 F（迁移计划）：该阶段将所提议的实现方案划分优先级，从而交付移植过程的详细计划。该工作包括评估实现方案中的依赖性，并且最小化其对企业运作的整体影响。在此阶段中，将会更新项目列表，详述实现计划，并将蓝图传递给实现团队。

- 阶段 G（实施过程治理）：该阶段将建立起治理架构和开发组织之间的关系。例如，企业可以在统一软件开发过程（RUP）或其他项目管理方法的指导下，对各个信息化项目进行较为严格的管控和治理。该阶段的交付内容是开发组织所接受的架构契约（architecture contract），该阶段的最终输出是符合架构的解决方案。

○　阶段 H（架构变更管理）：该阶段的重点是对实现方案的变更管理。该阶段生成为企业架构工作的后继循环设置的架构变更工作请求。

目前虽然企业架构开发方法有很多，但 TOGAF 是最主流的，已经有超过 15 年的历史。TOGAF 是一个较为完整的企业级架构框架，但是在实际落地中，它的缺点表现是较为烦琐，并且也无法适应如云原生等最新技术及开发模式。

第 8 章

架构详解

在对架构和主流架构视图有了一定的了解后，本章将从业务架构、应用架构和基础架构三个方面来详细介绍如何设计并实现一个具体应用的架构。

8.1 业务架构

业务架构一般独立于功能架构、数据架构或实现架构而存在，仅对应用的业务规则进行描述，不受实现方式的影响。

业务逻辑是事务管理或处理中那些真正有价值的逻辑与过程。无论这些业务逻辑是通过 IT 系统来实现还是人工执行，对业务而言都应该是没有差别的。业务架构就是描述业务逻辑的模型，它需要尽可能地把业务逻辑说清楚，包括业务场景、业务用例、业务实体、业务流程等。

- 业务场景：对应用在具体使用过程中上下文的一种描述。

- 业务用例：企业向其业务角色所提供的服务，包括内部的和外部的服务。

- 业务实体：量化展示与业务相关的信息，其中最重要的就是业务实体建模。

- 业务流程：实现每个业务服务的具体逻辑。

下面将主要从业务场景、业务用例、业务实体和业务流程这几个方面来讲解。

8.1.1 业务场景

业务场景是对业务问题的一种描述方式，使需求能在复杂的上下文关系中被清晰地识别出来。如果缺乏对业务场景的描述，那么解决问题所带来的业务价值就会不清晰，潜在的解决方案也不明确，而且很可能会基于不充分的需求来建立解决方案，这样做风险很大。任何应用开发成功，关键因素都是它能与业务需求紧密联系，并且支持企业实现其业务目标。业务场景就是一种帮助识别和理解应用业务需求的重要手段，它可以通过迭代的方式不断完善。一般来说，业务场景的制定包括如下几个步骤：

① 对驱动的问题进行识别、记录，并排定其等级。

② 通过概要的架构模型来记录发生问题的业务情景和技术环境。

③ 识别并记录期望的目标，以及问题成功处理后的预期结果。

④ 识别涉众及其在业务模型中的位置和角色。

⑤ 识别相关应用及其在技术模型中的位置和角色。

⑥ 记录每个涉众的角色、职责以及正确处理该场景的预期结果。

⑦ 检查上述场景对于开展后续架构工作是否合适，仅在必要时进行完善。

总体来说，业务场景会在需求调研之后有一个详尽的输出，业务架构将会基于业务场景进行进一步的细化。

8.1.2　业务用例

在应用设计阶段，在领域建模中会通过业务用例图对业务场景进行大致的描述。本着"不断细化"的理念，在应用的业务架构中会对之前的用例进行更详细的描述。用例规约就是对业务用例图的详细描述，因为用例图不够具体，所以需要通过用例规约来定义用例的行为需求，其包括：简要说明、事件流程、非功能性需求、前置条件、后置条件、优先级等描述。用例规约的主要目的是界定应用的行为需求，以及为提供用户所需的功能而必须执行的行为。用例图可以从整体上反映应用的功能结构，而用例规约则提供对每个用例的详细描述。一般用文字描述业务用例，实现结构化的用例文档。

8.1.3　业务实体

除了详尽的用例规约，应用的业务架构还需要包括在领域建模中明确的业务实体模型以及业务时序图。业务实体模型指的是从业务角度出发识别到的实体对象，例如一张请假单、一份保险合约或者一个商品订单；业务时序图则描述了一个应用内所有业务实体之间的业务关系。

详细内容可参见第 12 章。

8.1.4　业务流程

在业务架构中，往往通过业务时序图对目标应用的总体流程进行描述。但是对于较为复杂的场景，尤其是某些大型应用中，单靠业务时序图无法详细地描述业务流程，这时就需要对业务时序图进行细化，将业务时序图层层推进，通过递归的方式获取单独的子业务流程。

子业务流程可以通过业务流程图来描述，针对具体某个业务流程，它通过不同的步骤来反映信息流在流程的不同阶段的流转。

如图 8-1 所示，就是自动化办公系统中一个常见的请假业务流程。

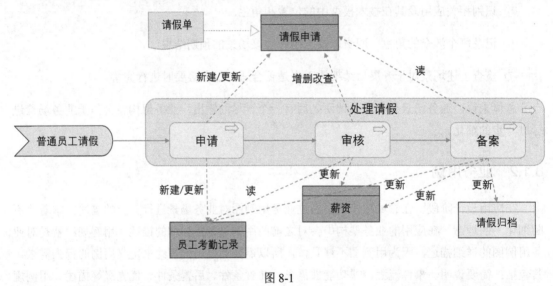

图 8-1

8.2　应用架构

应用架构处于业务架构与基础架构之间，它实现了业务逻辑与规则，是应用的具体实现。基础架构是指与基础设施、外部服务、外部人员的交互，其具体包括 I/O 设备、数据库、Web、硬件等，它不会影响到业务本身。而业务架构不需要关心底层细节，也不会对底层实现有任何形式的依赖。应用架构的目标是创建一种形态，以业务逻辑为最基本元素，让业务与底层基础设施脱钩，允许在具体决策过程中推迟与基础设施相关的内容。

8.2.1　功能架构

在业务架构完成之后，需要构建应用的功能架构，也就是在业务架构中确定应用的功能性需求，形成应用功能蓝图。

1．系统用例图

系统用例图主要是对在应用设计阶段确定的业务用例图进行进一步的细化。系统用例图不再把应用本身看成一个"黑盒"，通过便利应用更细化的使用场景，具体确定应用内部不同功能模块间的交互，从而确定用户是如何使用该应用的各个功能模块的。

其具体操作方法就是在业务架构的业务用例图中进行模拟，看哪些环节通过该应用来实现、哪些是人机交互的接口、涉及应用的哪些功能模块，从而逐步细化并得到应用功能的用例场景。

2．功能结构图

为了解决整个应用固有的复杂性问题，需要将不同系统用例中所确定的功能点分到不同的功能模块中，并且在进行分类后定义模块间的接口，以方便独立设计每个功能模块，对外以功能模块的形式表现业务功能。具体是根据系统用例图中涉及的不同用例所提及的功能进行划分，确定应用的功能架构图。

功能架构的设计重点是将不同的功能逻辑分离，然后将它们按照属性、变更方式等进行重新分类。其中技术层次、变更原因或变更时间相同的功能点可以被分到同一个功能模块中；反之，被分到不同的功能模块中。

对应用可以按照功能进行横向划分，应用的功能架构其实就对应于前面所讲的狭义的应用架构，它描述了应用由哪些功能模块组成，以及这些模块之间的关系。具体而言，组成应用的功能模块可以是逻辑层，也可以是子系统或模块等，具体怎么分类需要根据应用的情况来设计。在功能架构中，各个业务所承担的不同职责就体现为逻辑层、子系统和模块等的划分。

为了更清晰地描述，仅以上文提到的自动化办公系统的请假管理和报销管理两个主要业务为例。架构师可以根据业务来组合功能模块，如图 8-2 所示，是从业务功能视角看到的自动化办公系统的功能模块。

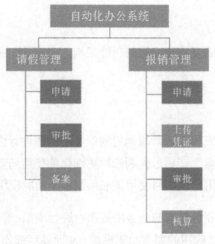

图 8-2

同时，我们会发现在这两个业务中有重复的功能点，如申请和审批，架构师可以根据具体的功能点来组合，形成另外一种功能结构，如图 8-3 所示。

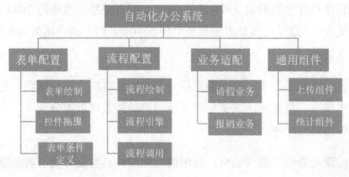

图 8-3

细化业务架构中的业务时序图，不再把应用看成一个"黑盒"，而是独立看待应用中的每个功能，通过业务时序图的形式，描述应用的不同功能模块是如何协同完成之前所列的各个系统用例的。

3. 功能分解图

基于功能结构图对应用进行整体划分之后，还需要更进一步地对每个功能模块进行细化，从而逐步梳理出子功能。

其具体方式是描述不同功能模块之间的依赖关系，连接不同应用的功能模块，说明每个模块的输入、输出信息。有了分解就必然产生协作，功能架构还规定了不同功能模块之间的交互接口和机制，而后期的开发工作必须实现这些接口和机制。所谓功能之间的关系其实就是功能模块的交互机制，是指不同模块之间交互的手段。交互机制具体包括：方法调用、基于 RPC 的调用、RESTful API、消息队列等。设计功能架构的核心是比较全面地识别模块、规划接口，并基于此进一步明确模块之间的调用关系和调用机制。如图 8-4 所示，就是请假模块的功能分解图。

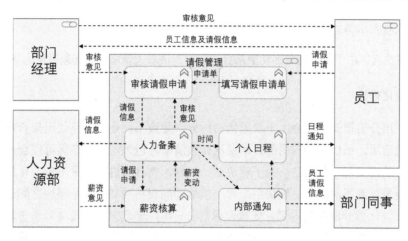

图 8-4

4. 架构模式

对应用功能架构中不同功能点的组合，一般会采用分层模式或模块化模式。

（1）分层模式

分层模式将架构分成若干个水平层，每一层都有清晰的角色和分工，不需要知道其他层的细节，层与层之间通过接口通信。虽然没有明确约定应用一定要分成多少层，但在具体实践中往往将应用分为 3 层或 4 层。分层架构将应用功能按照层的方式组织，每一层都有明确定义的职责。层与层之间限制了依赖关系，每一层只能依赖其下方的层。分层模式可以被运用于不同的架构中，其表现就是把应用的所有功能模块按照技术层次分层。

分层功能架构的优点如下：

❍　结构简单，容易理解和开发。

❍　每一层都可以独立开发、测试，其他层的接口通过模拟解决。

❍　不同技能的开发人员可以分工负责不同的层，分层模式天然适合大多数公司的组织架构（虽然说架构决定团队组织，但实际上架构往往都是服从于团队组织的）。

分层功能架构的缺点如下：

- ❑ 当需求发生变化，需要调整代码或增加功能时，通常比较费时、费力。

- ❑ 部署不灵活，即使只修改一个功能，往往也需要重新部署整个应用。

- ❑ 升级时无法做到服务不中断，有时可能需要暂停整个应用。

- ❑ 扩展性差，由于每一层内部功能耦合，当用户请求大量增加时必须以层为单位进行扩展。

（2）模块化模式

如果只采用分层模式，则会由于缺乏横向拆分，导致不同业务功能代码聚合在一层中。对于比较复杂的应用，虽然整个应用的技术层次比较清晰，但领域业务逻辑可能会被打散分布在不同的层次，从而变得十分混乱。为了解决这一问题，就必须进一步采用模块化模式，即将复杂的业务功能拆分到不同的业务模块中，每个模块功能相对独立，各个模块之间通过定义好的接口通信。模块化拆分遵循高内聚、低耦合原则——高内聚是指一个模块只负责与功能相关的一组业务逻辑；低耦合是指模块之间依赖清晰，只通过接口通信。为了便于维护，每个业务模块化也会遵循分层的准则，在每一层内部进行合理的模块化拆分。如图 8-5 所示，是一个企业级人力资源系统的比较详细的模块化设计。

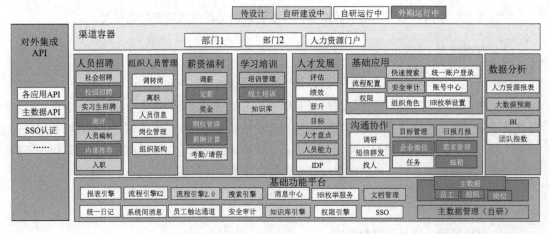

图 8-5

尽管单体应用也可以采用分层模式或模块化模式，但是从部署的角度来看，一个应用被作为单一的单元进行打包和部署，所以它还属于单体应用范畴。

8.2.2　数据架构

对于应用，尤其是较为复杂的应用，需要清晰定义数据架构，用来描述如何组织和管理应用所涉及的数据。一个应用的数据架构大体由两部分组成：数据模型（包含数据规范）和数据实现。比如一个基于面向对象开发的应用，其数据模型指应用的类图，数据实现则描述了数据库对类图的持久化存储设计，它不仅要考虑开发中涉及的数据库实体模型，还要考虑数据库实体模型实际的存储设计。

1. 数据模型

数据模型是对所存在事务的抽象描述，而数据建模的过程就是发现数据对象，然后以标准、规范的数据模型，精确地表示、传播和存储这些数据对象。数据建模会分别从静态（实体图）和动态（系统时序图）两个方面来描述目标应用的数据模型。数据建模甚至可以通过遵循某些命名规范或其他标准来提高应用所涉及信息的质量，从而使信息更加一致和可靠。

数据模型包含应用所涉及的业务领域的实体概念，以及这些实体之间的关系。更细化的数据模型还会进一步描述业务实体的具体属性，细化业务架构中的实体模型，针对每个实体，具体描述其属性和方法。实体模型包含实体、关系和属性三大要素。

- 实体：实体在数据模型中是聚合信息的对象，它往往可以从多个方面来描述业务中真实存在的事务。

- 关系：关系是实体之间的关联，它捕获业务实体之间的约束。而在两个实体的关系中，基数（cardinality）表示一个实体与另一个实体关系的数量。

- 属性：属性是标识、描述和度量实体某个性质的参数。

2. 数据实现

对于已经建立的数据模型，数据实现通过仔细考虑对数据处理的某些限制（如数据总量、处理时效性、数据精确度等），选择最佳的技术方案（如数据库选型、参数调优等）来实现该数据模型，确保数据在应用过程中的可用性及可维护性。

（1）面向过程（数据驱动）

传统应用总是将业务逻辑作为核心，数据只是作为可持久化的后端支撑，所以一般采用面向过程的设计方法，将业务逻辑组织为面向过程的事务脚本的集合，为每个请求编写一个事务脚本。这种方法的一个重要特征是实现行为与存储的状态是完全分离的。每个对外服务都有一种业务操作方法，而数据往往通过数据访问对象（DAO）访问数据库，不存在面向对象的有行为的数据对象。

应用的数据结构总是从设计数据库及其字段开始，整个应用围绕数据库驱动设计和开发，所以面向过程有时也被称为"数据驱动"。这种方法适用于简单的业务逻辑，它往往不是实现复杂逻辑的好方法。此外，因为传统应用总是以业务逻辑为核心，所以往往会产生数据孤岛现象，不同应用间的数据无法打通。

（2）面向对象

在单体应用数据架构的发展过程中，对于较为复杂的应用，往往采用面向对象的设计方法，应用数据架构变为由各种类交织在一起的一个网络。面向过程设计主张将应用看作一系列函数的集合，或者是一系列直接对计算机下达的指令。而面向对象设计与这种思想恰好相反，它主张将业务逻辑看作不同对象模型的有机集合，对象模型由具有状态和行为的类构成。如图 8-6 所示，在面向对象设计中，应用是由各种独立而又相互调用的对象组合而成的，每一个对象都应该能够接收数据、处理数据并将数据传达给其他对象。对象作为应用的基本单元，将功能逻辑和数据封装在其中，提高了应用的重用性、灵活性和可扩展性。

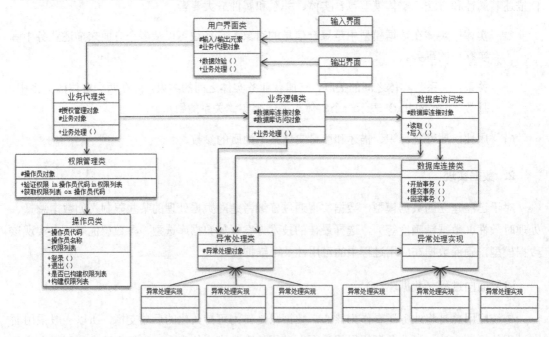

图 8-6

在单体应用架构中，无论是否采用模块化模型，最终一个完整的应用都会被拆分成一个个功能独立的代码块，这些代码块的功能可能是读/写某一张数据表，也可能是实现某一个业务逻辑等。而这些功能独立的代码块恰好非常适合用面向对象的概念进行封装——使用对象将这些功能独立的代码块封装起来，这些对象再通过合理的相互调用最终组成一个完整的应用，这就是采用面向对象设计方法开发出的单体应用。

采用面向对象设计有许多好处。首先，这样的设计易于理解和维护，应用由一组小类组成，每个小类只承担少量职责。其次，每个类都密切反映了相关的业务领域，在做应用设计时，它承担的角色就更容易被理解。最后，面向对象设计更容易扩展，在不修改代码的情况下，可以通过扩展组件的方法来实现应用的扩展。面向对象理论是在 1966 年由 Dahl 和 Nygaard 提出的，其核心要素是对象的封装、继承和多态。通过封装把关联的数据和函数打包起来，屏蔽内部数据结构，外部只能看见部分函数，通过继承在某个作用域内对外部定义的变量或函数进行覆盖，通过多态实现源代码级别依赖关系的反转。

但无论面向对象的模型如何建立，它总需要通过数据访问对象（DAO）来实现数据的持久化存储，如数据库存储等。传统的数据库存储模式是多个应用或服务共享同一个数据库，由数据库自身提供事务的原子性（Atomicity）、一致性（Consistency）、隔离性（Isolation）和持久性（Durability）能力，简称 ACID 能力。而更先进的微服务架构模式，则更多地采用分库分表的方式，让每个应用或服务配置单独的数据库。

（3）面向数据服务

在最新的应用数据架构中，分布式数据服务层打破了"数据总是作为应用的附属支撑"这一定位，使得之前被事务处理逻辑限制的数据孤岛，可以通过 ETL（数据抽取、转换、加载）机制，以分布式模式对外统一提供数据服务。此方法往往并非针对单个应用，而是针对由多个应用组成的大型复杂系统，实现了对某个业务领域的数据建模。在面向数据的架构（Data-Oriented Architecture，DOA）中，应用仍然围绕小型的、松耦合的标准来组织模块和组件，但是 DOA 与传统 SOA 或微服务架构的区别主要体现在如下两个方面。

○ 组件通常是无状态的：DOA 没有要求对每个相关组件的数据进行本地存储，而是要求每个组件按照集中模式来描述和存储数据。

○ 最小化服务之间的交互，并通过数据层的交互来替代：功能架构组件可以通过数据层来获得所需的信息，而无须通过调用某个特定的组件 API 来获得信息。

设计 DOA 系统的主要方法是将组件组织成数据的生产者和消费者，在较高层次上将功能架构模块编写成一系列的 map、filter、reduce、flatMap 和其他一元（monadic）操作，每个组件都查询或订阅其输入并产生输出。这使得组件集成的代价是线性增长的，变更 DOA 模式意味着最多只需要更新 N 个组件，而在传统 SOA 模式下，变更有可能带来的组件更新数量最大值是 N^2。

8.2.3　实现架构

基于前面所确定的功能架构和数据架构，实现架构包含了所有应用可以正常运行、交付业务价值的技术手段。对每个应用内部的架构实现以及技术栈的选型被认为是实现架构的一部分，不同于功能架构的分层概念，实现架构的分层更注重对功能的技术实现方式。

1．面向数据

在实践过程中，我们发现在应用内部进行合理的纵向逻辑分层，可以极大地提升应用的开发效率。

应用典型的实现架构是三层架构，例如一个简单的 Web 应用程序，如果采用分层架构，按照调用顺序，从上到下一般会分为表示层、业务层、数据访问层，如图 8-7 所示。

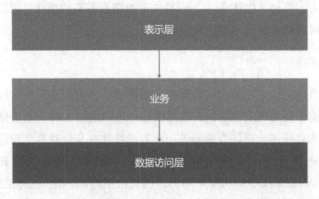

图 8-7

○　表示层：用于展示数据和接收用户输入数据，包括页面渲染、逻辑转跳等，为用户提供交互操作。典型的表示层是 MVC 模式，用于分离前端展现和后端服务。

○　业务层：负责定义业务逻辑，用来处理各种功能请求，实现应用的业务功能。业务层是整个应用的核心，用于编写应用的具体业务逻辑，它既可以直接提供公开的 API，也可以通过表示层提供 API。

○ 数据访问层：主要与数据存储打交道，负责数据库层的数据存取。数据访问层用于定义数据访问接口，实现对底层数据库的访问。数据访问层应该只由服务层直接调用，它无须公开任何公有的 API。由于 NoSQL 在传统的三层架构模型时期还未兴起，因此数据访问层主要是对关系型数据库进行访问。

分层架构的一个重要原则是每层只能与其下层产生依赖关系。由于层间的松耦合关系，使得架构师可以专注于本层的设计，而不必关心其他层的设计，也不必担心自己的设计会影响其他层。此外，分层架构使应用结构变得清晰，升级和维护也都变得十分容易，更改某层的代码，只要该层的接口保持稳定，其他层可以不必修改。即使该层的接口发生变化，也只影响相邻的上层，修改工作量小且错误可以控制。要保持应用分层架构的优点，就必须坚持层间的松耦合关系。在设计应用时，应先划分出可能的层次，并尽可能设计好每层对外提供的接口和它需要的接口。在设计接口时，应尽量保持层间的隔离，仅使用下层提供的接口。

虽然三层架构看似均是上层只依赖其下层，但在业务层和数据访问层之间却存在一定的问题，业务层一方面需要定义所需访问的数据结构，另一方面又需要通过数据持久化层来实现该数据结构，所以当业务层定义的数据结构发生改变时，持久化层也需要相应调整才能满足业务层的要求，这样相互依赖的关系造成在不同层之间无法实现真正的松耦合。

另外，分层架构只在纵向上做了职责的拆分，当应用变得越来越复杂时，每一层的复杂性问题还是无法得到解决，因此需要进一步进行横向拆分。最后，虽然各层的维护者只需要关注该层的核心功能，层内职责较为清晰，在一定程度上降低了技术复杂度，提升了开发效率，但是这仅在上下层之间划分了较清晰的职责，而分属于不同层的代码并没有明确的边界，因此这些代码依然会混杂地相互调用。

2．面向领域

上述"面向数据"的实现架构存在的最大问题是业务逻辑与底层数据库强绑定，每次修改前端或数据接入逻辑时都必须更新业务层。数据库等应该是被业务逻辑间接使用的，业务层本身并不需要了解数据库的表结构、查询语言或者其他数据库内部实现细节。在实现业务时，唯一需要知道的是有一组可以用来查询或保存数据的接口，通常称之为存储接口，可以通过这些接口实现获取数据、变更数据的需求，数据库则隐藏在存储接口后面，不直接对业务服务，如图 8-8 所示。

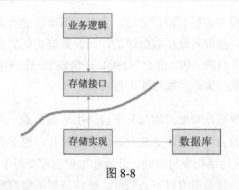

图 8-8

通过边界的划分以及箭头的指向，GUI 可以用任何一种形式的界面来代替，而业务层不需要了解这些细节。面向领域架构实现了依赖关系与数据流向的脱钩，依赖关系始终从低层指向高层，如图 8-9 所示。

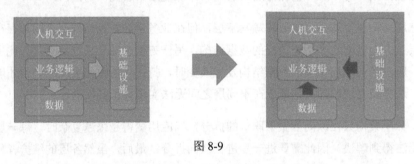

图 8-9

面向领域架构主要有三种：六边形架构、洋葱架构和整洁架构。

（1）六边形架构

六边形架构是最典型的面向领域架构，其核心理念是应用通过端口与外部进行交互。如图 8-10 所示，六边形架构将应用分为内部和外部两层六边形。内部业务六边形代表应用的核心业务逻辑，它又包含了领域模型（领域对象）。外部技术支撑六边形代表对外的技术支撑，其包含外部应用、驱动和基础资源等。内部通过端口和适配器与外部通信，对应用以 API 主动适配的方式提供服务，对资源通过依赖反转（也称为依赖倒置）被动适配的方式呈现。一个端口可能对应多个外部系统，不同的外部场景使用不同的适配器，适配器负责对协议进行转换。这就使得应用能够以一致的方式被用户、程序、自动化测试、批处理脚本所使用。

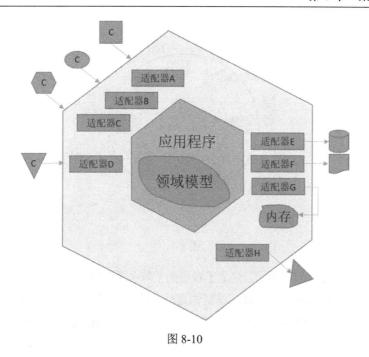

图 8-10

六边形架构使得内部业务逻辑（应用层和领域模型）与外部资源（App、Web 应用以及数据库资源等）完全隔离，仅通过适配器进行交互，使得业务逻辑不再依赖适配器。这种隔离更准确地反映了现代的应用实现架构，可以通过多个入站适配器调用业务逻辑，每个入站适配器实现特定的 API 或用户界面。同时业务逻辑还可以调用多个出站适配器，每个出站适配器对接外部不同的基础服务。六边形架构的好处是将业务逻辑与适配器中包含的表示层和数据访问层的逻辑分离开来，业务逻辑不依赖表示层和数据访问层。通过这种分离，单独测试业务逻辑变得容易很多。业务逻辑成为整个应用的核心，其他底层概念的实现同样以适配器的形式接入应用中。业务逻辑代码应该是应用中最独立、最核心的代码，在不同的接入场景中（无论是 Web 还是 App）都应该可以复用。可以说，从六边形架构起，才真正做到了业务逻辑与应用逻辑的分离，实现了面向领域架构。

（2）洋葱架构

洋葱架构是对六边形架构的优化，将六边形架构中的内部业务六边形拆分为领域层和应用层两层。其中，领域层专注于领域内部的逻辑，而应用层则更多地对应用生命周期进行管理，如图 8-11 所示。

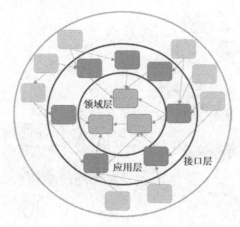

图 8-11

洋葱架构主要参考依赖原则，它定义了各层的依赖关系，越往里依赖越弱、代码级别越高。外圆的代码依赖只能指向内圆，内圆不需要知道外圆的任何逻辑。一般来说，外圆的声明（包括方法、类、变量）不能被内圆引用，同样，外圆使用的数据格式也不能被内圆使用。

（3）整洁架构

整洁架构基于洋葱架构，但是在洋葱架构的领域层与应用层之间又多了一个用例层，如图8-12 所示。整洁架构各层的主要职责如下。

- 业务实体层：这一层封装整个应用的业务逻辑，实现领域建模。该层由多个业务实体组成，一个实体可以是一个带方法的对象，也可以是一个数据结构和方法的集合。这些对象封装了应用中最通用、最核心的业务逻辑，属于应用中最不容易受外界影响而发生变动的部分。

- 用例层（领域服务）：包含特定应用场景下的业务逻辑，是对业务实体的一个组合。用例层封装并实现了整个应用的所有用例，包括跨业务对象的相关组合与编排，如果存在分布式事务，则其也将存在于这一层。它引导数据在业务实体间流入、流出，并指挥业务实体利用其中的关键业务来实现自身功能。用例层涉及多个实体间的复杂业务逻辑，在传统应用中是业务架构和应用架构交互的部分，并没有对它进行单独拆分。

- 接口适配器层（应用服务）：该层通常是一组数据转换器，将适用于用例和业务实体的数据转换为适用于外部服务的格式，或者把外部的数据格式转换为适用于用例和业务实体的格式。该层同时实现了与用户操作相关的应用生命周期管理，其包含应用使用时特有的流程规则，封装和实现了应用管理所需的功能。

○ 框架与驱动层（用户界面）：这是实现所有前端业务细节的地方，包括 UI、工具箱、技术框架等。在这一层中，通常需要编写一些与内层沟通的黏合代码，主要是根据外部不同的接入，如网页或移动端等编写的一些适配器。

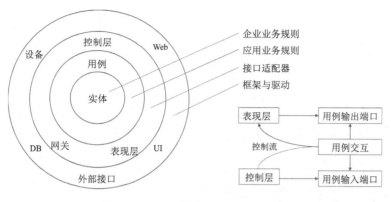

图 8-12

在实际使用过程中，整洁架构的同心圆代表应用的不同部分，从里到外依次是领域模型、领域服务、应用服务、数据模型，最外围是容易变化的内容，如界面和基础设施（如数据存储等）。整洁架构是以领域模型为中心的，而不是以数据为中心的，越靠近中心其所在的应用层级就越高，通常外部是具体实现机制，内部是核心业务逻辑。

整洁架构具有以下四大独立性。

○ 独立于开发框架：基于整洁架构的应用不依赖任何开发框架，开发框架可以被作为工具使用，但不需要让应用适应框架。

○ 独立于 UI：UI 变更相对频繁，整洁架构不依赖 UI，不需要修改应用的其他部分。

○ 独立于数据库：在整洁架构中业务逻辑与数据库已完全解耦，所以可以轻易地替换数据库。

○ 独立于外部服务：应用的业务逻辑不需要依赖外部服务的存在。

3. 面向数据与面向领域

如图 8-13 所示，面向数据架构向面向领域架构的演进，主要变化发生在业务逻辑层和数据访问层。面向领域架构在用户接口层引入依赖反转原则，为前端提供更多的可使用数据和更大的展示灵活性。面向领域架构对面向数据架构的业务逻辑层进行了更清晰的划分，改善了核心业务逻辑混乱、代码改动影响大的情况。面向领域架构将面向数据架构的业务逻辑层的服务拆分到了应用层和领域层，应用层快速响应前端的变化，领域层实现领域模型的能力。

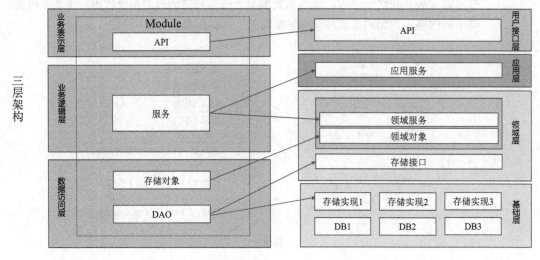

图 8-13

另外一个重要的变化发生在数据访问层和基础层之间。面向数据架构的数据访问采用 DAO 方式，而面向领域架构则采用适配器模式，通过依赖倒置实现各层对基础资源的解耦。适配器模式的实现基于存储接口和存储实现。存储接口在领域层，定义了统一、通用的存储使用模式；存储实现在基础层，具体实现了存储接口。

具体对比三层架构与洋葱架构，我们会发现两者都包含了领域或者业务的理念，它们的作用就是将核心业务逻辑与外部应用方式、基础资源获取等部分的功能进行隔离。但核心业务逻辑是有差异的，三层架构中关于业务的部分只包含了业务逻辑层，而洋葱架构则更多地扩展了应用层的应用生命周期管理能力和领域建模能力。按照这种功能的差异，在洋葱架构中划分了应用层和领域层来承担不同的业务逻辑。

○ 领域层实现面向领域模型的核心业务逻辑，属于原子模型。它需要保持领域模型和业务逻辑的稳定，对外提供稳定的细粒度的领域服务，所以它处于实现架构的核心位置。

○ 应用层实现面向与用户操作相关的用例和流程，对外提供粗粒度的 API 服务。它就像一个齿轮进行前端用户和领域层的适配，根据用户需求随时做出响应和调整，并尽量避免将用户需求传导到领域层。

面向领域架构考虑了前端需求的变与领域模型的不变。但总体来说，不管前端如何变化，在业务没有大的改变的情况下，核心领域逻辑基本不会大变，所以领域模型相对稳定。而应用层会根据外部应用需求而随时调整，应用层通过服务组合和编排来实现业务流程的快速适配上线，减少传导到领域层的需求，使领域层保持长期稳定。

8.3 基础架构

基础架构主要描述的是在物理层支撑上层应用运行的方式，其包括物理架构和运行架构。物理架构很好理解，即服务器、交换机、存储等可见物理设备的部署分布策略。运行架构则是指应用运行时，在内存或虚拟机中呈现出来的状态。

8.3.1 物理架构

物理架构规定了组成应用的物理组件、这些物理组件之间的关系，以及将应用部署到硬件上的策略。例如，如图 8-14 所示，物理架构反映了应用动态运行时物理设备的组织情况。比如在分布式架构中，"物理层（tier）"通过将整体应用逻辑上划分为多个部分，把这些部分分别部署在不同位置的多台服务器上，从而为解决远程访问和负载均衡等问题提供了方法。当然，物理层是粗粒度的物理单元，它可以由粒度更细的服务器、虚拟机等单元组成。物理架构关注更多的是应用部署前期的情况。

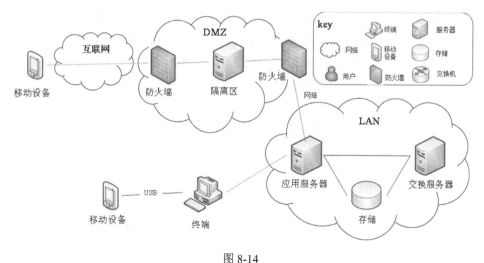

图 8-14

8.3.2 运行架构

在"4+1"视图中，通过进程视图来描述应用进程间的关系，通过物理视图来描述如何将进程或容器映射到物理服务器上，本节中介绍的运行架构集成了进程视图与物理视图。在传统意义上，运行架构是应用进程在物理架构上的映射，动态反映了应用的实际运行情况。例如，如图 8-15 所示，在 PC 机上运行着消息接收器、用户界面和命令发送器这几个进程，在调试机上运行着消息发送器、数据采集器、命令执行器和命令读取器这几个进程，它们之间的交互如图中连线所示。

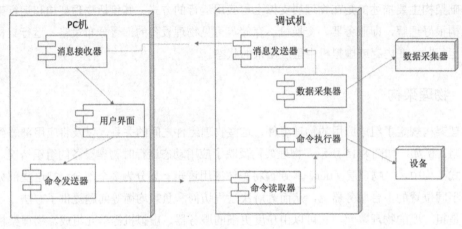

图 8-15

当应用被部署在不同的环境中时，应用进程状态各不相同。在物理服务器中，应用进程以物理服务器的进程方式运行，对外提供各种服务，进程运行依赖服务器及其操作系统的稳定运行。在虚拟机、容器中，应用进程则以虚拟机进程、容器进程方式运行，依赖虚拟机和容器的稳定性。

第9章

典型的应用架构模式

应用架构模式可分为单体架构、基于组件的架构和 SOA，下面我们将分别介绍这几种架构模式。

9.1 单体架构

单体架构是最简单的架构模式，顾名思义，就是将应用构建为单个可执行和可部署的组件。在这一节中，我们将介绍单体架构的特点、常见的功能架构，以及单体应用的数据优化。

9.1.1 单体架构的特点

一个单体架构的应用中有很多逻辑、服务，通常这些逻辑和服务都不可拆分。在单体架构中，各个模块间的依赖性非常强，当其中一个模块不可用时，通常会造成整个应用无法正常运行。如图 9-1 所示，这是一个典型的例子，一个在线商店系统包含前端页面、记账服务、库存服务和货运服务，整个应用被部署在一个进程中。单体应用的一个核心特点是，应用中模块间的通信是通过函数调用实现的。

单体应用都是以单进程形式运行的，应用的可执行文件会被统一加载到内存中，所有代码都在同一个地址空间执行。但是在源代码层面也可以进行分层或模块化，层或模块之间通过简单的函数调用来进行交互。通过控制源代码之间的依赖关系，可以确保一个代码模块的变更不会导致其他模块发生变更或重新编译。单体应用的独立性指的是同一个进程或同一个地址空间内的函数和数据在某种程度上的划分。虽然这种划分在部署过程中并不可见，但这并不意味着它们就没有存在的意义。即使最终所有模块都被静态链接成一个可执行文件，这些模块对应用各个功能的独立开发也非常有意义，不同团队可以独立开发不同的模块，互不干扰。不同模块间的跨边界调用是由函数调用实现的，这种形式的跨边界调用迅速而开销小，这就意味着跨边界的通信会很频繁。从接入方式来看，原先的应用大多为客户端应用，通过客户端来访问后台服务，即 C/S 架构。现在比较通用的是通过浏览器来访问后台服务，即 B/S 架构。C/S、B/S 架构的应用都属于单体应用，只是应用接入的方式不同。

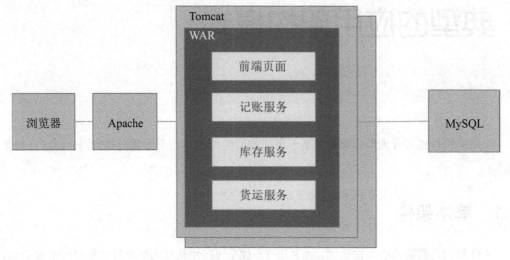

图 9-1

这里使用部署单元来表示具有高内聚且可以独立部署的应用组件，其包括支持应用正常工作的所有结构性元素。在单体应用中，部署单元就是整个应用，因为应用中的每个部分都是高度耦合的，要想对应用的某个特性进行修改，必须对应用整体进行修改和重新部署。针对不同的架构模式，如单体架构、基于组件的架构、SOA 等，必须明确定义部署单元的大小，因为越小的部署单元，其变更速度越快，影响范围越小。

9.1.2　功能架构

常见的功能架构有非结构化架构、分层架构、模块化架构等，这一节我们就来介绍它们。

1. 非结构化架构

如图 9-2 所示，非结构化的单体应用由多个内部模块组成，不同模块各自处理不同的任务，通过公用的模块实现通用的功能。非结构化单体应用的模块之间的耦合度高，导致在修改应用的某一部分时会影响到其他部分。和某一段代码有关系的代码可能散布于应用的各个角落，修改其中一个模块有可能会意外地破坏其他模块，而修复这些 bug 又会导致更多的 bug 发生，从而产生无尽的连锁反应。非结构化架构由于缺少统一的总体架构而阻碍了变更，因为高度耦合要求部署体量较大的整块应用。其本质上造成了应用各个部分之间的高度耦合，部署单元就是整个应用。

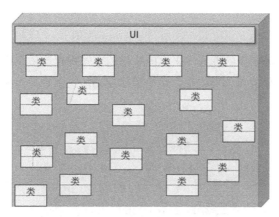

图 9-2

2. 分层架构

对单体架构的进一步优化会采用分层架构，在分层的单体架构中每一层代表实现架构的一类技术栈，从而使得开发者能够轻易地置换技术栈。如图 9-3 所示，其主要设计准则是将不同的技术能力分隔到不同的层，每层职责各异。这种架构的主要优点是关注点分离（separation of concern），每一层对于其他层都是独立的，但是各层能通过明确定义的接口相互访问。这使得对某一层的修改不会影响到其他层，同时将相似的代码组织在一起，为该层的专业化和分离提供了空间。通过分层架构来分离关注点，通常每一层都会表现出内部的高内聚和外部的低耦合。在层内，各个模块为统一的功能目标而协作，因此层内趋向于高内聚。相反，通过详细定义各个层之间的接口，就能降低各个层之间的耦合性。

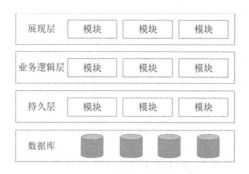

图 9-3

但是跨不同层的变更则会带来层与层之间协调关系上的调整，例如，当业务要求变更时，该变更会影响到所有层，所以多个层同时变更在所难免。分层架构还使得由层定义的实现架构更易于适应变化，比如可以很容易地替换数据库，同时确保对业务和其他层的副作用降至最小。

3. 模块化架构

对单体应用进行更进一步的拆分，采用模块化的方式构建单体应用，使其更具有可塑性，如图 9-4 所示。在模块化的单体架构中，每个模块在功能上都是高内聚的，而模块之间的接口是低耦合的。

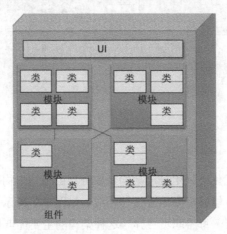

图 9-4

不同于分层架构中通过技术选型来拆分各层，模块化的单体应用从功能性的层面进行拆分，功能较为相关的代码会被分组到同一个功能模块中。尽管应用在逻辑上被划分为不同的模块，但各个模块无法独立部署，因此其部署单元依旧是整个应用。

9.1.3　单体应用的数据优化

单体应用的数据模式通常有一体式、水平拆分、加入缓存、读/写分离、分库分表、垂直分离等，后面几种都是随着应用复杂度的增加或用户量的增大，而在一体式基础上诞生的优化后的模式，它们各有特点。本节就来介绍这几种模式，希望读者能够了解不同模式的特点。

1. 一体式

著名技术博主"左耳朵耗子"曾对单体应用的数据优化做过详细的解读。最早的应用以网站、OA 等为主，访问的人数有限，单台服务器就能够应付过来。如图 9-5 所示，通常将应用程序和数据库部署到一台服务器上，也就是所谓的"一体式"架构。通常这种架构利用 LAMP（Linux Apache MySQL PHP）技术就可以快速实现。

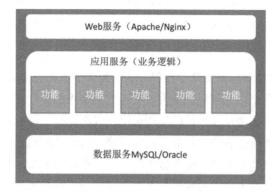

图 9-5

这种架构无法支持高并发，而且可用性也很差。有的服务器采用托管模式，在同一台服务器上同时部署多个应用，一旦服务器出现问题，所有应用都将处于不可用状态。但是其开发和部署成本相对较低，适合刚问世、功能比较简单或用户量较少的应用服务。

随着业务的发展，用户数和请求数在逐渐增加，"一体式"架构的性能将会达到瓶颈。比较简单、直接的解决方法就是增加物理资源，将业务逻辑和数据分离。其中，应用服务器需要处理大量的业务请求，对 CPU 和内存资源的需求较大；而数据库服务器需要对数据进行存储和索引等 I/O 操作，对磁盘的容量和转速要求更高，对内存资源的需求更大。如图 9-6 所示，采用数据分离模式可以解决性能的问题，通过增加更多的硬件资源让应用服务器和数据库服务器各司其职，使应用可以处理更多的用户请求。虽然应用在业务上依然存在耦合（还认为属于单体应用），但硬件层面的分离在性能上比"一体式"模式有着很大的优势。

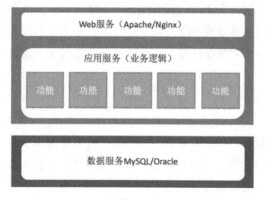

图 9-6

2. 水平拆分

随着用户请求量的进一步增加，高并发成为另外一个需要解决的问题，如何支持多个用户同时请求应用服务器成为下一步架构的重点。原先应用的关注点在数据量上，而这一阶段应用需要进一步面对大量的用户请求，单台应用服务器已经无法满足高并发的要求。

这时可以采用服务器集群，也就是多台服务器以集群的形式来分担单台服务器的负载压力，提高并发性。如图 9-7 所示，为了提高单位时间内处理请求的数量，从原来由一台服务器处理变为现在由一组服务器来处理。与先前的架构相比，现在增加了应用服务器，形成了服务器集群。因为在应用服务器中所部署的应用服务没有改变，所以从应用架构模式的角度来看，该应用还是属于单体应用，只是在用户与服务器之间加入了负载均衡器，帮助将用户请求路由到合适的服务器上。服务器集群通过多台服务器来分担原来由一台服务器处理的请求，在多台服务器上同时运行一套应用，因此可以提升处理大量的并发用户请求的能力。

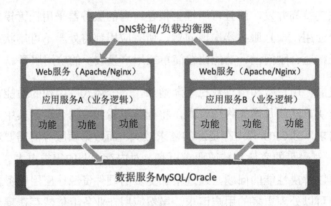

图 9-7

增加服务器的举动表明，应用的瓶颈在处理并发用户请求的能力上。对数据库和缓存都没有进行更改，通过增加服务器就能够缓解请求的压力。加入负载均衡器之后，由于其位于用户与应用服务器之间，负责用户流量的接入，因此它还可以对用户流量进行监控，同时对访问用户的身份和权限进行验证。

3. 加入缓存

随着业务量、用户量、数据量的增长，用户对某些数据的请求量将会呈指数级增长，例如新闻、商品信息和热门消息等。之前获取这些数据的方式是直接从数据库中读取，因此会受到数据库 I/O 性能的影响。此时数据库 I/O 读取性能就成了整个应用的瓶颈，即使增加再多的服务器也无法解决，因此需要通过缓存来实现 I/O 加速，如图 9-8 所示。

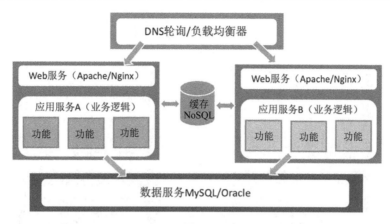

图 9-8

缓存技术分为本地缓存和缓存服务器。应用服务器的本地缓存使用的是进程内缓存，由于它运行在内存中，对数据的响应速度很快，通常用于存储热点数据。在进程内缓存没有命中时，才会去数据库中获取。缓存服务器的缓存相对于本地缓存来说是进程外缓存，既可以将它和应用服务部署在同一台服务器上，也可以将它们部署到不同的服务器上。一般为了方便管理和合理利用资源，会将其部署到专门的缓存服务器上。由于缓存会占用内存空间，因此会为这类服务器配置比较大的内存。

由于缓存在内存中，而内存的读取速度比磁盘要快得多，因此能够很快地响应用户请求，特别是对于一些热数据，优势尤为明显。同时，在可用性方面也有明显的改善，即使数据库服务器出现短暂故障，在缓存服务器上保存的热数据也依然可以满足用户暂时的访问。

4. 读/写分离

加入缓存可以解决部分热数据的读取问题，但缓存的容量有限，对于冷数据依然需要从数据库中读取。数据库的写入和读取的性能有较大的差异，在写入数据时会造成锁行或者锁表，此时如果有其他写入操作并发执行，则会存在排队现象。而读取操作比写入操作快捷，并且可以通过索引、数据库缓存等方式优化。

如图 9-9 所示，为了更进一步提升性能，可以采用数据库主从模式，主库用来写入数据，然后通过同步方式将更新的数据同步到从库中。对于应用服务器而言，在写数据时访问主库，而在读数据时只需要访问从库即可。利用数据库读/写分离的方式，提升数据读/写效率；通过扩展从库的方式，提升读取操作的用户请求处理能力（在现实场景中，大多数操作都是读取操作）。

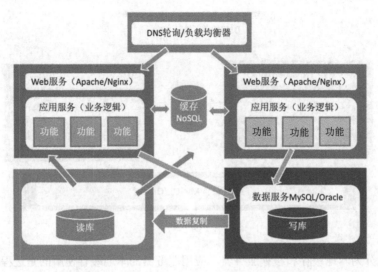

图 9-9

在利用数据库读/写分离提升效率的同时，也需要考虑应用可靠性的问题。例如，如果主库发生宕机，从库如何接替主库进行工作；主库恢复后，如何同步数据等问题。

5. 分库分表

随着应用数据库中累积的数据越来越多，数据库的负担也会逐步加重。即便为数据库设置了索引和缓存，但在进行海量数据查询时，也还是会出现性能及能力瓶颈。如果说读/写分离是对数据库从读/写层面进行资源分配的话，那么分布式数据库就需要从业务和数据层面对资源进行分配。

对于数据表来说，当表中包含的记录过多时，可以将其横向分成多张表来存储，也可以按照业务对表中的列进行纵向分割，将表中的某些列放到其他表中存储，然后通过外键关联到主表，被分割出去的列通常是不被经常访问的数据。

○　表拆分：对于数据库来说，每个数据库能够承受的最大连接数和连接池是有上限的。为了提高数据访问效率，可以根据业务需求对数据库进行分割，让不同的业务访问不同的数据库。同时也可以将相同业务的不同数据放到不同的库中存储。如果将这些数据库资源分别存储到不同的数据库服务器上，那么这就是分布式数据库设计了。

○　库拆分：如图 9-10 所示，由于将数据存储在不同的表/库中，甚至存储在不同的服务器上，因此在进行数据库操作时会增加代码的复杂度，此时可以加入数据库中间件来消除这些不同表/库或服务器上的数据差异。数据库的分库分表以及分布式设计会带来性能和能力的极大提升，同时也增加了数据库管理和访问的复杂度——原来只需要访问一张表和一个库，而现在需要跨越多张表和多个库。此外，从数据库服务器管理的角度来看，需要监控服务器的可用性；从数据治理的角度来看，需要考虑数据扩容和数据治理的问题。

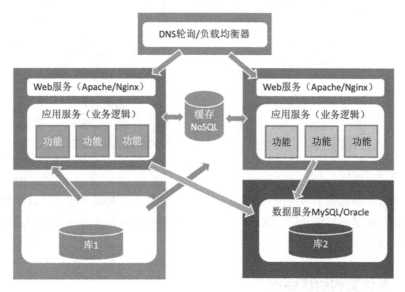

图 9-10

6. 垂直分离

在解决了大数据量的存储问题之后，系统就能够存储更多的数据，这意味着系统能够处理更多的业务。随着业务量和用户访问量的增加，以及为了满足高并发需求，主流方案推荐按照业务进行水平拆分、分开部署。如果说前面介绍的服务器集群模式是将同一个应用复制到不同的服务器上，还属于单体应用的范畴，那么业务拆分就是将一个应用拆分成多个业务组件部署到不同的服务器上，也就是后面会讲到的 SOA 模式。

此外，如图 9-11 所示，还可以对核心应用进行水平扩展，将其部署到多台服务器上。虽然对应用做了拆分，但各业务组件之间仍旧有关联，存在相互调用、通信和协调的问题。为此也会引入队列、服务注册发现、消息中心等中间件，协助管理分布到不同服务器上的业务组件。

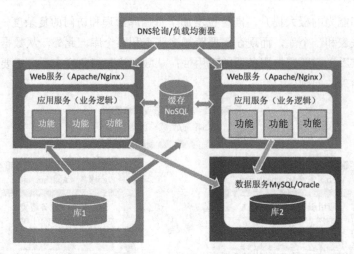

图 9-11

业务拆分后会形成多个应用服务，既有基于业务的服务，如商品服务、订单服务，也有基础服务，如消息推送和权限验证。将这些应用服务以及数据库服务分布在不同的服务器上或网络节点中，形成了 SOA 模式。

9.1.4　单体架构的优缺点

单体架构模式的使用场景较为普遍。它的数据架构前期主要以面向过程为主，后期会逐步过渡到面向对象。实现架构依旧采用传统的三层架构，而最终应用主要以进程的形式运行在物理服务器上。

单体架构的主要优点包括以下几个方面。

❍　开发模型简单：一个应用包含所有功能，通过一套代码进行编码、构建、测试和部署。尤其是现有的开发环境都是集成开发环境（IDE，Integrated Development Environment），集代码编辑器、编译器、调试器和图形用户界面等工具为一体，非常适合进行单体应用的开发、编译、调试，一站式搞定。

❍　小规模部署、运维简单：对于小规模的单体应用，其运行在一个物理节点上，环境单一、运行稳定、故障恢复比较简单。

❍　测试简单：开发者只需要编写几个端到端的测试用例，启动应用、调用接口进行测试即可。

单体架构也存在很多不足之处，具体如下。

- ○ 稳定性和可靠性较差：因为单体应用缺乏故障隔离机制，所有模块都在同一个进程中运行，一旦某个模块出现代码错误，就会造成整个应用崩溃。

- ○ 生命周期管理差：要增加新功能，整个应用都得重新部署。当应用需要扩容时，因为状态在应用内部，无法横向扩展。由于不同模块对资源的需求差异大，当业务量增加时，只能以应用整体资源需求为单位为所有模块增加物理资源，导致资源的浪费。

- ○ 技术栈兼容性差：单体应用往往采用统一的技术平台，整个团队必须使用相同的开发语言和框架，导致采用新的框架和开发语言变得极其困难。

- ○ 大规模应用复杂度高、代码不易管理：以一个百万行代码级别的单体应用为例，整个应用包含的模块非常多，模块的边界模糊，依赖关系不清晰。当应用规模逐渐变大时，代码依赖关系错综复杂，难以维护。

- ○ 大规模应用耦合度高、开发速度缓慢：当应用规模变大之后，每次修改代码，即使添加一个简单的功能也会带来隐含的缺陷，可能会导致整个应用出现问题。同时应用每次构建、编译都需要花费很长的时间，导致难以支持大团队并行开发。

- ○ 大规模应用部署频率较低：随着代码的增多，部署的复杂度也在增加，每次功能的变更或缺陷的修复都会导致整个应用重新部署。全量部署的方式耗时长、影响范围大、风险高，这使得单体应用上线部署的频率较低。部署臃肿会影响部署速度与部署频率，从而导致应用的可维护性、灵活性降低，维护成本越来越高。

9.2　基于组件的架构

随着单体架构的不断发展，应用的模块化程度越来越高，开发人员逐步将单个的应用程序拆分成多个独立的、可部署的部分，即组件，进而使得单体架构模式逐步演进到基于组件的架构模式。基于组件的架构模式的优点是，随着技术的不断发展，可以使用新的组件取代已有的组件，使应用日趋完善，而且利用已有的组件，还可以快速地构建全新的应用。

尽管模块化的单体应用与基于组件的应用很类似，但两者还是存在一些明显的差别的。单体应用通常是由单个的二进制文件组成的，当编译器生成应用程序之后，在对它的下一个版本进行重新编译之前，其二进制文件不会发生任何变化。当硬件、操作系统或客户需求发生改变时，应用程序整体都必须重新编译来生成新的版本。而在基于组件的应用中，每个组件都是已经编译、链接好并可以使用的二进制文件，应用程序是由多个这样的组件组成的。在需要对应用程序进行修改或改进时，只需要将构成此应用的组件用新的版本替换即可，而且这种替换操作在基于组件的应用中可以以热插拔的形式进行。

9.2.1 特性

本节介绍基于组件的架构所具有的特性，具体如下。

1. 部署独立性

通过组件的形式将应用分别运行在不同的进程内，组件间使用跨进程（如 Socket 等）的方式进行通信。其中最重要的是这些组件的解耦可以产生可独立部署的单元，如 JAR 文件、DLL 文件等。这些组件在部署时不需要重新编译，它们都会以二进制文件、可部署形式交付，从而实现部署层次上的解耦。

对于基于组件的应用，其组件往往以进程的形式运行，各自有着不同的地址空间。这些组件之间的通信通过进程间通信的方式来进行。在这种模式下，进程间的通信以及切换成本相对单体应用的函数调用来说会更高，所以要控制通信频率。

2. 生命周期管理

因为功能组件相互独立，这些组件中的接口/类函数何时创建对象实例、何时释放，这些对象实例如何运行在进程中，等等，这些事情都需要被管理起来。于是就产生了组件容器，使用组件容器来管理组件的生命周期，包括组件的安全、创建、并发访问控制、休眠、激活唤醒、计数、销毁释放内存、注册、发现等。基于组件的架构的本质是所有的应用都应该运行在组件容器中，无论是单机应用还是 C/S 应用。每个应用都被拆分为多个组件运行在组件容器中，由组件容器来屏蔽和管理内存的创建与回收等事宜。不把内存的创建与回收带来的相关问题直接暴露给开发者是十分必要的，否则由于开发者技术能力水平不一，容易造成管理失误并导致系统崩溃。

3. 高内聚&低耦合

内聚性用来衡量一个应用内部不同模块之间相互联系的紧密程度。一个应用内部各个模块之间的联系越紧密，内聚性越高；反之，内聚性越低。在一个高内聚的应用中，更新某一功能特性只需要修改涉及该特性的模块即可，从而达到快速发布和交付的目的；在一个低内聚的应用中，对某一功能特性的更新可能需要同时修改多个模块。耦合性用来衡量应用间相互依赖的紧密程度，不同应用之间的依赖越紧密，耦合性越高；反之，耦合性越低。如果应用间的耦合性过高，就会出现对一个应用的修改会导致被动地修改其他应用的情况。

9.2.2　微内核架构

应用这种以组件的形式拆分并以插件的形式使用的架构被称为微内核架构，也叫作插件式架构。微内核架构是一套可扩展、可维护的架构，应用的核心框架相对较小，而其主要功能和业务逻辑都是通过插件实现的。例如用户界面，如果以插件的形式存在，则可以通过插拔的方式切换不同类型的用户界面。各插件是相互独立的，它们只能通过核心框架进行通信，从而避免了插件之间的相互依赖。

微内核架构最早出现在面向对象编程中，其通过定义及调用通用的接口来实现用户界面、底层数据库相对于业务逻辑的"插件化"。业务逻辑组件可以独立于用户界面和数据库进行部署，对用户界面和数据库的修改不会对业务逻辑产生任何影响。面向对象编程通过多态的方式创建出源代码级别的插件式架构，让高层策略性组件与底层实现性组件分离，底层组件作为插件独立于高层组件。

如图 9-12 所示，微内核架构定义了一个内核，其往往相对较小。内核通过插件丰富其功能，基于微内核的应用的主要功能和业务逻辑都通过插件实现，插件实现相互独立的业务功能。通常把插件设计为可以独立部署的组件，所以插件式架构是基于组件的核心。插件之间的通信频率应该减少到最低，避免出现相互依赖的问题。同时，由完全独立的组件组成的应用更易于变更，因为组件之间不存在耦合性，从而可以避免应用中的某一部分发生变更时导致其他部分出现问题。从变更频率的角度来说，不同插件可以以不同速度变更。

图 9-12

9.2.3　两种基于组件的应用开发、运行框架

本节我们将介绍两种较为热门的基于组件的应用开发、运行框架——COM 和 OSGi。

1．COM

COM（Component Object Model，组件对象模型，）是随着 Windows 2000 操作系统诞生的，它利用微软平台开发分布式应用程序，是一种基于组件的应用框架。在 COM 框架下，可以开发出各类功能组件，将这些组件按照需求组合起来就构成了复杂的应用。因此，一方面，应用中的组件可以使用新的组件替换，以便进行应用功能的升级和定制；另一方面，在多个应用中可以重复使用同一个组件。

COM 中的组件实际上是一组二进制可执行程序，它们为应用程序、操作系统以及其他组件提供服务。开发人员开发自定义的 COM 组件，就如同开发动态的、面向对象的 API 一样。多个 COM 对象可以连接起来形成应用程序，并且 COM 组件即使在运行中，如果没有被重新链接或编译，那么这个组件也可以被卸载或替换。微软公司的众多技术如 ActiveX、DirectX、OLE 等都是基于 COM 构建的，而且其开发人员也大量使用 COM 组件来定制应用程序及操作系统。

2．OSGi

OSGi（Open Service Gateway Initiative）是 Java 动态化、组件化系统的一系列规范。简单来说，OSGi 可以被认为是 Java 平台的基于组件架构的实现。OSGi 技术提供的标准化原语是允许使用可重用和可协作组件来构建应用程序的，这些组件能够被组装成一个应用并且实现自动化部署。

OSGi 提供一套 Java 组件化规范，这套规范给出了 OSGi 框架的定义。而具体的 OSGi 平台，如 Felix 和 Equinox，则分别是 Apache 和 Eclipse 开源社区对标准规范的实现。OSGi 服务平台提供在多种网络设备上无须重启即可动态改变构造的能力。同时为了使耦合度最低和实现耦合度管理，OSGi 技术提供一种基于组件的框架，让这些组件能够动态地发现对方。

9.2.4　组件设计原则

在基于组件的架构模式下，组件是应用的最基本设计、部署单元，组件间的依赖架构其实并不是在描述应用功能，而是在说明应用结构性与维护性方面的信息。图 9-13 总结了一个优秀的组件设计所需遵循的 5 大原则。

图 9-13

○　最小单元原则：组件是发布、部署的最小单元。

○　复用性原则：将经常被复用的代码放在同一个模块中。

○　可替换原则：如果希望应用的组件可以被替换，那么这些组件就必须遵守同一约束。一旦违背了该约束，应用就不得不为代码的更新增添大量复杂的机制。

○　高内聚原则：如果对一个应用功能必须进行某些变更，那么这些变更最好是在同一个组件中完成，而不是分布于多个组件中。如果变更集中在一个组件中，那么升级时只需要重新部署该组件即可。反之，若变更分布于多个组件中，那么变更功能时的代价将会非常大。

○　稳定性依赖原则：对于大部分应用来说，可维护性的重要性高于可复用性，因此要求不稳定的组件依赖稳定的组件，从而确保频繁变更的组件不会影响稳定的、不频繁变更的组件。

　　基于组件的应用往往采用模块化的功能架构，代码以组件的形式实现各个功能。其数据架构不变，采用面向对象的设计方法，并且采用定制的框架作为实现架构，组件最终以插件的形式运行于框架之上。

　　基于组件的应用架构具有以下优点。

○　代码复用性：相对于单体应用，基于组件的应用模块化程度更高，更便于代码复用。

○　可定制性：针对不同的场景开发不同的组件，在主体功能不变的情况下，通过组件适配不同环境。

○　功能隔离性：组件可以独立地加载、更新或卸载，大大降低了应用发布、部署、运维的复杂度。

○ 功能可扩展性：可以以组件为最小单元开发新的功能，渐进式地增加应用功能。

基于组件的应用架构具有以下缺点。

○ 框架强绑定：应用需要强绑定一个具体的基于组件的框架，这将导致新技术与工具框架的可选择范围比较小，不便于推广不同的技术栈和新技术。

○ 开发难度较大：因为在基于组件的框架中插件与内核之间有着特殊的通信机制，并且插件发现机制也各不相同，所以开发难度较大。

○ 依赖拓扑复杂：相对于单体应用，基于组件的应用引入了组件依赖，使得开发和测试难度增大。

○ 单点瓶颈：基于组件框架的微内核架构通常是集中式的，不易做成分布式的，因此容易存在单点瓶颈。

○ 弹性扩展难：基于组件的应用会绑定多个组件一起部署，不同组件对资源的需求量有较大的差异，当需要弹性伸缩时，一视同仁地为所有组件同步扩容会造成资源的浪费。

9.3　分布式与 SOA

分布式是一种非常好的能将应用复杂度分散的理念，SOA 就是运用分布式的理念进行应用设计的架构。下面分别介绍分布式和 SOA。

9.3.1　分布式

前面介绍过，单体应用虽然架构简单，但是随着应用变得越来越复杂，它的劣势也体现得愈加明显，如代码重复率高、需求变更困难、可维护性差、数据无法打通、缺乏水平伸缩、可靠性差等。

由于应用规模迅速增长，单体集中式架构已无法做到无限制地提升应用的吞吐量，只能通过增加服务器的配置有限度地提升应用的处理能力，这种伸缩方式被称为"垂直伸缩"。与之相对的伸缩方式被称为"分布式水平伸缩"，分布式水平伸缩能够仅通过增减服务器数量来相应地提升和降低系统的吞吐量。这种分布式架构，在理论上为吞吐量的提升提供了无限的可能。因此，用于搭建应用的服务器也渐渐放弃了昂贵的小型机，转而采用大量的廉价 PC 服务器。

比如对原有的单体应用做彻底的分布式服务化改造，首先对应用按照业务进行垂直切分，将广度上复杂的业务实现物理解耦，然后在应用内部还可以按照功能进行水平切分，将深度上复杂的业务实现逻辑解耦。这样原来复杂的应用就被拆分成一个个独立的服务，可以分布式地部署在不同的服务器上。这些服务采用标准的 REST/SOAP API 进行通信，这样就逐步演化为分布式架构。

分布式架构根据业务的不同属性进行拆分，将单体应用拆分为多个业务服务，每个服务都是一个单体应用，它们之间通过商定好的 API 进行调用。例如，对某企业应用进行拆分，将庞大的供应链应用拆分成采供管理应用、资产管理应用、仓储管理应用。这种拆分大大降低了代码的耦合度，提高了服务的可用性。将一个大项目组通过重新分配任务变成多个开发小组，每个开发小组都负责独立的业务服务，业务服务之间通过 API 进行调用，每个服务都运行在不同的主机上。

分布式架构的优点如下。

○ 功能解耦：降低了业务功能之间的耦合度，将服务拆分后通过接口进行调用，其他功能不受影响。

○ 组织独立：项目细分化，不同的项目组负责不同服务的开发。分布式组件可以独立打包、发布、部署、启停、扩容和升级，核心服务独立于集群部署。

○ 扩展性强：应用扩展性强且灵活，当增加或改造某个功能时，不会影响其他服务，也不存在因为其他服务不可用而造成本服务不可用的问题。

当然，分布式架构也有一定的局限性，具体体现如下。

○ 接口兼容性：由于 bug 修复、内部需求变更，服务提供者会经常修改接口参数、参数字段、业务逻辑和数据表结构。在实际项目中经常会发生服务提供者修改了接口，但是并没有及时通知所有服务消费者，导致服务调用失败的情况。

○ 受到网络影响：因为服务之间通过 API 远程调用，不仅增加了接口开发的工作量，而且还会受到网络限制。

○ 时延问题：在服务化之前，通常业务都由本地函数调用，性能损耗较小。但在服务化之后，服务提供者和服务消费者之间采用远程网络通信，增加了额外的时延及性能损耗。

○ 问题定位：在分布式环境中，如何高效地进行问题定界、定位和日志检索也是一大难题。

○　团队协作问题：共享服务是为了方便开发和测试，但会导致服务提供者和服务消费者之间存在相互依赖的关系，如开发依赖、测试依赖等。

9.3.2　SOA

1. SOA 简介

SOA 即面向服务的架构，它将应用的不同功能单元拆分为服务，并通过这些服务之间定义良好的接口和契约联系起来，形成分布式应用。接口是采用中立的方式进行定义的，它应该独立于实现服务的硬件平台、操作系统和编程语言。这使得开发人员可以通过不同的技术栈和开发框架构建应用的各个服务，并且服务以统一和通用的方式进行交互。

服务是单一的独立部署、独立运行的软件组件，实现一定的功能，通过服务的 API 封装其内部实现并对外提供。与单体应用不同，SOA 应用的开发人员无法绕过服务的 API 直接访问服务内部的方法和数据，因此在服务使用阶段实现了应用的解耦。服务之间采用 API 调用，封装了服务的实现细节，从而允许在不影响调用的情况下对实现细节进行修改，实现真正的松耦合。每个服务都有自己的实现架构，如典型的六边形架构，其 API 由服务的业务逻辑交互的适配器实现。

根据亚马逊前员工 Steve Yegge 的著名"酒后吐槽"事件可知，2002 年左右，当时亚马逊CEO 贝佐斯就在亚马逊内部强制推行了基于 SOA 的以下六项原则：

○　所有团队开发的程序模块都要以服务接口的方式，将数据与功能开放出来。

○　团队间程序模块的信息通信都要通过程序模块间的接口来进行。

○　除接口通信方式外，其他方式一概不允许使用。不能直接连接程序，不能直接读取其他团队的数据库，不能使用共享内存模式，不能使用他人模块的内部入口等。

○　任何技术都可以使用，比如 HTTP、Corba、发布/订阅、自定义的网络协议等。

○　所有的服务接口，毫无例外，都必须以公开为设计导向。也就是说，团队必须做好规划与设计，以便未来开放接口。

○　不按照以上要求做的人会被解雇。

亚马逊网站上展示产品明细的页面，可能需要调用上百个服务，以便生成高度个性化的内容。贝佐斯还提到，亚马逊的公司文化已经转变成"一切以服务为第一"，公司的系统架构都围绕这一宗旨构建。如今，这已经成为亚马逊进行所有设计的基础。贝佐斯所推行的六项原则展示出其超强的信念和高远的眼光，即使放到十几年后的今天，也依然令人感到醍醐灌顶。

其具体技术框架包括：

- 服务被拆分后形成共享服务。
- 服务间的通信只允许采用两种方式：
  - 通过服务接口（HTTP）直接调用（或用 VIP 做负载均衡）。
  - 服务通过 Pub/Sub 总线交换数据和通知。
- 采用统一的服务开发框架开发。
- 服务通过流程引擎编排实现业务场景。
- 一个服务成立一个小团队（two-pizza team）。
- 各个服务把数据写入统一的数据仓库中。

根据以上介绍，我们不难明确 SOA 的一些定义或特征。

如图 9-14 所示，在 SOA 模式中，开发人员将通用的核心功能进行更深度的抽象，更上层一些的功能根据业务的不同特性被划分为多个业务服务，更下层的一些功能则被抽象出多个稳定的基础服务。经过这样的改造，下层专注于提供稳定的基础服务，而上层则专注于快速响应需求变化。

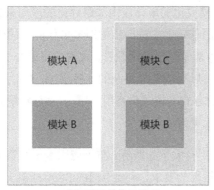
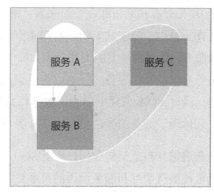

图 9-14

与之前的功能架构相比，SOA 是一种真正的分布式应用架构模式。在这种架构模式中，应用服务相互独立，每个应用服务的代码都独立开发、独立部署，应用服务通过有限的 API 相互关联。API 属于服务的一部分，通信协议一般使用 REST、SOAP，数据格式采用 YAML、JSON、XML。

在 SOA 体系中，一个复杂的应用被拆分为多个子应用服务，每一个子应用服务都是独立的服务，其通过服务接口与外部协作。整个拆分过程既有垂直的业务切分，也有水平的技术层切分，这种横竖切分的过程被称作服务化过程。服务是一种有特定结果的可重复业务活动的逻辑表示（例如，检查客户信用度、提供天气预报等），其特点包括：自包含、可组合其他服务、对服务使用者来说是"黑盒"。

在技术上，各个服务之间采用标准的 API 进行通信，调用双方实现难度都不大。但是 API 一般是"黑盒"，调用依赖关系不透明，调用可靠性缺乏保障。因此，SOA 还需要特定的服务治理功能，包括服务注册、服务路由、服务授权等，这些功能通常由专门的中间件提供支持。在服务的独立性方面，通过 SOA 模式可以将应用功能间的依赖关系降低到调用级别，然后仅通过网络数据包来进行通信。这样应用的每个执行单元在源代码和文件层面都是一个独立的个体，它们的变更不会影响到其他单元。

服务并不依赖具体的运行位置，两个相互通信的服务既可以位于同一台服务器上，也可以位于不同的服务器上，服务始终假设它们之间的通信将全部通过网络监听。服务之间的跨边界通信相对于单体应用的函数调用和基于组件的进程间通信来说，速度会更慢，其往返时间从几十毫秒到几秒不等。

将 SOA 与分布式系统放在一起来看，相对于模块化的单体应用和组件化的应用来说，SOA 模式才是真正采用了分布式架构。它在垂直切分的基础上，进一步把原来单体应用的业务逻辑层独立成服务，做到物理上的彻底分离。每个服务都专注于特定职责，实现应用核心业务逻辑。而多个服务有机结合，服务之间通过相互调用，可以完成更加复杂的业务逻辑，解决业务深度上的问题，同时 SOA 应用中的通用服务以共享的方式支持逻辑复用。所以，SOA 既体现了业务的分，又体现了业务的合，更多地从业务整体上考虑应用拆分。

相比普通的分布式架构应用，基于 SOA 的应用有大量的服务。整个应用基于服务调用，所以对服务依赖的透明性和服务调用的可靠性提出很高的要求，需要专门的 SOA 框架支持，还需要配套的监控体系和自动化的运维系统支持。一个完整的 SOA 同时还需要规范服务描述的方式（如 WSDL），明确调用服务的协议（如 SOAP 和 XML），抽象出服务之间的通信与整合枢纽组件（如企业服务总线），引入服务编排所需的业务规则流程引擎（BPM）等。可以说，一个完整的 SOA 涉及的面相当广，技术复杂性非常高，因此有较高的技术门槛。

2. 使用场景

SOA 在不同的场景中都能得到很好的运用，如企业服务总线、Web Service 和云计算等使用场景。

（1）企业服务总线

SOA 的典型使用场景是企业服务总线（ESB），通过 ESB 构建围绕服务的应用。ESB 充当复杂事件交互的中介，并处理其他典型的集成架构中的琐事，例如协议转换或事务编排。ESB 具体承担了服务发现、路由、协议转换、安全控制、限流等工作。组成应用的服务都会把自己注册到服务总线，无论服务需要调用什么接口，都通过服务总线调用。由服务总线来进行服务的寻址路由和协议转换，服务总线也会做服务的精细化限流，每一个用户都有自己的服务请求队列。ESB 提供可靠的消息传输、服务接入、协议转换、数据格式转换、基于内容的路由等功能，同时屏蔽了服务的物理位置、协议和数据格式。

但是服务总线因为承担了所有的服务转发工作，从而造成压力较大。同时还需要考虑服务总线本身如何进行扩容，如果服务总线是有状态的，那么显然扩容不那么简单。

如图 9-15 所示，在 ESB 中，业务服务层抽象定义了业务的粗粒度功能，以抽象的方式捕捉企业的业务。通常 ESB 在企业消息系统中提供一个抽象层，让架构师不用编写代码就能完成集成工作。业务服务通过流程编排器和服务编排器实现业务编排与调度，开发人员可以将企业服务组合到一起并管理业务。企业服务层抽象基础服务，它们往往由不同的服务团队负责，旨在实现共享。如果架构师能准确地提炼出工作流程中可复用的部分，那么就可以构建出通用的行为成为共享需求，或称之为企业服务。共享的功能性需求一般作为应用服务来实现，而共享的非功能性需求则作为基础设施服务来实现，例如监控、日志、认证、授权等。

ESB 的出现改变了传统的单体应用架构，可以提供比传统中间件产品更为廉价的解决方案。同时它还可以消除不同应用之间的技术差异，让不同技术栈的服务协调运作，实现不同服务之间的通信与整合。但 ESB 的架构单元过大，类似于单体应用的集中式，容易造成单点故障。同时还需要为不同的场景定制 ESB 规范，不同厂商的服务无法实现互联互通。

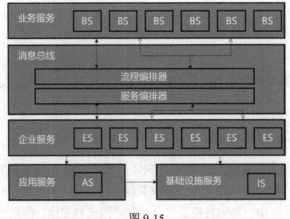

图 9-15

（2）Web Service

SOA 模式将复杂的业务应用拆分为多个独立的应用服务，而如果将"服务"这一概念往前再演进一步，即服务指代的不仅仅是本地服务，还是通过互联网提供的服务，那么就实现了所谓的 Web Service。如图 9-16 所示，企业通过互联网将自己的优势资源以 Web Service 的形式对外发布，如天气服务、机票预订服务、酒店预订服务等来自不同的公司，在线旅游网站就可以直接调用服务或整合多个服务，从而实现企业间资源的共享。

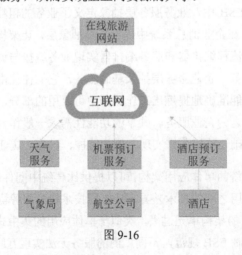

图 9-16

（3）XaaS 和多租户

XaaS（一切皆服务）是 SOA 的另一种使用场景，它将所有有价值的资源以服务的形式对外发布。比如第 3 章介绍的云计算本质上就是一种 XaaS，将云计算等一系列资源以服务的形式对外发布，在发布的过程中将每一种价值都归类为一种 XaaS，如下所示：

- ○ 软件即服务（Software as a Service，SaaS）

- ○ 基础设施即服务（Infrastructure as a Service，IaaS）

- ○ 平台即服务（Platform as a Service，PaaS）

- ○ 存储即服务（Storage as a Service）

- ○ 安全即服务（SECurity as a Service，SECaaS）

- ○ 数据库即服务（Database a a Service，DaaS）

- ○ 通信即服务（Communication as a Service，CaaS）

- ○ 身份即服务（Identity as a Service，IDaaS）

- ○ 备份即服务（Backup as a Service，BaaS）

- ○ 桌面即服务（Desktop as a Service，DaaS）

而且，上述"即服务"的列表还在以令人目眩的速度增长。另外，如图 9-17 所示，XaaS 还自带一种所谓多租户的理念，即多个用户共享某一服务资源，但是不同用户所使用的资源将会以租户为单位进行隔离。

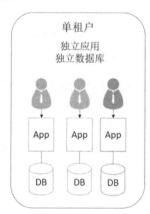

图 9-17

3. 核心功能

SOA 的实现涉及以下核心功能。

（1）API 调用模式

在单体应用中，模块之间通过开发语言级别的函数相互调用，而 SOA 模式将应用构建为一组服务，这组服务必须经常协作才能处理各种外部请求。因为 SOA 分布式服务是在多台服务器上运行的进程，所以必须使用网络通信协议进行交互。当应用采用 SOA 模式时，需要考虑服务之间的通信及 API 模式，在理想情况下采用同步服务调用及通信机制。

应用由服务构成，每个服务都有接口，这些接口定义了服务的客户端可以调用的若干操作。一个设计良好的接口会在暴露有用功能的同时隐藏实现细节，因此可以修改实现细节，而接口保持不变，这样就不会对客户端产生影响。在单体应用中，服务或功能之间的接口通常采用编程语言内部接口（如 Java 的接口）来定义。

在 API 调用过程中，数据往往以 XML/SOAP、WSDL 或二进制格式传输。例如，二进制格式的 Buffers 和 Avro 提供了强定义的 IDL 作为消息格式，编译器会自动根据这些格式生成序列化和反序列化的代码。

（2）服务注册发现及负载均衡

服务注册发现表示服务消费者（Consumer）如何发现服务提供者（Provider），而负载均衡表示服务消费者如何以某种负载均衡策略访问服务提供者实例。服务注册发现的核心是服务注册表，它是一个包含服务实例网络位置信息的数据库。每当服务实例启动或停止时，服务发现机制都会更新服务注册表。当客户端调用服务时，服务发现机制会查询服务注册表以获取可用服务实例的列表，并将请求路由到其中一个服务实例（服务负载均衡）。目前业界主要有三种不同的服务发现模式：集中式代理、SDK 式代理、主机式代理。

集中式代理是最简单和最传统的模式，它在服务消费者和服务提供者之间增加一层代理。常见的集中式代理使用硬件负载均衡器（如 F5）或者软件负载均衡器（如 Nginx）。这种模式通常在 DNS（域名服务器）的配合下实现服务发现，服务注册（建立服务域名和 IP 地址之间的映射关系）一般由运维人员在代理上手工配置。服务消费者仅依赖服务域名，这个域名指向该服务的代理，由代理解析目标地址并进行负载均衡和调用。服务上线后，通知运维人员申请域名、配置路由。调用方通过 DNS 域名解析，经过负载均衡路由，进行服务访问。这种模式的缺点在于存在负载均衡器单点风险，服务穿透负载均衡器的性能也不是太好。

SDK 式代理是在很多互联网公司比较流行的一种做法，代理（包括服务发现和负载均衡逻辑）以客户库的形式被嵌入应用程序中。这种模式一般需要独立的服务注册中心组件配合，当服务启动时自动注册到服务注册中心并定期上报心跳，客户端代理则发现服务并进行负载均衡。

通过服务注册的方式，服务提供者先注册服务，服务消费者通过服务注册中心获取相应的服务。该模式将服务发现和负载均衡功能移动到服务消费者的应用内部，服务消费者根据自身的路由来获取相应的服务。这种模式的优点是不存在集中式代理的单点问题，也不存在负载均衡器的中间一跳，性能会比较好。但是这种模式有一个非常明显的缺点，就是具有非常强的代码侵入性，针对不同的开发语言，每个服务的客户端都得实现一套服务发现和负载均衡的库。

主机式代理是上面两种模式的折中，代理既不独立部署，也不嵌入客户应用程序中，而是作为独立进程被部署在每个主机节点上。一台主机上的多个服务消费者应用可以共享这个代理，实现服务发现和负载均衡。这种模式一般也需要独立的服务注册中心组件配合，其作用同 SDK 式代理模式。但这种模式的服务发现和负载均衡功能在主机中以独立进程的形式单独部署，所以解决了客户端多语言开发的问题。其唯一的缺点就是运维成本较高，每个主机节点都得部署代理。后面要介绍的服务网格的微服务的服务注册发现，大都是基于这种模式实现的。

上面介绍的三种服务发现模式各有优劣，具体如表 9-1 所示。它们没有绝对的好坏之分，可以认为它们是三种不同的风格，被应用在不同场景中。

表 9-1

模　　式	优　　势	劣　　势	适用场景	公司案例
集中式代理	● 运维简单 ● 集中治理 ● 与语言栈无关	● 配置麻烦 ● 周期长 ● 存在单点风险 ● 性能开销大	大中小规模公司，需要有一定的运维能力	ebay 携程 拍拍贷
SDK 式代理	● 无单点问题 ● 性能好 ● 语言栈统一	● 客户端复杂 ● 多语言麻烦 ● 治理松散	中大规模公司，需要语言栈统一	Twitter Finagle 阿里 Dubbo Netflix Karyon 新浪微博
主机式代理	折中方案	部署、运维复杂	中大规模公司，需要运维能力强	Airbnb SmartStack 唯品会 Istio Service Mesh

4．设计原则

SOA 描述了一种应用架构模式，应用中的组件以一种定义清晰的层次化结构相互耦合。SOA 能够将应用程序的不同功能单元，通过服务之间定义良好的接口和契约联系起来。SOA 使用户可以不受限制地重复使用应用组件及功能，将各种资源连接起来，只要开发人员选用标准接口包装旧的应用程序，将新的应用程序构建成服务，其他应用就可以很方便地使用这些功能服务。在 SOA 设计时需要遵循以下原则。

- 单一职责原则：每个服务有且只有一个被创建、修改的理由，也就是任何一个服务只对一个利益相关者负责。如果某个服务涉及多个利益相关者，那么就意味着需要将其拆分。

- 接口隔离原则：在接口设计过程中需要避免不必要的依赖，为不同类型的用户提供独立的接口。不同于上面的原则对功能实现分组，接口隔离原则是对不同用户提供接口拆分，但是实现可以被合并。

- 增量演进原则：为了使应用便于修改，SOA 建议采用新增接口的方式来修改服务行为，而非修改现有接口。增量演进原则确保了应用的扩展性，同时限制其修改所影响的范围，预先准备了后期的变更，实现向下兼容。

- 服务替换原则：如果希望可以替换服务，那么这些服务就必须遵守同一契约。一旦违背了服务替换原则，整个应用就不得不为代码的更新增添大量复杂的机制。

- 依赖反转原则：业务高层策略性服务不应该依赖底层基础服务，而应该让底层基础服务依赖高层策略性服务。建议高层服务使用应用抽象类型（如 Java 接口），而非多变的具体实现，因为接口或抽象类较为稳定，而具体实现会随运行环境而改变。

单一职责原则实现了代码的分组，接口隔离原则实现了接口层面使用的隔离，增量演进原则为每个服务的扩展做好了准备，服务替换原则为每个服务的替换做好了准备，依赖反转原则阐述了服务与服务之间的依赖关系。通过这五大原则，可以充分实现一个设计良好的 SOA 应用。

5. SOA 总结

上面我们介绍了 SOA 的使用场景、核心功能、设计原则等内容。

从功能架构上讲，SOA 以领域为中心，但有着较粗的服务粒度。SOA 的服务往往规模较大，相对于纯粹围绕领域概念的服务，单个 SOA 服务更像一个单体应用。虽然以领域为中心，但粗粒度的服务使每次变更的范围（开发、部署、升级）也更大。

从实现架构上讲，无论应用如何被分解为服务，SOA 的应用往往都会依赖底层的通用服务，如数据库、日志等。同时，SOA 往往会采用服务总线，其好处是可以通过总线来集成现有的服务，但缺点在于对服务总线增加了组件间的架构耦合，从而无法独立完成变更。与共享服务的耦合可以降低应用开发的门槛，在充分利用共享服务的同时，体现了一定的隔离性。

从运行架构上讲，在 SOA 中进行增量变更相对可行，每个服务都以领域为中心。因为应用的大多数变更都是围绕领域发生的，以服务为部署单元也保持了领域与部署的一致性。

总体来说，SOA 模式按照领域拆分，形成粒度较粗的服务。每个服务都有独立的技术栈，但严重依赖外部其他共享服务。其运行架构主体为各个服务，因此可以以服务为维度进行更新维护。

第 10 章

微服务架构

10.1 微服务架构简介

为了解决 SOA 模式的一系列问题，微服务架构模式应运而生。

大部分微服务架构都是分布式 SOA 的一种延伸，微服务架构与 SOA 模式都是以一系列服务的方式将应用组织起来的，但是微服务架构模式将应用分解为一组粒度更细的微服务，每个微服务都由一组专注的、内聚的功能职责组成。它将微服务作为模块化单元，通过微服务的 API 构建起对外无可逾越的边界，使外部无法越过 API 访问应用内部资源。这种微服务化的设计使整个应用更容易随着需求的变更而不断演化，同时每个微服务都可以使用诸如分层架构、六边形架构等不同的技术架构实现。

每个微服务都能够由小团队进行独立开发，并且交付时间短，与其他团队协作少。当一个微服务更新时，不会触发其他微服务的更新，从而实现真正的松耦合。微服务架构模式就是将这一系列松耦合的微服务组织在一起。

对所谓的微服务有两种理解：一是指架构模式，表示将单体应用拆分成多个小服务的应用设计模式；二是指应用被拆分之后的每一个小服务。为了避免混淆，本书将前者称作微服务架构或架构模式，而将后者称作微服务。对于微服务架构模式，需要考虑的问题涉及三个方面：

❑ 如何将应用拆分为微服务才能达到效果？此方面涉及微服务架构。

❑ 微服务的数量众多，对服务部署、上线、升级等操作如何进行统一管理？此方面涉及微服务治理框架。

❑ 当基于微服务的应用出现异常时，如何进行故障诊断？此方面涉及微服务应用的运维。

10.1.1 微服务与应用

从不同的视角来看，基于微服务架构的应用会呈现不同的状态。

○ 从应用运行的视角来看，如图 10-1 所示，云为应用提供了强有力的支撑，通过部署时
动态插入 Sidecar，对接云平台提供的基础设施和中间件产品，实现服务发现、负载均
衡、路由、加密、熔断、限流及日志监控等各种底层非业务功能，极大地减轻了应用
的负担，强化了应用的能力。

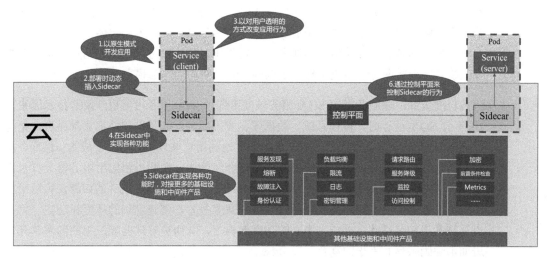

图 10-1

○ 从应用开发的视角来看，如图 10-2 所示，云原生应用仅需完成业务逻辑开发，然后采
用标准化的部署方式让应用上云，即可享受云计算的便利。

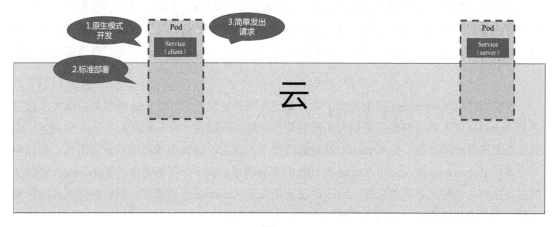

图 10-2

10.1.2　微服务架构与 SOA

相比传统的 SOA 模式，微服务架构模式有以下不同之处。

○ 无依赖、无共享：SOA 的设计理念是服务共享，但共享同时也是一种耦合的形式，开发人员为服务共享所付出的努力往往更大。代码的易用性与复用性往往成反比，为了实现复用性，开发人员必须为不同的使用场景添加特性，从而造成耦合。微服务架构的设计理念是领域的独立性，实现服务之间的解耦，避免复用。微服务架构使用功能复制的方式代替服务共享，采用领域实体的同步映射代替数据共享。因此，微服务架构是极度解耦的，其目标并不是追求共享，而是隔离不同领域的实体，使不同微服务内相似的实体独立。如果这些实体之间需要协作，则可以进行信息的同步。虽然复制有其缺点，但微服务利用复制抵消了过多耦合对架构的局部损害。

○ 服务粒度更细：微服务相比 SOA 服务粒度更细。SOA 服务粒度也涉及非技术因素，10 年前 SOA 盛行时，操作系统、数据库、应用服务器等基础软件都非常昂贵，架构师通过 SOA 这类"伪分布式"架构最大限度地利用这些软件，节约了成本。然而，从应用架构的角度来看，这也无意中造成了耦合（例如，在同一台应用服务器上打包多个 Web 资源）。但随着开源软件的发展，应用逐步摆脱了商业软件的束缚，可以更加便捷、以更低的成本构建高度隔离的架构（微服务），创建定制的环境和功能，将重点从技术架构转移到以领域为中心的功能架构上，从而更好地匹配应用的部署单元，进而消除因共享而带来的耦合。

10.1.3　微服务架构与容器编排

微服务架构将应用解耦拆分为细粒度的服务模块，而与微服务配套使用的容器技术，以其细粒度的管理模式为微服务提供了更有效的资源供给和管理，轻量化帮助微服务快速启动及伸缩，容器封装了每一个微服务的技术栈并实现了与运行平台解耦，因此容器是微服务的最佳载体。

容器编排器 Kubernetes 原生集成了许多微服务治理的功能，而如 Istio 等服务网格技术弥补了 Kubernetes 所不具备但微服务治理所需的其他功能。可以说，Kubernetes + Istio 实现了一套完整的微服务治理功能。Kubernetes 让资源调度变得自由，但微服务调度不是其所长，所以也不应该由 Kubernetes 实现。而以 Istio 为代表的服务网格，在平台层面提供了 Kubernetes 所缺少的但是微服务治理又必需的功能。Istio 的设计集成了 Kubernetes 的理念，耦合度低且高度抽象资源，两者完美结合，在低耦合和高性能之间达到了平衡。

微服务与容器完美结合，彻底打通了应用实现架构、运行架构与底层的系统资源。应用通过容器和微服务可以动态地调度它所需的资源，从而实现真正意义上的声明式 AaC（Application as Code）。

10.1.4　微服务架构与组织架构

Melvin Conway 在 1968 年发表的论文 "How Do Committees Invent" 中指出：系统设计的结构必定复制设计该系统的组织的沟通结构。简单来说，对于一个企业应用，应用架构等同于开发团队的组织形式。例如，当所有员工在同一地点工作时，其开发的应用倾向于非模块化；而当员工分散在不同的地点工作时，其开发的应用则倾向于模块化、低耦合。当一个小型团队负责应用的设计与实现时，团队内部可以进行频繁的沟通；而随着团队规模的扩大，工作地点分散，协调沟通成本急剧增加，最终各个地点不得不选择专门处理一部分工作，并在团队之间形成粗粒度的协调沟通。组织架构中的沟通路径会造就与之对应的粗粒度依赖，在模块之间形成边界。

如果团队分为前端团队、后端开发团队、DBA 团队，则应用也会随之分离。各个团队都会注重自身业务的效率优化，而很难改变职责之外的事情，导致各个组件无法高效协作。

建议新的组织架构围绕领域构建，如果团队是按照业务边界划分的，每个团队按照业务目标来开发自己的模块，那么整个应用的架构就会变成微服务架构。因为服务是围绕领域而不是技术栈来构建的，每个服务可能都会需要一个完整的跨职能运营团队，包括开发人员、业务分析师、DBA、Q&A 人员和运维人员等。

构建与目标应用架构相仿的团队结构，这样应用的落地会更容易些。开发组织和应用架构之间有一一映射关系，两者不对齐就会出现各种各样的问题。例如，在集中式和职能（业务、开发、质量保障、部署、运营）区分严格的企业中，很难推行微服务和 DevOps。这样的组织职能之间都倾向于局部优化，无法形成有效的合作和问题闭环处理，因此对微服务的更进一步推广必将会涉及企业的组织架构调整。

10.2　采用微服务架构的优势与难点

采用微服务架构有许多优势，具体如下。

○　敏捷性：微服务架构有助于更加敏捷地实现发布、更新和部署。使用微服务，修复 bug 和发布特性更易于管理，风险更小，可以在不重新部署整个应用的情况下更新微服务，并且在出现问题时可以回滚或前滚更新，也可以升级单个微服务而非整个应用，让升级粒度更细、发布变更的影响更小，使大型的复杂应用可以持续交付和持续部署。

- 自治性：每个微服务都可以独立开发，它们都有自己的代码库，由一个开发组开发、测试和部署。因为微服务的异构性，每个开发团队都可以选择合适的技术栈来实现其服务，根据具体目标选择最合适的技术。这样开发人员就可以专注于一个微服务，并且只关注相对较小的范围。这将提高生产效率和项目速度，提升持续创新能力和源码质量。

- 伸缩性：随着需求的不断增加，微服务需要跨多台服务器和基础架构进行水平扩展。

- 隔离性：每个独立的微服务都有较好的容错性，一个微服务发生内存泄漏不会影响其他微服务。如果一个微服务崩溃了，其影响不会传播到其他部分而导致应用发生灾难性故障，从而体现出一定程度的健壮性。隔离性使得微服务的耦合度更低、灵活性更强，与现有环境的集成代价更小，运维和管理成本更低。

当然，采用微服务架构在技术层面上也有一些难点，具体如下。

- 拆分：对应用进行微服务拆分是一种挑战，必须明确服务之间的依赖关系。由于服务之间存在依赖关系，当完成一个服务的构建时，可能会触发多个其他服务的构建。

- 测试诊断：由于微服务分布式的特性所造成的复杂性，使开发、测试和部署变得更困难，尤其是在测试不同的微服务是否协同工作时，需要避免使用复杂、缓慢、脆弱的端到端用例。现有的 IDE 对这类分布式应用的开发和联调也不友好。

- 部署运维：微服务的所有优点都是以运维复杂性作为代价的，部署和管理海量的微服务将成为一个难点，需要采用自动化的手段。

- 稳定性：采用微服务的应用内部有非常多的服务间调用，网络延迟或抖动就会造成应用不稳定。虽然不会出现像单体应用中一个模块损坏造成整个应用不可用的情况，但是这种不稳定仍可能会造成某个微服务不可用，进而影响调用它的其他微服务。

- 事务一致性：微服务的分布式架构应用不能像传统的单体应用一样，通过数据库原子性（Atomicity）、一致性（Consistency）、隔离性（Isolation）、持久性（Durability）来实现事务的一致性。应用微服务化分布式改造之后，有逻辑关联关系的多个数据库操作可能会被打散到集群内各个独立的微服务中，从而导致分布式环境下的事务一致性问题。而这往往需要额外采用分布式事务框架来解决微服务之间的数据一致性问题。

○ 落地门槛高：团队架构的改变和技术的提升很难一步到位，需要人力和物力的持续投入；同时对微服务技术带来的改变期望过高，而对企业组织的改革预估不足，觉得投入与收益在相当长的时间内不成正比，这就导致了微服务架构落地门槛十分高。

10.3　微服务架构详解

本节将从功能架构、技术架构和部署单元三个方面对微服务架构进行更详细的介绍。

10.3.1　功能架构

在分层的单体架构中，关注点在技术层面，包括应用的持久化存储、UI、业务规则等。如图 10-3 所示，由于单体架构是按照技术维度分层的，因此导致没有清晰的业务领域概念——业务领域概念会涉及展现层、业务规则和持久化存储等。由于分层架构的设计初衷不是容纳业务领域概念，因此，当应用的业务领域需求发生变更时，必须修改每一层。而在大部分应用场景中，变更往往是围绕领域概念进行的，如果架构还是按照技术分层的话，那么变更需求需要跨层进行协作，可见分层架构不具备演进性。

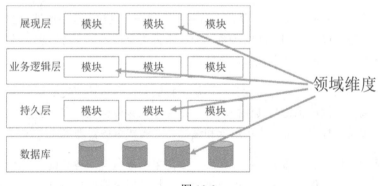

图 10-3

因此，业务领域建模就成了微服务应用功能架构的核心，每个微服务都围绕业务领域概念来定义，并将实现架构及其所依赖的其他组件（如数据库等）封装在该微服务中，从而实现了高度解耦。每个微服务都包含所有元素，并通过 REST 之类的协议与其他微服务通信。因为一个微服务不需要知道其他被调用的微服务的实现细节，从而避免了不当的耦合。每个微服务都通过无共享架构来实现低耦合，从而方便自身的变更。

10.3.2　实现架构

应用实现架构有整洁架构、六边形架构和分层架构三种，虽然这三种架构的展现方式以及解决问题的出发点不一样，但其架构思想与微服务架构高内聚、低耦合的设计原则高度一致。在设计时，不要把与领域无关的业务逻辑放在领域层，以免污染领域业务逻辑，保证领域层的纯洁，只有这样才能减少领域逻辑受外部变化的影响。

整洁架构的用例层、六边形架构的应用程序层以及分层架构的应用层都承担着应用逻辑管理的角色，通过服务组合和编排为前端提供粗粒度的服务。应用的需求会根据用户体验、操作习惯、市场环境以及管理流程的变化而变化，这往往会导致前端逻辑和流程的多变。但无论前端如何变化，核心领域逻辑基本保持稳定，从而在架构层面协调业务逻辑与应用逻辑。上述三种实现架构正是通过分层来控制需求变化对应用的影响的，从而确保从外向内受需求的影响逐渐减少。面向用户的展现层可以快速响应外部需求进行调整和发布，应用层通过服务组合和编排实现业务流程的快速适配上线，领域层基本不需要做太多的变动。这样设计的好处是，可以保证领域层的核心业务逻辑不会因为外部需求和流程的变化而发生调整。

对于基于微服务的应用，推荐使用整洁架构。

○ 业务实体层（领域建模）：它是微服务的核心所在，包含了业务所涉及的领域对象（实体、值对象）以及它们之间的关系。业务实体层负责表达业务概念、业务状态信息以及业务规则，具体表现形式就是领域模型。

○ 用例层（领域服务）：它与业务实体层进行交互，负责接口适配器层与业务实体层之间的协调，用例层也是与其他微服务进行交互的必要渠道。在用例层可以进行业务逻辑数据校验、权限认证、服务组合和编排、分布式事务管理等。

○ 接口适配器层（应用服务）：该层要尽量简单，不包含业务规则，也不保留业务对象的状态信息，只保留应用任务的进度状态。接口适配器层只负责为业务实体层和用例层中的领域对象协调任务、分配工作，使它们相互协作。同时，对于像数据库、缓存、文件系统等外部资源，则往往以服务形式对外提供资源服务，实现上层与底层的解耦。在设计时应考虑数据适配层的代码适配逻辑，一旦基础设施资源出现变更（如更换数据库），就可以屏蔽资源变更对领域模型的影响，切断业务逻辑对基础资源的依赖，减少对业务逻辑的影响。

○ 框架与驱动层（用户界面）：该层一方面负责向用户显示信息和解释用户命令，执行前端界面逻辑。这里的用户不一定是使用用户界面的人，也可以是另一个微服务。另一方面负责与底层基础设施进行交互，向其他层提供通用的技术能力，比如为领域层提供持久化机制（如数据库资源）等。该层主要包括两类适配代码：主动适配代码和被动适配代码。主动适配代码主要面向前端应用提供 API 网关服务，进行简单的前端数据校验、协议及格式转换适配等工作。被动适配代码主要面向后端基础资源（如数据库、缓存等），通过依赖反转为上层提供数据持久化和数据访问支持，实现资源层的解耦。

10.3.3　部署单元

部署单元的大小在很大程度上决定了应用的耦合性及灵活性。大的部署单元很难演进（如单体架构、SOA、ESB 架构等），因为每次变更都需要进行协调，而小的部署单元为低耦合的架构提供了很多方便。每个微服务都是一个部署单元，可以实现独立部署，确保在更新一个微服务时不会影响其他微服务，从而实现其演进式的架构目的。

严格按照领域拆分是微服务的一个关键原则，通过领域拆分对微服务进行隔离，使得每个微服务在技术上都能实现无共享架构。同时各微服务在物理部署上也都是分离的，并且在每个微服务中都封装了完整的实现架构，从而可以轻松地进行替换和演进。开发人员可以单独处理每个微服务，因为微服务都是高度解耦的。

总体来说，应用的每个微服务都是按照业务领域来拆分的。每个微服务都包含全技术栈服务，同时不推荐采用 SOA 中的共享服务模式。从部署的角度来看，每个微服务都是独立开发、部署的，为应用实现低耦合提供了方便。

10.4　设计原则

在微服务架构的设计过程中，首先需要通过统一的 API 网关对外提供服务，各微服务之间通过 REST 或 gRPC 协议通信。单个微服务可以调用多个不同的微服务来完成自己的功能，同时每个微服务都需要有自己独立的数据存储。微服务的部署、运维等需要通过自动化的手段来实现。

关于路由及负载均衡的内容，我们在 9.3.2 节讲解 SOA 相关内容时介绍过，这里不再赘述。

10.4.1　服务注册中心

一个服务可以有多个实例，但如何知道这个服务有哪些实例呢？为了减少手工维护的麻烦，需要有一个服务注册中心来完成相关的管理工作。每个服务实例启动时，都向服务注册中心注册自己的 IP 地址等信息。这样，当一个服务在调用其他服务的接口时，就可以通过服务注册中心查询到其他服务的实例，然后向该实例发起请求。

10.4.2　API 网关

API 网关往往是微服务应用的统一入口，在完成微服务的开发之后，还需要考虑哪些微服务的 API 需要公开。之所以需要 API 网关，其中一个原因是，如果让外部服务直接访问微服务，当微服务开发人员在迭代过程中更新、修改微服务的 API 时，会影响到调用这个微服务的外部服务，从而影响这个应用。另一个原因是，有些微服务会提供 gRPC 或 AMQP 等非 REST 协议，这往往会受限于防火墙而无法穿透，因此需要 API 网关对所有微服务向外部公开的 API 进行封装。

如图 10-4 所示，API 网关作为从防火墙外部进入应用的 API 请求的单一入口，负责请求路由、登录认证和协议转换。来自外部的所有请求先到达 API 网关，API 网关将一部分请求直接路由到相应的服务上。在有些场景中，API 网关使用 API 组合的模式处理其他请求，调用多个服务并聚合结果。API 网关还可以在客户端友好的协议与客户端不友好的协议之间转换。在微服务中，API 网关往往采用后端前置模式，为一组微服务提供独立的 API 网关。

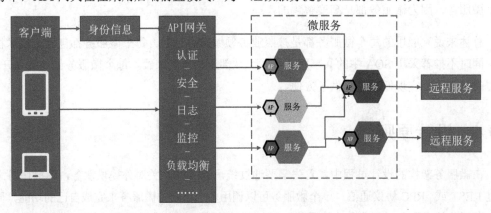

图 10-4

使用 API 网关的好处是它封装了应用的内部结构，外部不必调用特定的微服务，而是直接与 API 网关通信。前面所讲的应用实现架构的多层架构，在很多场景中都会基于 API 网关来实现业务层。

API 网关的功能包括：路由、负载均衡、统一认证和鉴权、监控、日志、限流降级等。API 网关的缺点是增加了部署和运维的复杂度，同时需要适配大量接口，导致难以维护。另外，因为通过 API 网关会在调用链增加一跳，所以会导致性能的下降。

在 API 网关中，所有的扩展都基于插件来实现，其中包括安全认证类插件、流量控制类插件、日志监控类插件、转换类插件等。API 和插件之间是多对多的关系，即一个 API 可以被作用于多个插件，同时一个插件也可以被应用在多个 API 上。插件本身类似于 AOP 横切，对服务请求消息的输入和输出进行拦截，在拦截到消息后进行相关的安全处理或管控处理。

10.4.3 跨服务通信

跨服务通信是微服务设计中一个需要关注的地方，通常通过同步的 REST 和 gRPC 或者异步的消息队列来实现。

1. 同步 REST

主流的微服务采用 REST 风格来开发 API，REST 的设计核心是资源，它通常表示单个业务对象，例如客户和产品或业务对象的集合。REST 使用 HTTP 动词来操作资源，使用 URL 引用这些资源。与 SOAP 不同，REST 最初没有 IDL（接口定义语言），但逐渐它也开始使用 OpenAPI 规范，OpenAPI 是从 Swagger 开源项目发展而来的。

REST 存在以下缺点：

○ 只支持同步请求/响应方式。

○ 在单个请求中无法获取多个资源。

○ 无法将较为复杂的操作映射到 HTTP 动词上。

如图 10-5 所示，以乘客打车服务为例，乘客通过手机客户端发起行程（POST），调用后台行程管理服务的标准接口（REST API）创建行程，行程管理服务通过游客 ID 调用乘客管理服务的标准接口（REST API）获得乘客身份信息。

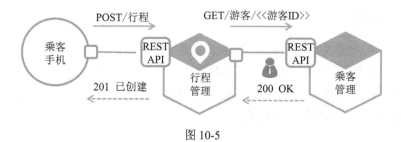

图 10-5

2. 同步 gRPC

REST 将操作映射到 HTTP 动词上，导致它对操作缺乏扩展性，而 gRPC 解决了这一问题。gRPC 是一个用于编写跨语言客户端和服务端的框架，它使用基于 Protocol Buffer 的 IDL 定义 API，是可以序列化结构化数据的一种中立机制。gRPC 具有以下优点：

○ 即使 API 本身功能较为复杂，使用 gRPC 也不会太过复杂。

○ 因其高效、紧凑的通信模式，而能支持大规模消息交换。

3. 异步消息队列

微服务采用通信机制代替了单体应用中编程语言级别的调用，但该通信机制与微服务应用的高可用有着密切的关系。尤其当微服务采用同步通信机制时，客户端必须等待服务端返回响应，这会给应用的可用性带来影响。因此，应尽可能选择异步通信机制来处理服务间的调用。常见的是采用异步消息队列来实现服务间的通信，其优势如下。

○ 松耦合：客户端在发送请求时只发送给消息队列，客户端完全不需要知道服务实例的情况，也不需要使用服务发现机制来获取服务实例的网络位置。

○ 消息缓存：消息代理可以在消息被处理前一直缓存消息。但在使用像 REST、gRPC 这样的同步请求来交换数据时，必须保证服务端和客户端都在线。

但采用异步消息队列也存在诸如性能瓶颈、单点故障等潜在的问题。

10.4.4   API 设计

在单体应用中，因为应用独享数据库，所以实现诸如查询等操作相对简单。为了实现不同数据的聚合，可以通过执行 SQL 语句中的 join 来关联各个相关表。而在微服务架构中，因为所涉及的数据可能分布在多个微服务所拥有的数据库中，所以接口的设计和编写就变得很复杂。

1. API 组合模式

常见的 API 组合模式如图 10-6 所示，客户端调用拥有数据的多个微服务，并组合服务返回结果。一般在实际操作过程中会创建一个单独的 API 组合服务来实现 API 组合的功能，对内调用各个微服务，对外提供标准的 REST 查询接口。API 组合服务会尽可能并行调用各个微服务，最大限度地缩短查询等操作的响应时间。

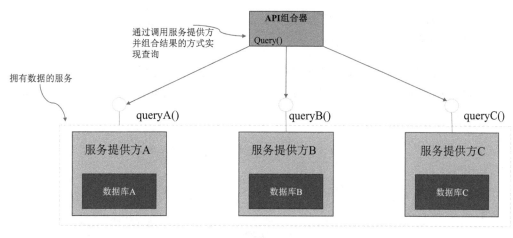

图 10-6

API 组合的缺点在于它需要调用多个微服务和查询多个数据库，这带来了额外的开销，需要更多的计算和网络资源，也相应增加了运行应用程序的成本。同时因为 API 组合需要调用多个微服务，所以它的可用性也会随着所涉及服务数量的增加而降低。虽然可以通过缓存等方式来提升性能及可用性，但这仍然是一大隐患。另外，单体应用通常使用一个数据库事务执行查询等操作，即使它执行多个数据库查询，数据库的 ACID 事务属性也可以确保应用具有一致的数据视图。而通过 API 组合模式，因为数据分布于不同的微服务中，所以可能会造成数据的不一致。

2. CQRS 模式

CQRS（Command and Query Responsibility Segregation）比 API 组合模式更强大，但也更复杂，它在提供接口的客户端维护一个或多个只读视图数据库，这类视图数据库的唯一目标就是支持查询类调用。CQRS 使用事务来维护从多个微服务复制而来的只读视图，借此来实现对多个微服务的数据查询。如图 10-7 所示，CQRS 将持久化数据的使用分为两个部分：修改更新类和查询类。涉及查询类的微服务独自位于视图数据库中，通过订阅事件的方式与源数据库同步，视图数据库会订阅相关领域事件并更新数据库，从而确保视图数据库不断更新。

CQRS 一般包括 4 个子模块。

○　查询 API：提供查询服务。

○　事件处理程序：负责订阅、处理一个或多个服务发布的事件来更新数据库。

○　数据库访问：实现数据库访问逻辑，查询 API 与事件处理程序都会使用该模块来更新和查询数据库。它往往采用数据访问对象（DAO），把上层代码映射到数据库 API 使用的数据类型上。

○ 视图数据库：负责持久化相关领域模型的视图。NoSQL 往往是 CQRS 的最好选择，因为它不受 NoSQL 事务处理能力的限制，只需要提供简单的事务并行执行固定查询即可。

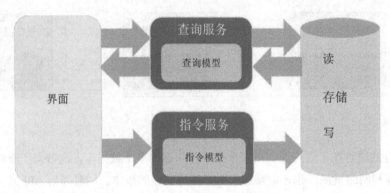

图 10-7

独立的查询模型可以用来处理查询场景，查询模型往往比修改更新模型简单得多，因为它不需要负责实现具体的业务逻辑。尤其在微服务中，可以高效地实现跨微服务的查询。使用 CQRS 视图将会更加有效，因为该方法通过视图数据库预先加载了来自源数据库的数据。CQRS 使用专有视图数据库来避免单个数据库的限制，每个视图数据库都有效地实现特定的查询，因为相关的微服务不必同时处理修改更新类和查询类操作，从而大大增强了隔离性。

CQRS 的缺点在于开发人员必须编写修改更新和查询两类操作的代码，因此大大增加了运维成本。另外，由于数据库间实时同步的差异，也会造成数据一致性的缺陷。

10.4.5　数据一致性处理

数据一致性是分布式系统中最需要解决的问题，需要在时效性和准确性之间进行抉择，不同场景需要不同的处理方式。一般有以下几种处理方式。

1. ACID 强一致性模型

如图 10-8 所示，传统的单体应用普遍采用共享单一数据库的模式，所以只需要在数据库层面遵循 ACID 理论，即可保证整个应用数据的一致性。

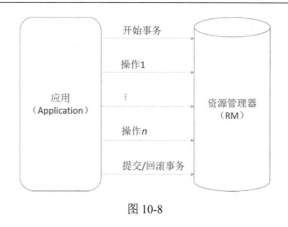

图 10-8

2. CAP 原理

在只访问一个数据库的单体应用中，事务管理较为明朗，因为可以通过数据库 ACID 特性来保障事务的完整。而在微服务架构下，事务往往需要横跨多个微服务，每个微服务都有自己的数据库。当对应用进行微服务拆分之后，对于更新多个微服务所拥有的数据的操作，传统的事务处理已经无法满足要求，所以需要更为高级的事务管理机制。

分布式系统的最大难点在于各个节点的状态如何同步。为了解决这个问题，Eric Brewer 提出了分布式系统的三个指标：一致性（Consistency）、可用性（Availability）和分区容错性（Partition tolerance）。Eric Brewer 认为，这三个指标不可能同时做到，这个结论就叫作 CAP 定理。

- ❍　一致性（C）：在分布式系统中，对于分布在不同节点上的数据，如果在某个节点上更新了数据，在其他节点上若能读取到这个最新的数据，那么就称为强一致性。如果有节点没有读取到这个最新的数据，那么就认为分布不一致。一致性表示所有节点都能访问同一份最新的数据副本。

- ❍　可用性（A）：对于分布式系统的任何一个节点，只要接收到用户的请求就必须立刻做出回应，不允许有时间上的延迟，这是对节点高可用的要求。非故障节点应该在合理的时间内返回合理的响应，而不是返回错误的和超时的响应。可用性的两个关键，一个是合理的时间，一个是合理的响应。合理的时间指的是请求不能无限被阻塞，节点应该在合理的时间内返回响应。合理的响应指的是应该明确返回结果，并且结果是正确的。

- ❍　分区容错性（P）：在分布式系统中，每个独立子网络都是一个分区，当分区之间的网络出现抖动时，系统整体仍能够继续工作，则称这个分布式系统具有分区容错性。这个特性有点类似于在集群模式下，集群中有多台服务器，即使某台服务器的网络出现了问题，这个集群也仍然可以正常工作。

传统应用采用集中式架构，因为不存在分区，所以可以同时确保一致性和可用性。在分布式系统中，因为分区无法避免，所以可以认为 CAP 中的 P（Partition tolerance，分区容错性）总是存在，而 CAP 中的 C（Consistency，一致性）和 A（Availability，可用性）无法同时满足。所以在进行应用系统设计时应该考虑到这种问题，只能选择一个目标。如果追求一致性，那么就无法保证所有节点的可用性，ZooKeeper 的实现其实就是保证了一致性和分区容错性；如果追求所有节点的可用性，那么就没法做到一致性，大部分分布式应用的设计都选择这种模式，下面提及的 BASE 原理也是在满足可用性和分区容错性的基础上扩展出来的。

3. BASE 原理

BASE 是 Basically Available（基本可用）、Soft state（软状态）和 Eventually consistent（最终一致性）的缩写，是对 CAP 中 AP 的扩展。其核心理念如下。

- 基本可用：当分布式系统出现故障时，允许损失部分可用功能，保证核心功能可用。

- 软状态：允许系统中存在中间状态，这个状态不影响系统可用性，但会损失部分一致性。

- 最终一致性：是指经过一段时间后，所有节点数据都将达到一致。

BASE 解决了 CAP 中没有考虑到的网络延迟问题，在 BASE 中用软状态和最终一致性来保证延迟后数据的一致性。BASE 与 ACID 的理念是相反的，ACID 秉持的是一种强一致性的理念，而 BASE 原理则是通过牺牲强一致性来获得可用性的，并允许数据在一定时间内是不一致的，但最终达到一致状态。

4. 分布式事务

在多个微服务、数据库和消息代理之间，维护数据一致性的传统方式是采用分布式事务。分布式事务就是指事务的参与者、支持事务的服务器以及事务管理器分别位于不同的节点上。每次事务操作都由不同的小操作组成，这些小操作分布在不同的节点上且属于不同的微服务。分布式事务需要保证这些小操作要么全部成功，要么全部失败。本质上，分布式事务就是为了保证不同数据库的数据一致性。

分布式事务的问题在于许多新技术如 NoSQL、RabbitMQ、Kafka 都不支持它，同时它本质上是将不同进程间的通信进行同步，但这会大大降低系统的可用性。为了让一个分布式事务完成提交，所有参与事务的服务都必须同时可用。例如，用户的资产可能分为多个部分，如余额、积分、优惠券等。其中积分功能由一个微服务提供，优惠券功能由另一个微服务提供，这样就无法保证积分扣减之后，优惠券能否扣减成功。可见，这种分布式事务影响了用户资产管理这个服务的可用性。

分布式事务有 2PC 分布式事务、TCC 分布式事务、本地消息表、MQ 分布式事务和 Saga 几种处理方式。

（1）2PC 分布式事务

2PC（Two-Phase Commit）分布式事务采用两阶段提交来保证事务中的所有参与者同时提交，或者在提交失败时同时回滚。如图 10-9 所示，在 2PC 协议中分为两个阶段。

- 第一阶段：请求/表决阶段。分布式事务的发起方在向分布式事务协调者（Coordinator）发送请求时，分布式事务协调者首先会向参与者（Partcipant）节点 A 和节点 B 分别发送事务预处理请求，这个过程称之为 Prepare（预处理），目的是向参与者节点确认"这件事你们能否处理成功"。此时所有参与者节点会开始执行对应的本地事务，但在执行完成后并不会立刻提交本地事务，而是先向分布式事务协调者反馈可行性。当所有的参与者节点都向分布式事务协调者做了"Vote Commit"的反馈后，此时流程就会进入第二阶段。

- 第二阶段：提交/执行阶段。

  - 正常流程：如果所有参与者节点都回复分布式事务协调者确认可以处理，那么分布式事务协调者就会向所有参与者节点发送"全局提交确认通知（global_commit）"，即要求所有参与者节点进行本地事务提交。此时参与者节点就会进行本地事务提交，并回复 ACK 消息给分布式事务协调者，然后分布式事务协调者就会向调用方返回分布式事务处理完成的结果。

  - 异常流程：在第二阶段，除所有的参与者节点都反馈 ACK 的情况外，也会有节点无法处理本地事务，此时参与者节点就会向分布式事务协调者反馈"VoteAbort"，分布式事务协调者就会向所有的参与者节点发起事务回滚消息"globalrollback"。各个参与者节点回滚本地事务，释放资源，并且向分布式事务协调者发送 ACK 确认消息，分布式事务协调者就会向调用方返回分布式事务处理失败的结果。

2PC 协议比较简单，系统开销小。但其存在单点问题，不能支持高并发（由于同步阻塞）是其最大的问题。

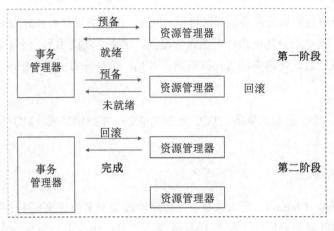

图 10-9

（2）TCC 分布式事务

关于 TCC（Try-Confirm-Cancel）的概念，最早是由 Pat Helland 在 2007 年发表的"Life beyond Distributed Transactions: an Apostate's Opinion"论文中提出的，如图 10-10 所示。

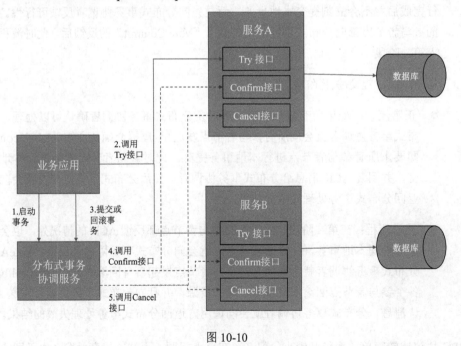

图 10-10

○ Try（尝试）阶段：尝试执行，完成所有业务检查（一致性），预留必需的资源（准隔离性）。

○ Confirm（确认）阶段：执行真正的业务，不做任何业务检查，只使用 Try 阶段预留的资源。Confirm 操作满足幂等性，因为 Confirm 操作失败后需要进行重试。

○ Cancel（取消）：取消执行，释放 Try 阶段预留的资源。Cancel 操作满足幂等性，Cancel 阶段和 Confirm 阶段的异常处理方案基本一致。

举一个简单的例子，如果要用 100 元买一瓶水：

○ Try 阶段：需要检查钱包中是否够 100 元并锁住这 100 元（此为第一个服务），同时要求商店锁住这瓶水（此为第二个服务）。

○ 如果都成功，则进入 Confirm 阶段：执行 Confirm 操作，确认扣除这 100 元，并确认这一瓶水出售成功。如果 Confirm 操作失败，无论什么原因导致的失败都要进行重试（会依靠活动日志进行重试）。

○ 如果有一个失败了，则进入 Cancel 阶段：执行 Cancel 操作，不再占有钱包中这 100 元以及商店中这一瓶水。如果 Cancel 操作失败，无论什么原因导致的失败都要进行重试，所以需要保持幂等性。

TCC 适用于有强隔离性、严格一致性要求的活动业务，往往业务执行时间较短。

需要分布式处理的任务将通过本地消息表以消息日志的方式来异步执行。消息日志可以被存储到本地文件、数据库或消息队列中，再通过业务规则自动或人工发起重试。

（3）本地消息表

本地消息表的核心是把复杂事务转变为简单事务。还是以买水为例：

在扣钱的时候，需要在扣钱服务器上新增一个本地消息表，把"扣钱"和"减去水的库存"操作放入同一个事务中。此时会有一个定时任务来轮询本地事务表，进行监督并执行没有发送的请求。例如，把没有发送的消息发送给商品库存服务器，执行"减去水的库存"操作。

消息到达商品库存服务器之后，需要先写入这台服务器中的事务表，然后进行扣减。扣减成功后，更新事务表中的状态。商品库存服务器通过定时任务扫描消息表或直接通知扣钱服务器，扣钱服务器中的本地消息表更新状态。

本地消息表遵循 BASE 理论，适用于对一致性要求不高的场景。实现这个模型时需要注意重试的幂等性。

（4）MQ 分布式事务

在 MQ（Message Queue，消息队列）中实现分布式事务，实际上是对本地消息表进行封装，然后将本地消息表移动到集中的 MQ 内。例如，如图 10-11 所示，在 MQ 中实现分布式事务的基本流程如下。

- 第一阶段：准备好消息，获得消息的地址。

- 第二阶段：执行本地事务。

- 第三阶段：通过第一阶段获得的地址访问消息，并修改状态，消息接收者就能使用这个消息。

- 第四阶段：如果确认消息内容执行失败，那么 MQ 在定时消息时就会发现其状态没有更新。如果有消息没有更新到确认状态，MQ 就会向消息发送者发送消息，以消息发送者的回复来判断是否提交这个分布式事务。

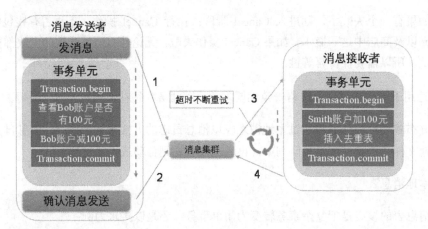

图 10-11

（5）Saga

跨微服务的事务操作还可以使用 Saga 来维护数据的一致性。使用 Saga 时存在的问题是，Saga 只满足 ACD 特性，而缺乏 I 特性，即隔离性，所以必须使用额外的对策来防止或减少因此而导致的异常。Saga 是一种在微服务架构中维护数据一致性的机制，它由一系列本地事务组成，使用消息机制协调一组本地事务的序列。每个本地事务都负责更新其所在微服务的本地数据库。Saga 通过使用异步消息来协调一系列本地事务，从而维护微服务间的数据一致性。

当一个本地事务执行完成时，这个本地事务所在的微服务会发布消息并触发 Saga 中的下一个本地事务。使用异步消息模式不仅可以确保 Saga 参与方之间的松耦合，还可以保证 Saga 的完成度。如果某个服务暂不可用，消息代理会缓存消息，直到消息被处理为止。Saga 事务协调器负责对常规事务和补偿事务的执行排序。当启动 Saga 时，协调逻辑必须异步调用第一个 Saga 参与方执行本地事务。一旦事务执行完成，Saga 协调逻辑就会选择并异步调用下一个 Saga 参与方，直到 Saga 执行完所有步骤。任何一个本地事务执行失败，Saga 都必须以相反的顺序执行补偿事务，从而显式地实现回滚。Saga 的核心思想是将长事务拆分为多个本地短事务，由 Saga 事务协调器协调。如果正常结束，那么就是正常完成了；如果某个步骤失败，则需要以与事务执行顺序相反的顺序依次调用各个本地事务的补偿操作。

每个 Saga 事务都由一系列子事务（sub-transaction）Ti 组成，每个 Ti 都有对应的补偿操作 Ci，补偿操作用于撤销 Ti 造成的结果，每个 Ti 都是一个本地事务。和 TCC 相比，Saga 没有"Try（尝试）阶段"操作，它的 Ti 被直接提交到库，而通过补偿操作 Ci 来弥补失败。Saga 事务的执行顺序如下：

○ $T1, T2, T3, \cdots, Tn$

○ $T1, T2, \cdots, Tj, Cj, \cdots, C2, C1$，其中 $0 < j < n$

需要注意的是，在 Saga 模式中不能保证隔离性，因为没有锁住资源，其他事务依然可以覆盖或影响当前事务。还是拿用 100 元买一瓶水的例子来说，如图 10-12 所示，这里定义：

○ T1=扣 100 元，T2=给用户加一瓶水，T3=给库存减一瓶水

○ C1=加 100 元，C2=给用户减一瓶水，C3=给库存加一瓶水

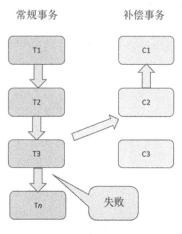

图 10-12

依次机行 T1、T2、T3，如果发生问题就执行补偿操作。上面提及的不能保证隔离性可能会导致：如果执行到 T3 时需要回滚，但是此时用户已经把水喝了（另外一个事务），回滚时就会发现无法给用户减一瓶水了。这就是因为缺乏事务的隔离性。

第 11 章

微服务框架

11.1 微服务架构与微服务框架

针对前面讲到的微服务架构的种种难点，尤其当应用的微服务达到成千上万个时，对这些微服务进行治理就需要一套完整的框架。微服务架构将一个应用拆分成很多微服务，从而使得需要维护的对象从一个应用变成了多个服务。而当维护的对象变多之后，一旦出现问题，就很难定位。部署一个微服务应用也很复杂，而部署传统的单体应用，只需要在负载均衡器后面部署各自的服务器，再给每个应用实例都配置诸如数据库和消息中间件等基础服务即可。一个微服务应用由大量微服务构成。根据 Adrian Cockcroft 的分享，我们知道 Hailo 由 160 个不同的微服务构成，而 Netflix 则有超过 600 个微服务，而且每个微服务都有多个实例，这就需要进行大量的配置、部署、扩展和监控的工作。除此之外，还需要提供服务发现机制来发现与各个微服务的通信地址（包括服务器地址和端口），以便被其他微服务调用。可见，成功部署一个微服务应用需要有足够的部署控制方法，并实现高度自动化的部署和运维。大规模分布式应用有一个共性：局部故障累积到一定程度就会造成应用层面的灾难。说到这里，就不得不提到另外一个概念：微服务框架。注意，微服务框架不是微服务架构。微服务框架就是在底层的负载达到上限之前，通过分散流量和快速失效来防止这些故障破坏整个应用的一种技术工具。

微服务框架并非新出现的工具，在之前介绍的实现架构——三层架构模式中有应用逻辑层、服务逻辑层和存储逻辑层，层与层之间的交互其实也是一种原始的通信管理框架。层与层之间的交互虽然复杂，但范围有限，毕竟一个请求最多只需要两个跳转。这里不存在"网格"，但仍然存在跳转通信逻辑。随着层数的增加，这种管理架构就显得力不从心了。像 Google、Netflix、Twitter 这样的公司面临着大规模流量的需求，它们实现了微服务架构。应用层被拆分为多个微服务，层级之内和之间形成一种多对多的拓扑结构。这样的应用需要一个通用的通信层，其往往以一个"富客户端"包的形式存在，如 Twitter 的 Finagle、Netflix 的 Hystrix 和 Google 的 Stubby。虽然这些框架对外围环境有一些细节要求，并需要使用特定的语言和框架，但它们可以用于管理服务，以服务通信专用基础架构的形式在其原公司之外使用。

现代的微服务框架将这类轻量级的服务（微服务）与容器（提供资源隔离和依赖管理的 Docker）和将底层硬件抽象为同质池的编排器（Kubernetes）相结合，这三个组件允许应用程序原生地在负载下进行缩放，并处理云环境中永久存在的局部故障。但是，这种场景涉及数量众多的微服务，单个请求通过服务拓扑所得到的对目标的访问路径可能非常复杂。同时由于容器中每个服务都可能使用不同的开发语言，这使得管理微服务的难度越来越大。因此，从应用程序代码中分离服务管理相关代码，以便形成独立的微服务治理功能势在必行。整套微服务框架主要是在基础设施层面实现微服务治理功能的。

11.2　核心功能

当应用的微服务拆分完毕后，微服务之间的关系就更加复杂了，因此需要诸如服务注册发现、自动修复、自动关联、自动负载均衡、自动容错切换等微服务治理功能。

11.2.1　服务注册发现

如图 11-1 所示，当服务越来越多时，经常会出现一个服务被多个服务调用，或者一个服务调用多个服务的情况，服务间的关系需要调谐，那么微服务的注册发现就必不可少。微服务的注册发现是指应用的客户端与服务端的服务注册表进行交互，整个交互过程分为服务端的自注册和客户端的发现两个步骤。服务端的自注册是指服务实例向服务注册表注册，而客户端的发现是指客户端从服务注册表检索可用服务实例，并在它们之间进行负载均衡。同时服务注册表会定期调用服务 API 所提供的"运行状态检测"端点，来验证服务实例是否正常且处于可用状态。有时服务注册表还可能要求服务实例定期调用"心跳"API，以防止其注册过期。

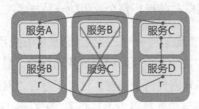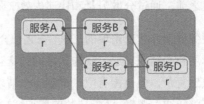

图 11-1

Eureka 是 Netflix 开源的一个高可用服务注册表，Eureka Java 的客户端 Ribbon 是一个支持

Eureka 客户端的复杂 HTTP 客户端。另外，在诸如 Kubernetes 的平台中，已经原生地集成了服务注册发现机制。作为客户端的某容器实例向 DNS 和 VIP 发送请求，Kubernetes 平台自动将请求路由到其中一个可用的服务实例上。因此，服务注册发现和请求路由完全由平台来实现。在此过程中，服务的注册由平台完成，客户端服务的发现不再需要查询服务注册表，而是向 DNS 发送请求。对该 DNS 的请求被解析到路由器，路由器查询服务注册表并对请求进行负载均衡。由平台提供服务注册发现机制，好处是所有过程由平台处理，服务端和客户端不包含服务注册发现代码。因此，无论在哪种开发语言或框架下，服务注册发现机制都可以使用。

11.2.2　服务负载路由

在实施微服务的过程中，不免要面对服务的聚合与拆分。当后端服务的拆分相对比较频繁时，前端服务往往需要一个统一的入口，将不同的请求负载均衡路由到不同的后端服务，无论后端服务如何聚合与拆分，对于前端来讲都是透明的。如图 11-2 所示，有了 API 网关以后，简单的数据聚合可以在网关层完成，同时还可以进行统一的认证和鉴权。尽管服务之间的相互调用比较复杂，接口也比较多，但 API 网关往往只暴露必需的对外接口，并且对接口进行统一的认证和鉴权，使得内部的服务相互访问时不用再进行认证和鉴权，效率会比较高。有了统一的 API 网关，还可以在这一层设置一定的策略进行 A/B 测试、蓝绿发布、预发布环境导流等。API 网关往往是无状态的，可以横向扩展，从而不会成为性能瓶颈。

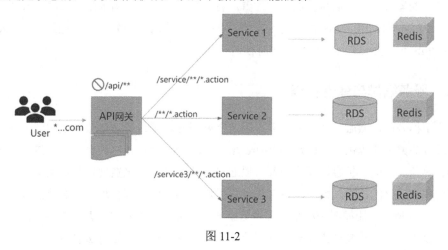

图 11-2

例如，Netflix Zuul 就是一个典型的 API 网关，其核心是一个 Servlet，通过 Filter 机制实现。Zuul 主要分为三类过滤器：前置过滤器、过滤器和后置过滤器。这些过滤器可以动态插拔，也就是说，增加或减少过滤器，直接修改，不用重启整个 API 网关即可生效。其原理是通过一个数据库维护过滤器，如果增加过滤器，就将新的过滤器编译完成后 Push 到数据库中。有一个线程会定期扫描数据库，当发现新的过滤器后，会将其上传到网关的相应文件目录下，并通知过滤器负载重新加载相应的过滤器。从 HTTP Request 开始经过三类过滤器，最终完成 HTTP Response，这就是 Zuul 网关的整个调用流程。

11.2.3　统一配置

将应用拆分后微服务数量众多，如果将所有微服务的配置都以配置文件的形式存放在应用本地，则将难以管理。可以想象，当成百上千个进程中有一个配置出现了问题时，是很难将它找出来的，因此需要一个配置中心来管理所有的配置，进行统一的配置下发。如果配置项发生变更，配置中心会通过通知服务告诉各个微服务实例关于配置项的变更情况，各个微服务实例收到配置项变更的通知后，使新的配置项生效，这样就实现了应用的动态更新。

微服务中的配置往往分为三类：第一类是几乎不变的配置，这种配置可以被直接打包在容器镜像文件中；第二类是启动时确定的配置，这种配置往往通过环境变量在容器启动时传进容器中；第三类就是统一的配置，需要通过配置中心进行下发。如果将配置写到配置文件中，那么当遇到修改配置的情况时成本会很高，并且没有配置修改的记录，出问题很难追溯。使用配置中心可以直接解决以上问题，可配置内容包括数据库连接、业务参数等。配置中心就是一个Web 服务，配置人员通过后台页面修改配置，各个服务就会得到新的配置参数。其实现方式主要有两种：Push 和 Pull。这两种方式各有优缺点：Push 实时性较好，但是遇到网络抖动时会丢失消息；Pull 不会丢失消息，但是其实时性差一些。

11.2.4　服务编排与弹性伸缩

将应用拆分后，微服务就会非常多，因此需要服务编排来管理微服务之间的依赖关系，以及将微服务的部署代码化，也就是 Infrastructure as Code（基础设施即代码）。这样一来，服务的发布、更新、回滚、扩容、缩容等都可以通过修改编排文件来实现，从而增加了可追溯性、易管理性和自动化的能力。既然编排文件也可以用代码仓库进行管理，那么就可以实现部分升级。如图 11-3 所示，比如在 100 个服务中更新 5 个服务，只需要修改编排文件中的 5 个服务的配置就可以了。当编排文件提交时，代码仓库会自动触发自动部署升级脚本，从而更新线上的环境。当发现新的环境有问题时，可以将这 5 个服务原子性地回滚。如果没有编排文件，则需要人工记录这 5 个服务。而有了编排文件，只要在代码仓库中执行回滚操作，就可以恢复到上一个版本。所有操作在代码仓库中都是可以看到的。

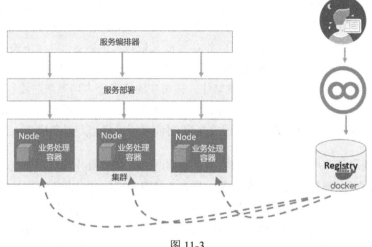

图 11-3

编排一般分为资源编排和服务编排两类。资源编排定义所需的物理资源（如主机、CPU、内存、VPC、路由表、磁盘等），其对应 Infrastructure as Code。服务编排以服务为中心，定义服务的弹性伸缩、灰度发布、滚动升级、资源配置等功能组合，其对应 Application as Code。具体来说，编排包括批量部署、优雅启停、弹性伸缩。

11.2.5　流量管控

当微服务数量越来越多时，需要一种服务治理机制对所有微服务进行统一管控，保障微服务的正常运行。微服务治理覆盖整个生命周期，从微服务建模、开发、测试、审批、发布到运行时的管理及下线。而微服务中的服务治理主要是指运行时的治理，除了前面所讲的配置、健康检查等，还包括断融、限流、降级等流量管控。

○ 断融：是指一个远程微服务调用在连续失败次数超过指定的阈值后的一段时间内会拒绝其他调用。例如，Spring Cloud 的 Hystrix 就为保护服务依赖提供了熔断机制的开源库。

○ 限流：通过全链路的压力测试，应该能够知道整个应用的支撑能力，因此制定了限流策略，保证应用处理请求处于其支撑能力范围内，超出其支撑能力范围的请求处理可被拒绝。例如，使用下单服务时弹出对话框，显示"系统忙，请重试"，这并不代表下单应用停止服务了，而是限流策略起到了作用。

○ 降级：是指当发现整个应用服务负载过高时，可以选择降级某些功能来保证最重要的交易流程正常工作，以及最重要的资源全部用于保证最核心的流程。假设服务 A 依赖服务 B 和服务 C，而服务 B 和服务 C 可能又依赖其他服务，继续下去会使得调用链路过长。如果在服务 A 后续的链路上某个或某几个被调用的微服务不可用或者延迟较高，则会导致调用服务 A 的请求被堵住。被堵住的请求会占用系统的线程、I/O 等资源，当该类请求越来越多时，占用的资源就会越来越多，从而导致系统出现瓶颈，造成其他请求同样不可用，最终导致业务应用崩溃，所以应当及时将服务 A 降级。

在分布式微服务应用中，当一个微服务企图调用另一个微服务发送同步请求时，会面临着局部故障的风险。局部故障会导致客户端一直处于等待响应状态，从而造成访问阻塞，进而影响整个应用的可用性。当一个微服务调用另一个微服务超时时，应该及时返回而非阻塞在那里，避免影响其他微服务。当一个微服务发现被调用的微服务因过于繁忙、线程池满、连接池满或总是出错时，应该及时熔断，防止下一个微服务错误或繁忙导致本服务不正常，进而逐渐往前传导导致整个应用崩溃。

11.2.6　可观察运维

1. 健康检查

服务实例需要告诉微服务框架它是否可以处理请求，而微服务框架一般会调用服务提供的健康检查 API，如 GET /health 来返回服务实例的状况。

2. 统一日志聚合

对于故障排查，日志是必不可少的。由于微服务众多使其日志分散在不同的地方，因此需要通过日志聚合在支持搜索的集中式数据库中聚合所有微服务的日志。日志聚合将所有服务实例的日志发送给集中式日志服务器。在日志服务器中存储日志后，我们可以查看、搜索和分析日志，还可以配置在日志中出现某些消息时触发告警。在基于容器、Kubernetes 的微服务应用中，通常每个微服务实例的日志不是存储在服务实例的日志文件中的，而是应当把日志输出到stdout，由微服务框架决定如何处理。

3. 监控告警

如图 11-4 所示，监控系统从技术栈的每个部分收集指标，这些指标提供有关应用程序健康状况的关键信息。这些指标涵盖的范围从基础设施的相关指标（如 CPU、内存、磁盘等）到应用级别的指标（如服务请求延迟时间和执行请求数等）。监控服务收集各类指标，将指标数据发送给负责聚合、可视化和告警的中央监控服务。

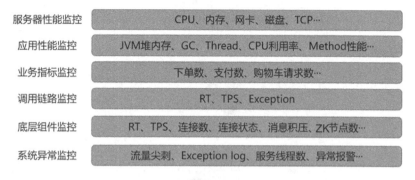

图 11-4

目前主流监控系统采用 Pull 模型，监控服务调用各个微服务的监控 API，从微服务实例检索指标信息。例如 Prometheus，该服务会定期轮询指定端口以检索指标。将指标数据保存在 Prometheus 中，可以通过可视化工具 Grafana 查看。

4. 全链路追踪

全链路追踪把一个请求从进入微服务应用到返回过程中的相关数据，包括函数性能、错误日志、异常堆栈、访问缓存、数据库性能等数据联合起来，形成一个诊断闭环。其目的是当一个请求经过多个微服务时，可以通过一个固定值获取整条请求链路的行为日志，基于此可以进行分析等，衍生出一些性能诊断的功能。全链路追踪的首要目的就是问题定位，出了问题需要快速定位到发生异常的微服务，了解整个请求的链路是怎样的。

常用的轻量化解决方案是在日志中打印 RequestId 和 TraceId 来标识链路。请求（Request）在网关（Gateway）上会生成唯一的 RequestId，并在后续调用其他微服务时一直透传该 RequestId，保证这个请求在整个应用的处理过程中通过该 RequestId 可以把所有相关数据串联起来。同时还会使用到 TraceId，TraceId 相当于二级路径，在 TraceId 刚生成时，它与 RequestId 一样，但进入线程池或者消息队列后，TraceId 会增加标记来标识唯一一条路径。

如图 11-5 所示，就是用户购物时全链路追踪的示意图，展示了购物时整条链路上的服务和所用时间。

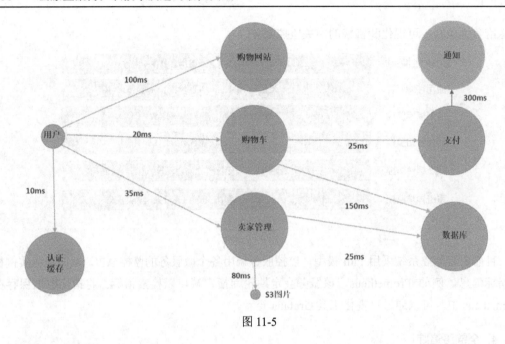

图 11-5

11.3　框架分类

微服务框架一般可分为业务处理框架、SDK 框架和服务网格三类。

11.3.1　业务处理框架

整个微服务框架的发展经历了三个阶段。在其发展初期，通常将一些技术手段如负载均衡、服务发现、分布式追踪等与业务逻辑代码封装在一起，使得应用具有处理网络弹性逻辑的能力。但结果是应用中除了业务逻辑，还混杂了一堆非业务代码。该模式如图 11-6 所示。

这种模式非常简单，但是从应用架构的角度来看，它有如下缺点。

❑　耦合性高：每个应用都需要封装负载均衡、服务发现、安全通信以及分布式追踪等功能。

❑　资源利用率低下：对于不同的应用需要重复实现一些共性功能。

❑　灵活性差、管理复杂：当其中一项如负载均衡逻辑发生变化时，需要更新所有服务。

❑　可运维性差：所有组件均被封装在业务逻辑代码中，不能作为一个独立的运维对象。

○　对开发人员的能力要求高。

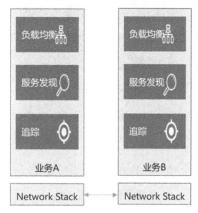

第一代：代码集成

图 11-6

11.3.2　SDK 框架

采用业务处理框架，虽然应用具有处理网络弹性逻辑的能力，增强了在动态运行环境中处理服务发现、负载均衡等的能力，向应用的高可用、稳定性、高 SLA 迈进一步，但是由于这种模式具有很多缺点，因此出现了 SPK 框架，逐步将原先由应用处理的服务发现、负载均衡、分布式追踪、安全通信等微服务治理功能独立为一个公用库。如图 11-7 所示，SDK 框架使得应用与这些功能具有更低的耦合性，而且这种模式更加灵活，提高了共性功能的利用率及可运维性。开发人员只需使用公用库，添加几个注解，而不是应用本身实现治理功能，从而降低了开发人员的负担，并且提升了应用的质量。

在这方面，Twitter、Facebook 等很多公司走在业界前列，如 Twitter 提供给 JVM 的可扩展 RPC 库 Finagle、Facebook 的 C++ HTTP 框架 Proxygen、Netflix 的各种开发套件，以及分布式追踪系统 Zipkin 等，这些库和开发套件的出现大量减少了重复实现的工作。例如，典型的微服务 SDK 框架——Spring Cloud 框架，开发人员只需要写少量代码，甚至几个注解，就能实现自己想要的功能。

对于这种开发模式，需要有一个集群化的分布式配置中心来充当服务注册的存储器，比如 ZooKeeper、Consul、Eureka 或 etcd。服务框架分为客户端和服务端，客户端会提供服务的发现、软负载、路由、安全、策略控制等功能（可能也会通过插件形式包含 Metrics、Logging、Tracing、Resilience 等功能），服务端会实现服务的调用，也会辅助做一些安全、策略控制、监控等功能。

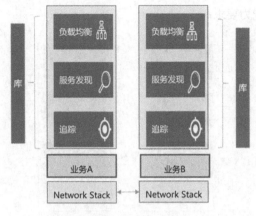

第二代：基于 SDK

图 11-7

虽然相对业务处理框架，SDK 框架在耦合性、灵活性、利用率等方面有很大的提升，但是仍然存在一些不足之处。

- 代码侵入性：将类似于 Finagle、Proxygen 或 Zipkin 的库集成到现有的应用中，仍然需要花费大量的精力，甚至需要调整现有应用的代码。此外，公用库并不能完全使开发人员只关注业务代码逻辑，而是仍然需要高昂的学习成本，以对公用库有很深的认识，才能将公用章用得比较好。

- 缺乏多语言支持：在大多数情况下，这些公用库只针对某种语言或者少数几种语言，所以想要为应用选择多技术栈的开发团队，就需要考虑开发语言和工具方面的限制。

- 可运维性差：虽然公用库作为一个独立的整体而存在，但它在管理复杂性和可运维性等方面仍然有很大的提升空间。

11.3.3 服务网格

SDK 微服务框架的实现往往以代码库的方式被构建在应用程序内，在这些代码库中包括了服务发现、熔断、限流等功能。使用代码库的方式不但会引入潜在的版本冲突问题，而且一旦代码库变更，整个应用就要随之变更，即使应用逻辑并没有任何变化。此外，企业组织和复杂系统中的微服务经常会使用到不同的编程语言和框架实现，SDK 微服务框架一般专注于某个平台，这使得异构编程语言难以兼容，存在重复的工作，应用缺乏可移植性。针对异构环境的服务治理代码库实现往往存在差异，缺少共性问题的统一解决方案。

服务网格致力于在基础设施层解决服务间通信的问题，在应用的复杂服务拓扑场景下负责可靠地传递请求。如图 11-8 所示，服务网格通常通过一组与应用部署在一起的轻量级网络代理（Sidecar Proxy）来实现，且对应用程序透明。服务网格的核心是网络代理，其本质就是先前 SOA 架构模式中提到的服务发现和负载均衡的"主机式代理模式"，与业务应用进程共享一个代理。代理除了负责服务发现和负载均衡，还负责动态路由、容错限流、监控度量和安全日志等功能。这些功能与具体业务无关，属于跨横切面关注点范畴。

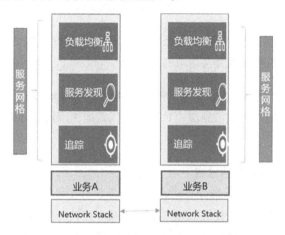

第三代：服务网格

图 11-8

服务网格提供对业务无侵入、对开发几乎透明的服务治理能力。服务网格更多地被认为是一种服务治理能力，而非传统的微服务框架，但是这里还是统一认定它为第三代微服务框架。

简单来说，可以将网络代理类比成现实生活中的中介，因为各种原因在需要通信的双方中间加上一道关卡，为整个通信带来更多的功能。例如：

❍ 拦截——网络代理可以选择性拦截网络流量，比如有些公司限制员工在上班时不能访问某些游戏或者电商网站，还有些公司在数据中心设置了拒绝恶意访问的网关。

❍ 统计——既然所有的流量都经过网络代理，那么网络代理也可以用来统计网络中的数据信息，比如统计哪些人在访问哪些网站，以及通信的应答延迟信息等。

❍ 缓存——如果通信访问比较慢，那么网络代理可以把最近访问的数据缓存在本地，后面的请求就不用访问服务器后端了，只需访问缓存，以此来实现加速。CDN 就是这个功能的典型应用场景。

○ 分发——如果通信的一方有多个服务器后端，那么网络代理可以根据某些规则来选择如何把流量发送给这些服务器后端，这就是我们常说的负载均衡功能。

○ 跳板——如果 A、B 双方因为某些原因不能直接相互访问，但是网络代理可以和双方通信，那么通过网络代理，双方就可以绕过原来的限制进行通信。

○ 注入——既然网络代理可以看到流量，那么它也可以修改流量，在接收到的流量中自动添加一些数据，比如添加特定的 HTTP Header。

由于服务网格作为独立运行层能很好地解决 SDK 微服务框架所面临的挑战，因此它为应用提供了处理网络弹性逻辑和可靠交互请求的能力。

关于服务网格的官方定义，Buoyant 创始人 William Morgan 说：可以将服务网格理解为致力于解决应用服务间通信的基础设施层，负责为现代云原生应用程序的复杂网络服务拓扑提供可靠的信息传递。

在从 SOA 转向微服务架构的过程中，在服务交互上发生的一个根本转变就是服务不依赖原先的集中式 SOA 总线，而是以一种分布式的方式依赖具有平台级特性的各个智能端点。微服务治理是通过在每个微服务中集成传统 ESB 的部分功能，并转为使用与业务逻辑完全独立的轻量级协议实现的。服务网格可以执行动态路由、服务发现、基于延迟的负载均衡、指标响应和分布式追踪、重试以及其他原先 SOA 中的功能。

当应用采用微服务架构之后，每个单独的微服务都可以有多个实例，而且每个微服务也都可以有多个版本，从而使得微服务实例之间的相互调用和管理变得非常复杂。服务网格把微服务治理的工作统一在代理层实现。如图 11-9 所示，通过一个统一的控制平面，管理员只需要配置整个集群的应用流量、安全规则即可，分布式的代理会自动和控制平台协同，根据管理员的策略自主地对各个服务进行配置。服务网格可以被看作是传统网络代理的升级版，在微服务的消费方和提供方的主机或容器中都会部署代理 Sidecar。服务网格比较正式的术语叫"数据面板"，与数据面板对应的还有一个独立部署的控制面板，用来集中配置和管理数据面板，也可以对接各种服务发现机制（如 Kubernetes 服务发现机制）。

服务网格强调的是不再将 Sidecar 代理视为单独的组件，而是通过由这些代理连接而成的网络来实现微服务框架，所以可以把服务网格看作是分布式的微服务代理。在传统模式中，代理一般是指集中式的单独的服务器，所有的请求都要先通过代理，然后再转发到实际的后端。而在服务网格中，代理变成了分布式的，它常驻应用的身边（所谓的 Sidecar 模式）。如图 11-10，在 Istio 中，每一个应用的 Pod，即左图中的每一个灰色矩形框中都运行着一个代理 Envoy，也就是灰色方框，负责与流量相关的治理。这样应用所有的流量都被代理接管，那么代理就能实现微服务治理功能。

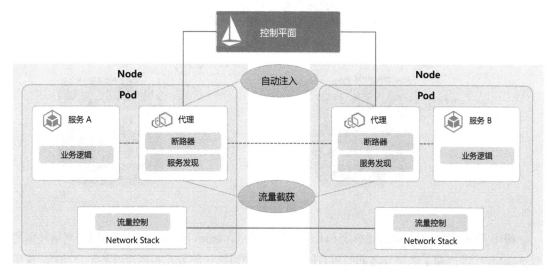

图 11-9

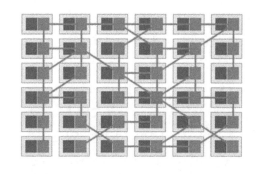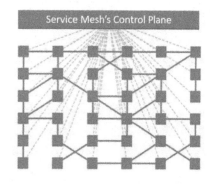

图 11-10

此外，非服务网格模式中的代理都是基于网络流量的，一般工作在 IP 层或 TCP 层，很少关心具体的应用逻辑。但是在服务网格中，代理拥有整个应用及集群的所有应用信息，并且额外添加了热更新、注入服务发现、降级熔断、认证授权、超时重试、日志监控等功能。服务网格在平台层面提供了这些功能，不需要每个应用自己独立实现，通过代理实现即可。换句话说，服务网格中的代理对基于微服务的应用做了定制化的改进。率先使用服务网格的产品是 Buoyant 的 Linkerd，随后 Lyft 也发布了其服务网格代理 Envoy，之后 Istio 集成了 Envoy，提供了一套完整的数据面板、控制面板解决方案，如图 11-11 所示。

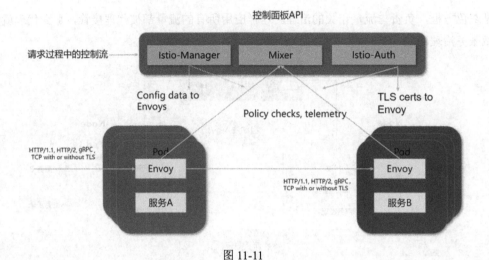

图 11-11

　　相比 SDK 微服务框架的强绑定和升级不便等缺点，Istio、Linkerd 等作为服务网格技术通过 Sidecar 代理拦截了微服务之间的所有网络通信，使用统一的方式实现微服务治理功能。应用无须对底层服务访问细节感知，Sidecar 和应用可以独立升级，实现了应用逻辑与微服务治理功能的解耦。

第 3 部分

1968 年，世界各地的计算机科学家在德国的 Garmisch 召开了一次国际会议，会上科学家们希望借鉴工程领域的最佳实践，找出软件行业多人协作开发高质量、大型软件的方法。会上第一次正式提出了"软件工程"一词，并将其作为一门学科用于实现软件的工程化。软件工程管理的核心目标是支撑新的演进式架构。软件工程的整个流程分为 5 个阶段：

- 应用设计。

- 软件开发。

- 开发运维一体化。

- SRE 运维。

- 数字化运营。

在这一部分中，我们将紧密围绕上述 5 个技术演进阶段，从软件工程的角度讲解云原生应用架构的实现。

软件工程

第12章

应用设计

应用设计一般分为五个阶段：明确愿景、明确组织架构、顶层业务建模、应用需求分析、应用设计建模。领域驱动设计（DDD）是应用设计的下一代，它能通过一套完整的领域建模方法打通明确愿景、明确组织架构、顶层业务建模、应用需求分析、应用设计建模整个流程，从而把"应用设计方法"融为一体。

在本章中，我们将逐一介绍每个阶段的具体内容，也会对领域驱动设计做详细论述。

12.1 明确愿景

可能很多软件行业的从业人员都对明确愿景这一比较"务虚"的步骤缺乏深刻的认识，如果缺乏清晰、共享的愿景，开发人员就会在错误的方向狂奔。愿景体现了引进某个应用会给目标企业带来的改进。通俗地讲，明确愿景就是搞清楚开发的应用该卖给谁（涉众），对他有什么好处（价值）。

明确愿景的主要目的是对应用顶层价值进行设计，使产品在目标用户、核心价值、差异化竞争点等方面都能有比较明确的目标，并且将各方面目标整合成一个共同的目标，避免产品偏离方向。参与制定应用愿景的群体一般包括领域专家、业务需求方、产品经理、项目经理和开发经理。在进行更进一步的领域建模之前，需要思考这两点：应用到底能够做什么？它的业务范围、目标用户、核心价值与其他同类产品相比，差异和优势在哪里？

所谓愿景，往往是针对应用目标、主要特性、功能范围和成功要素等进行构思并形成的。这一阶段设定了所要开发的应用的范围、约束和预期结果，最终输出了一份顶层愿景性的视图。建立愿景的目的是让各方从一开始就对应用应该有什么样的预期结果达成共识，从而使架构师及开发人员能够聚焦关键领域,验证其可行性。应用愿景也通过给出一个完整架构定义的总体汇总版本,使用统一的架构语言来支持利益相关者之间的沟通。愿景明确了应用的范围、约束和期望,业务推动者明确了架构目的,并且创建了基线和目标环境的粗略描述。

愿景是对未来可行性的构想,一定不是无中生有的,它必须经过认真的研究、分析、提炼、创新并进行风险管理,并且可以有计划地实现。这需要借助专业领域的知识、业务模型的分享,选择可以提高应用竞争力的技术,还需要弄清用户的使用习惯并进行市场分析。

12.1.1 目标对象

明确愿景的第一步是识别目标对象,说明哪些人是应用的重点服务对象,并且着重说明这些人的期望。因为所研究的应用是用来改善人们日常工作的,但是需要指明改善谁的工作。因此,首先需要由目标对象的期望推导出应用的方向,如果没有期望,功能性就无从谈起。

目标对象可以细分为目标组织和该组织中的决策人。目标组织是待引入应用将为之服务的组织,它可以是一个机构、部门,也可以是一群人。而决策人是该目标组织利益的代表人,是应用应该最先照顾到的人。

在这个阶段往往容易犯的错误是将 IT 负责人作为目标对象,其实 IT 负责人并不是目标对象。因为应用要改进的不是 IT 部门的工作流程,而是业务部门的工作流程,所以目标对象应该是业务部门的负责人。

12.1.2 度量价值

我们需要通过评估不同愿景来聚焦应用的真正价值,指出使用该应用后能给目标组织带来什么改善。所以,应用的价值应该能够度量。

例如,"建立一个财务应用""提供在线打卡功能""进行人事评估"等,这样的愿景就不具备可度量指标。实现这些愿景也不知道能不能给目标对象带来效用,或带来多大的效用。而"减少处理数据所花费的时间""提高数据采集的速度""减少员工在内部交流所花费的时间"等,这样的愿景就清晰明确且可度量,有具体的指标来描述实现这个愿景能为目标对象带来的效用。

度量价值与应用功能的关系是多对多的:一个度量价值可能会带来应用的多个功能,应用的一个功能也可能会覆盖多个度量价值。在不同维度的度量指标之间,也需要确立优先级。例如,对某个应用的要求是支持海量用户、数据处理准确且安全。但在不同的行业或场景中,这些指标的权重则不同。例如，在银行业，数据处理准确的权重就要高于其他指标；在军事领域，安全的权重可能是最高的；在互联网行业，支持海量用户可能成了最重要的指标。

12.1.3　详细描述

对应用愿景的详细描述可以分为：

○ 项目背景——说明建立这个应用的原因、业务现状等。

○ 业务目标——实现这个应用所要达到的目的。

○ 需求范围——该应用涉及的业务领域，可以认为需求范围是后续用例的一个分类。

○ 主要特性——特性是从业务愿景到具体需求的一个过渡产物，描述需求范围中每个业务领域的功能组所具有的特色功能及功能特色。

以某 IT 企业自动化办公系统为例：

○ 项目背景——企业发展有了一定规模，但现在内部管理工作部分靠人工完成，部分业务由比较小的独立系统（如员工管理系统）实现，没有整体规划，导致企业内部管理仍然效率低下，所以希望能够建设一个比较完整的企业办公自动化系统。

○ 业务目标——整体上提高内部办公效率，具体包括，方便企业员工办理各种事务，如考勤、请假、报销、领取员工福利等；能将职能部门的业务迁移到线上，如人力资源部的招聘业务、财务部的报销业务、后勤部的资产管理业务等。

○ 需求范围——因为项目的建设时间和资金有限，所以本次项目的需求范围以人力资源部的业务、财务部的业务和后勤部的业务为主。市场部和销售部的合同流程、运营等工作暂时不考虑迁移到线上。

○ 主要特性——考勤功能能够实现手机联动，方便跑外勤的员工进行打卡；招聘业务能够比较方便地对接其他系统，如内部员工管理系统；报销业务能够与如员工管理系统中的员工薪酬功能对接；资产管理功能能够自动打印资产标签、自定义资产标签的格式等。

○ 上下文图——根据企业的 IT 现状及以上内容，梳理应用上下文。

12.1.4　上下文图

在愿景文档中，上下文图有着重要的作用，它辅助说明应用的范围，清晰地描述了待开发应用与周围所有事物之间的界限和联系。它往往以待开发应用为图中心，所有与待开发应用有关联的其他应用、环境和活动都围绕在它的周围。但上下文图不提供应用内部的任何信息，其通过"黑盒"模式，明确与应用相关的外部因素和事件，促进更完整地识别应用需求和约束。它可以帮助团队关注应用的核心领域，并用来与涉众进行沟通。

根据企业的 IT 现状及以上关于上下文图的介绍，梳理应用上下文，如图 12-1 所示。

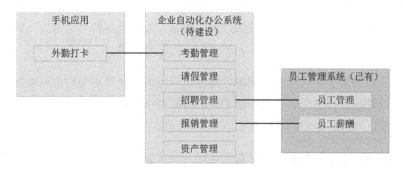

图 12-1

图 12-2 展示了一个产品愿景，我们添加必要的词语，将其整理成一段文字：为了满足内部人员和外部人员的在线请假、自动考勤分析统计和管理外部人员信息的需求，我们建立了在线请假考勤系统，它是一个在线请假平台，可以实现自动考勤统计；它可以同时支持内外网请假，同时管理内外部人员请假，实现定期考勤分析，而不像 HR 系统只管理内部人员考勤，且只供内网使用；我们的产品内外网皆可使用，可实现内外部人员无差异管理。

图 12-2

通过产品愿景分析，项目团队统一了系统名称——在线请假考勤系统，明确了项目目标和关键功能、与竞品（HR 系统）的关键差异，以及自身优势和核心竞争力等。

12.2　明确组织架构

很多公司在数字化转型时都过度关注技术，忽略了人与组织的"艺术"。转型过程持续推进，我们会发现最大的挑战和瓶颈在于人和组织，而不是技术。

应用场景所在的组织架构反映了需求方的各个业务场。在组织架构中可以进一步将应用涉及的人员角色及职能进行细化。角色描述了企业内部对个人职位及技能的需求；对于职能，则可以将大的职能区域逐步分解为不同的子职能。

在 TOGAF 中，需求分析的前期阶段产生的一个重要交付物是企业的组织架构分解图，用于描述应用涉及人员的所在组织、角色和职能。其中特别重要的是要划定不同应用涉及的人员之间的界限，明确跨越这些界限的治理关系。这个界限不一定是物理界限，更多的是责任界限。应用涉及的人员或设备可分为以下三类。

- 操作人员：使用应用功能、更新应用状态、对应用进行运维。

- 设备或外部应用：与应用进行交互。

- 自动触发的事件。

明确应用涉及人员的组织架构，首先要明确企业不同部门之间的依赖关系。可以利用组织架构分解图逐步将企业内的部门分解，从而具体显示各个部门之间的关系，如图 12-3 所示。

图 12-3

12.3　顶层业务建模

顶层业务建模是从公司或组织角度出发，对所有业务进行的建模。由此形成的模型不会非常详细，但却能够清晰地说明各个业务之间的逻辑关系。

12.3.1　概述

1. 顶层业务建模的定义

顶层业务建模描述了企业内各个应用系统间如何协作，使企业可以对外提供有价值的服务。基于愿景，顶层业务建模能帮助迅速定位最重要的需求。

顶层业务建模与技术无关，主要是为了结构化地拆解和表达业务逻辑。业务逻辑来自现实世界中的具体场景，涉及概念、联系、流程等。概念、联系、流程等也被称为领域模型。围绕领域模型来实现业务建模，自然会将技术实现细节分离出去。

顶层业务建模针对整个企业，而应用需求分析则针对某一个独立的应用。因此需要将应用作为一个零件放在整个企业的体系中去观察，以明确需求。

2. 顶层业务建模的描述模型

描述模型能描述业务架构，将物理世界的内容搬到数字世界，其具体表示如下。

- 业务板块：业务领域、业务场景。

- 业务实体：业务流程。

业务板块可以包含多个业务应用，每个应用都可以包含多个业务用例（价值），而每个业务用例都涉及一个主干场景及多个分支场景。主干场景是业务的基本逻辑，分支场景则对应主干场景中发生的意外。主干场景往往是通用性强、不易变的，而分支场景是个性化强、常变化的。每个场景都由多个业务流程合并组成。

业务板块用来描述整个企业或组织的价值链模型分为哪几类。如图 12-4 所示，在一般的企业或组织中，业务板块包括以下几类。

- 支撑板块：人力、财务、资产等。

- IT 板块：设计、开发、运行、运营等。

○   生产板块：供应、生产、发货、销售、售后等。

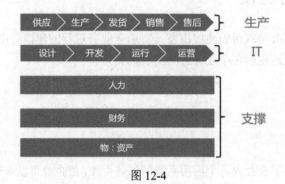

图 12-4

12.3.2　业务领域

业务领域即应用领域，在企业中往往也被称为应用系统。如图 12-5 所示，这是一个管理请假和报销这两个业务领域的应用系统示意图。

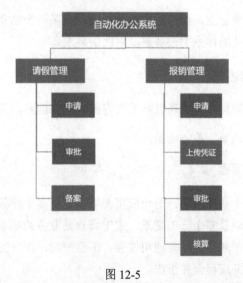

图 12-5

为了更清楚地建设各个业务领域下的应用系统，一般通过领域建模和识别业务用例来完成对业务领域的规范化描述。

1. 领域建模

领域建模就是在一个特定的领域边界内，将已有的使用场景抽象成领域对象及其依赖关系的过程，可以认为领域模型是对领域的抽象。在领域模型中主要包括领域对象、对象之间的依赖关系，以及一些相关的行业数据和概念。

建立领域模型具体是指通过对业务领域建立一种抽象方法，并将这些抽象方法组织起来形成领域便于理解的整体描述。领域模型是应用设计中最基础的部分，对领域的所有思考过程也会被汇总到领域模型中。

在领域建模过程中，首先要尽可能多地从领域专家处学到领域知识，勾勒出领域初步认识视图。但交流不是从领域专家到架构师再到开发人员的单向过程，其中存在着反馈，这会帮助架构师更好地建立领域模型，获得更清晰的对领域模型的理解。通过与领域专家的交谈，架构师会分析出领域中的关键概念，并且帮助构建出可用的基础结构。在应用设计前期，所建立的领域模型将为不同人员之间的交流提供共同语言。随着应用设计的进展，领域模型不断被提炼和丰富，最终可以映射到整个应用的领域层，实现应用业务逻辑。领域建模的过程一般分为四个步骤，具体如下。

（1）领域驱动

领域驱动将领域专家的想法放在了较高的优先级上，这样建立的领域模型往往具有更大的价值。在整个应用的生命周期中，领域模型能够不断演进以展示领域相关概念，相关的领域知识及专家观点将作为创建领域模型的输入。同时，领域驱动往往与面向对象相结合，逐步将领域概念映射到面向对象的类图中。

（2）业务抽象

业务抽象的具体过程是，通过"事件风暴"建立通用语言，然后提取领域对象，找出它们的依赖关系，从而建立领域模型。领域建模封装、承载了全部业务逻辑，并且通过对象间聚合的方式保持业务高内聚、低耦合。（关于"事件风暴"的概念，我们会在后面的章节中介绍。）

（3）统一语言

让模型植根于领域并精确反映领域中的基本概念，是整个业务建模中最重要的一环。在建模过程中，通过通用语言能更好地推动架构师和领域专家之间的沟通。建模的目的是创建一个优良的模型，使不同的参与者都能理解业务，明确业务领域中的事务，从而形成统一的领域语言。可以说，领域建模的一个核心目的就是统一语言。

领域建模广泛采用 UML 类图作为统一语言，它是对领域内概念或物理世界中对象的可视化表示。一般采用不包含方法的 UML 类图来表示领域对象、对象的属性及对象之间的关联，可以认为 UML 是领域词汇的"可视化字典"。

（4）划分子领域/限界上下文

对问题领域进行梳理能够进一步明晰要解决的问题，通常会先识别出几个较大的问题领域，然后将问题归类到能够快速解决的较小的子领域中。对于复杂的业务领域，可以继续将其拆分为子领域，甚至进一步拆分为子子领域。尽量将那些相关联的，以及能够形成一个自然概念的因素放在一个子领域中。子领域划分完成后，实际上大部分的业务概念及逻辑也就识别清楚了，各个领域对象究竟归属于哪个子领域也清楚了。

限界上下文是业务的边界，往往通过识别不同的界限上下文可统一语言，对抽象概念进行澄清、分类和查漏补缺。建议用限界上下文作为团队组织的基础，使在同一个团队里的人更容易沟通。

2. 识别业务用例

用户通过应用来完成的工作可以由业务用例表示。业务用例一方面展现了使用者的目的，另一方面说明了应用的功能性，是需求探索最有效的机制。

良好的应用设计应该围绕着业务用例展开，这样应用设计可以在脱离框架、工具及运行环境的情况下完整地描述业务用例。基于业务用例的应用（用例驱动的应用），后期可以在不依赖任何框架的情况下进行测试与改进。因此，业务用例将会作为最基本的输入，影响需求分析、应用设计等步骤。

（1）业务执行者

企业之外的参与者也会参与业务交互，这群人被称为业务执行者。我们要能够清晰地识别谁是业务执行者，将其与企业内部人员区分开。

（2）业务用例

前面提到，在领域建模过程中要统一语言，即通过 UML 覆盖整个应用设计、开发过程，保证顺畅沟通。业务执行者和业务用例是 UML 的两个核心元素，业务执行者作为一个特定事件的驱动者，业务用例则描述了这个驱动者的业务目标。

- 业务执行者是事件的第一驱动者，也是应用的服务方。比如你在电商网站购物，你就是业务执行者。

○　业务用例是应用执行的一系列操作，能够生成业务执行者可以观察到的价值。比如用户在电商网站交易会生成在线订单，用户下单行为就是一个业务用例。

业务用例指业务执行者希望通过和所研究的企业交互获得的价值。业务用例是企业的价值，不会因为某个应用软件的存在而改变。业务用例刷新了业务场景的概念，可以将业务场景看作业务用例的实现。企业内部之所以有业务场景，是因为要实现业务用例。而所谓"优化"做的只是通过业务实体等新的组件重新构建业务场景，实现业务用例。

虽然 UML 的业务用例图可以很好地表现业务用例，但是文本形式的业务用例描述更为常见。文本的表现形式比用图更为详细，同时具有补充部分，如前置条件和成功保证。业务用例的文本描述具体如下。

○　用例名称：对事务的规范称呼。

○　范围：界定了企业自身或所设计应用的边界。

○　主要执行者：调用应用的人。

○　涉众及其关注点：关注该用例的人及其需求。

○　前置条件：启动该用例前必须完成的条件，隐含了需要事先完成的其他业务用例。

○　成功保证：成功编写该业务用例必须满足的条件。

○　主成功场景：理想的成功场景，描述了满足涉众关注点的典型成功路径。

○　扩展场景：其他场景。在整个业务用例编写中，主成功场景和扩展场景需要相结合。

12.3.3　业务场景

在确定了业务用例之后，下一步是分析业务场景。业务场景建模是对业务用例的实现，它向上映射了原始需求，向下为应用的实现规定了一种高层次的抽象。业务场景分析是指从用户视角出发，探索领域中的典型场景，找出正在开发的应用的关键使用场景，并且明确这些场景的优先级别。

场景分析的参与者包括领域专家、产品经理、需求分析人员、架构师、项目经理、开发经理和测试经理。

一个企业的某个业务用例可能涉及多个场景，场景表现的是执行者与应用之间特定的活动和交互。场景是使用应用的一条特定执行路径，它是一组相关的成功或失败路径的集合，成功的路径一般被称为主成功路径，而失败的路径则被称为扩展路径。

1. 用户故事

传统的业务场景通过用户故事来描述。也就是说，业务建模是搞清楚应用要做什么，而用户故事更关注应用要怎么做。在没有全面认识需求并权衡不同需求之间的优先级别时，设计出来的应用可能无法满足之前的愿景，所以在用户故事阶段还需要确认业务场景。

（1）用户故事描述

用户故事从用户角度进行描述，形式往往如下。

○ 作为：一个 XXX 用户

○ 为了完成：YYY 业务

○ 希望能够：使用 ZZZ 业务功能

举一个简单的例子，还是以 IT 企业自动化办公系统为例，描述一个与请假管理相关的用户故事，大概如下。

○ 作为：一个普通员工

○ 为了完成：请假申请

○ 希望能够：在填申请单时，系统自动填上我的姓名和员工号

后续的迭代会不断地对用户故事进行细化，直到完成功能需求。每个用户故事最终都包含以下七个部分。

○ 编号：方便记录与追踪。

○ 名称：用户故事目标。

○ 描述：简单介绍用户故事的上下文、业务目的及要求。

○ 技术备忘：记录每次讨论的技术点及设计信息。

○ 前提假设：启动用户故事前应该满足的前提假设。

○ 依赖关系：用户故事依赖的内外需求。

○　验收条件：用户故事达到交付标准的定义与描述。

（2）用户故事地图

用户故事之间不是割裂的，往往存在着依赖关系，而这些依赖关系是通过用户故事地图来表现的。用户故事地图是指一系列主要交互场景，从用户角度出发，描述用户与应用之间的交互关系。横向表示业务推进方向，会按照主要活动进行描述，分为多个场景，每个场景都可以细分出多个具体的用户故事。纵向表示目标制定的优先级别，重要的或必不可少的业务场景/用户故事可以放在上面，依次向下排列。这样用户故事就会根据目标优先级被分成多个批次，指导分批交付。

以上述请假功能为例，完善后形成的用户故事地图如图 12-6 所示。

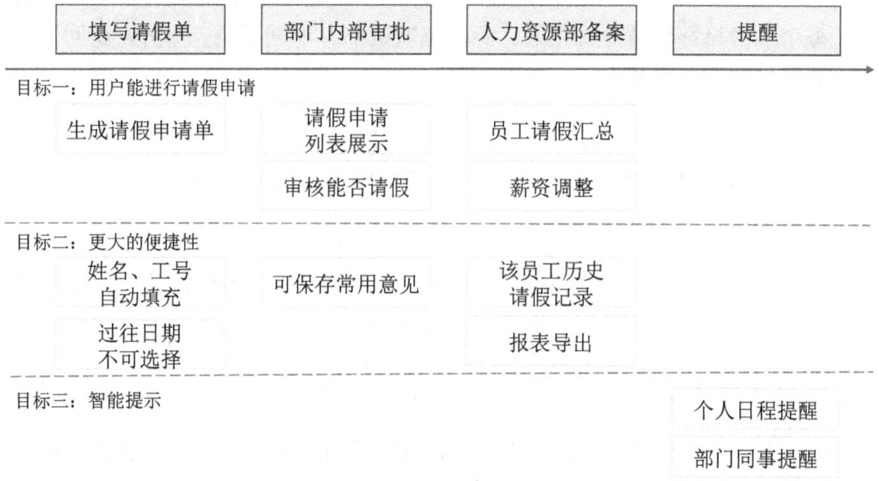

图 12-6

2. 业务序列图

业务序列图通过动态形式来表示不同执行者与应用的交互。业务序列图研究的对象是企业，在业务序列图中，应用（业务实体）被看作一个黑盒子，它将业务工人、业务实体作为类的构造因素进行展现。至于每个业务实体内部怎么处理业务，则不是业务序列图要表达的重点。业务实体内部的流程会在系统用例图中进行详细描述，这也是信息化系统"渐进明细"特性的一个典型体现。

业务模型序列图是业务建模阶段的产物，展现了业务的实际需求，可作为后续需求分析的重要输入。因此，描述语言应当采用业务术语。业务序列图中会涉及一些 UML 元素，具体如下。

- ○ 对象：即参与交互的实体，每个对象都有一条生命周期线。

- ○ 生命周期线：表示对象存在，当对象被激活时，生命周期线上会出现会话。

- ○ 消息：对象间交互所产生的动作，由一个对象的生命周期线指向另一个对象的生命周期线。常见的消息类型有以下几种。

  - ● 简单消息：一般由向右的实线箭头表示，是最为常用的消息。

  - ● 返回消息：消息的返回体，并非新消息，用向左的虚线箭头表示。一般不需要为每个源消息都设置返回消息，源消息默认都有返回消息。另外，返回消息过多会让业务序列图变得复杂。

  - ● 同步消息：表示发出消息的对象将停止所有后续动作，直到接收消息方响应，用向右带×符号的实线箭头表示。同步消息将阻塞源消息的所有行为，通常程序间的方法调用都属于同步消息。

  - ● 异步消息：表示源消息发出消息后不等待响应而继续执行其他操作，用向右的单向箭头表示。异步消息一般需要消息中间件的支持，如消息队列等。

- ○ 会话：表示一次交互，在会话过程中，所有对象共享一个上下文环境，如操作上下文。

- ○ 销毁：表示生命周期终止，绘制在生命周期线的末端，一般没有必要强调。

3. 信息化改进

在许多信息化程度较高的领域，绝大多数领域概念都运行在业务实体中。随着信息化的发展，企业通过业务实体代替人工的比例将会越来越大，之前那种通过人工来封装、记忆、执行业务逻辑的方式将逐步被业务实体所代替。企业间的竞争力也将越来越依赖软件应用在业务场景中的占比。

我们要思考如何通过信息化手段来改进业务现状。例如在物流行业，通过应用软件交换信息，这样可以大大提高流转速度，降低流转成本。所谓信息化，就是将物流转为信息流。

12.4　应用需求分析

12.4.1　概述

顶层业务建模是针对整个企业进行研究的，而需求分析是针对某个应用进行研究的，包含了人们如何使用应用的各种场景。在业务应用开发之初，应该更关注应用所在的领域，透过问题领域的现象捕捉其背后最为稳定的业务概念及这些概念之间的关系。

需求分析就是从问题领域到应用建模的映射，将问题领域中的人、事、物、规则映射到应用架构中的参与者、用例、业务实体、业务场景等。前期的顶层业务建模将为交流提供共同认可的语言，随着设计的不断细化，核心领域的模型也会在需求分析阶段被不断细化。

需求描述了为解决企业的某个问题，应用必须提供的功能及性能；而分析则研究了为实现某些功能需求，应用需要封装的核心领域概念。需求分析就是将业务需求转化为应用架构的过程，涉及的步骤有：识别角色、描写业务实体、梳理业务流程。

全面认识需求要从不同级别来考查需求，如组织级、用户级和开发级，对于每个级别的需求，还要从功能需求、非功能需求及约束三个维度进行进一步考查。对组织级需求而言，应用可帮助达成业务目标；对用户级需求而言，应用可辅助完成日常工作；对开发级需求而言，应用是需要实现的最终产品。认真研究需求的分级、分类，有助于设计出高质量的应用。

需求模型一般用"FURPS+"来描述，其中的检查列表中列明了需求的几个重要考查点，具体如下。

○　功能性（Functional）：特性、功能、安全性。

○　可用性（Usability）：人性化因素、帮助、文档。

○　可靠性（Reliability）：故障频率、可恢复性、可预测性。

○　性能（Performance）：响应时间、吞吐量、准确性、有效性、资源利用率。

○　可支持性（Supportability）：适应性、可维护性、国际化、可配置性。

○　其他：一些辅助性和次要考查点。

- 实现（Implementation）：资源限制、语言和工具、硬件等。

- 接口（Interface）：外部系统接口的约束。

- 操作（Operation）：对操作设置的系统管理。

需求分析阶段还会涉及补充规格说明书、词汇表、设想、业务规则等其他文档。感兴趣的读者可自行查阅。

12.4.2　识别角色

在需求分析的过程中，需要就应用使用场景不断与领域专家、架构师、开发人员进行交流。各个角色不是孤立的，需要共享知识和信息。所以需求分析的第一步是识别应用的不同场景涉及的角色（涉众）。

涉众与愿景中的目标对象不同，愿景只考虑最重要的组织或人，而不考虑其他对象。其他对象的目标称为涉众利益，而愿景只代表应用最重要的涉众利益。

12.4.3　业务实体

梳理业务实体就是将思考的边界从整个企业缩小到某个应用，其具体交付物分为"概念数据模型"和"系统用例"两个部分。

1. 概念数据模型

领域模型从业务的角度粗略地描述领域对象之间的关系。该领域模型会在需求分析阶段被进一步映射为应用程序更可以接受的、面向对象的数据模型。数据模型是对领域模型的实例化映射，它不是真实物理世界的直接建模。

同样的领域模型会因为选择不同的编程语言和中间件而得到不同的数据模型。为什么需要这一道转换呢？因为"边界""控制""实体"这些对象化的概念虽然是计算机可以理解的，但并不是真正的对象实例，也就是说，它们并不是可执行代码。真正的对象世界行为是由 Java 类、C++类、JSP 等可执行代码构成的。换句话说，数据模型是领域模型在特定环境和条件下的实例化，实例化后的对象行为执行了领域模型描述的信息。

在概念数据模型中，模型的边界类可以被转化为操作界面或系统接口，控制类可以被转化为流程引擎治理的工作流，实体类可以被转化为应用程序及数据库表、XML 文档。一般采用

UML 中的类图展示领域中业务实体之间的关系。基于 UML 类图的数据模型通常是按照从概念模型到逻辑层，最后到物理模型这样一个抽象层次逐步形成的，贯穿应用生命周期的不同阶段。

2. 系统用例

系统用例用于定义应用的职责，它可以定义应用做什么（What），但是不会决定应用如何做（How）。实际上，"分析"与"设计"的区别就在于"What"和"How"的差异。

同一个系统用例可以有多种实现方式。比如下单后的支付，可以接入微信支付接口，也可以接入支付宝支付接口。同样是用例，业务用例与系统用例的区别在于，业务用例体现了客户业务视角，系统用例则体现了系统视角。

为了定义系统用例，一般需要如下三个过程。

（1）识别系统执行者

系统用例的执行者被称为系统执行者，它指在所研究的业务实体之外，与该业务实体发生功能性交互的其他业务实体。系统执行者有其目标，系统用例的目标就是寻找这些执行者的目标。系统执行者不是业务实体的一部分，而是存在于业务实体边界之外。这里的业务实体边界不是物理边界，而是责任边界。系统执行者必须与业务实体有交互，其往往与重要性无关，只关注哪个外部业务实体和本业务实体有交互

系统执行者可以是一个人，也可以是另一个外部应用（业务实体）。对于大部分业务系统而言，其初期系统执行者往往是人。随着信息化程度的不断加深，系统执行者中非人执行者的占比会越来越高。

（2）形成系统用例图

系统用例图被定义为业务实体能为执行者提供的、可被涉众接受的价值，它聚焦于业务实体，用于定义业务实体的范围，获取功能性需求，说明业务实体实现了哪些业务流程。系统用例图定义了用户需要为某个应用提供的输入数据、用户应该得到的输出信息，以及产生输出所应该执行的处理步骤。

基于 UML 的系统用例图可用来描述执行者与应用之间的关系。在实际操作过程中，往往可以通过业务序列图推导出系统用例图。业务序列图中从外部指向业务实体的消息可以被映射为一个系统用例。箭头是从系统执行者指向用例的，这样的执行者被称为主执行者。有的箭头从用例指向系统执行者，这类执行者被称为辅助执行者。主执行者发起用例交互，而辅助执行

者在交互过程中被动地参与进来。我们前面介绍的概念数据模型与系统用例图往往是相互迭代、同步推进、共同细化完善的。

（3）添加系统用例文本

除了用例图，简单明了的系统用例文本也可以为应用提供简洁可视的语境，阐明外部执行者对应用的使用情况。系统用例文本可以作为沟通的工具，概括应用及其实际执行者的行为。

12.4.4　业务流程

在进入业务流程前，需求的收集是从涉众角度出发的，应用可以被看作一个对外提供服务的业务实体。系统用例图表达了用例的目标，但对于需求而言是远远不够的。进入业务流程阶段后，架构师需要考虑应用为了满足需求必须封装哪些概念，以及如何组织这些概念。

对业务实体的分析可分为静态建模和动态建模两个步骤：动态建模主要借助系统序列图或系统用例规约来描述业务行为逻辑及对象间信息的交互；静态建模主要借助类图实现并完善逻辑数据模型。动态建模与静态建模可以并行创建，交替完善。

1. 系统序列图

系统序列图是为了描述与目标应用相关的输入和输出而快速创建的产品，主要描述了应用的行为，也就是应用做什么（What），但不解释如何做（How）。

我们可以采用业务实体的类作为对象来绘制系统序列图。和业务序列图相比，系统序列图同样展现业务需求，但其中的对象类代表了应用内部的数据模型。所以这个阶段的序列图已经展示了对应用内部的理解，系统序列图展示出的已经是应用实现的原型。

当将某个类放到系统序列图中后，可逐一遍历并分析每个业务流程。根据流程反馈，可为每个类注入相应的方法，形成逻辑数据模型。如图 12-7 所示的是一个用户注册功能的系统序列图，可以看到，消息细致到方法级别。

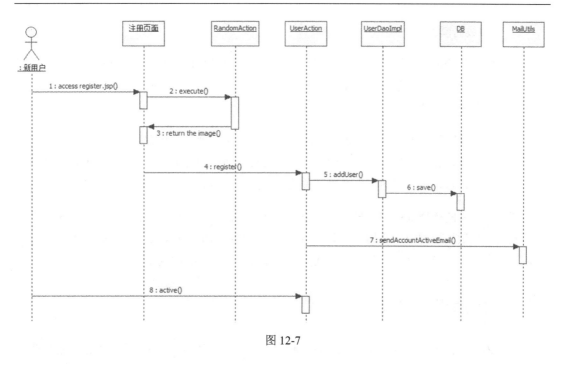

图 12-7

2. 系统用例规约

系统用例规约是以系统用例图为核心来组织需求内容的。有了系统用例规约，就不需要其他格式的需求规约了，它的主要目的是丰富涉众利益。系统用例规约中涉及的核心概念如下。

○ 前置条件：系统用例开始前，业务实体需要满足的约束。系统用例相当于业务实体的一个承诺，在满足前置条件的情况下才能开始。

○ 后置条件：系统用例结束后，业务实体需要满足的约束。系统用例按照基本路径执行，应用就能达到其后置条件。

○ 涉众利益：前置条件是起点，后置条件是终点，中间的路径由涉众利益决定。

○ 基本路径：一个系统用例中会有多个流程，其中基本流程被定义为，执行者和业务实体交互非常顺利，实现了业务实体感知和承诺的内容，凸显用例的价值。

○ 扩展路径：基本路径上的每个步骤都可能发生意外，其中有些意外需要通过业务实体处理，处理意外的路径就是扩展路径。扩展路径可能有多条，比如基本路径中的验证步骤，当结果不通过时就会产生扩展路径。

○ 补充约束：路径中描述的需求是不完整的，所以需要通过补充约束进行丰富。

3. 逻辑数据模型

业务实体的静态形式描述是通过类图来实现的，在逻辑数据模型中，可不停地细化概念模型，补充每个类的属性及方法。逻辑数据模型可以包含属性和方法，属性用来保存业务的特征，方法用来访问业务实体。

当我们整体回看业务流程的梳理过程时会发现，系统序列图的梳理与逻辑数据模型的建立往往是相互伴随、相互迭代的。一方面，逻辑数据模型提供的词汇表应当成为所有团队成员使用的核心建模语言，另一方面，系统序列图的梳理会逐步丰富逻辑数据模型。

在业务流程的梳理过程中，每当搞清楚一部分新知识时，就可将此部分知识建立成模型并集成到统一的数据模型中。建模往往要经历一个从模糊到清晰、从零散到系统的过程，它会随着应用需求分析和应用设计不断细化，从而不断深入对问题业务的认识。

12.5　应用设计建模

应用需求分析阶段重点关注"做正确的事"，而应用设计建模阶段强调的是"正确地做事"，也就是熟练设计应用架构以满足需求。

12.5.1　概述

在需求分析阶段获取的领域建模提炼了领域概念，建立了统一领域模型以及数据模型。针对面向领域的应用架构，领域模型经过提炼之后会成为业务层的核心。

在应用设计阶段，为了满足质量需求和设计约束，充分考虑需求分析阶段得出的核心，从需求到应用功能模块进行映射的开发方式被提出。对于一个独立应用而言，它常常被划分为不同的子系统，每个部分承担相对独立的功能，各个部分之间通过特定的交互机制进行协作。每个子系统也都可以有自己的架构，应用设计的本质是不断迭代、细化架构，这种迭代会在业务架构、应用架构和技术架构之间循环，从而形成完整架构。

整个顶层业务建模、应用需求分析、应用设计建模的流程是一个从发散到收敛的过程。这个过程大致涉及以下几个步骤。

① 业务抽象：通过头脑风暴列出所有可能的业务行为和事件，然后找出相应的领域概念，同时确认哪些实体在边界内、哪些在边界外。

② 统一语言：通过头脑风暴梳理业务，根据一些业务操作和行为找出如实体或值对象等领域对象。

③ 划分子领域/限界上下文：根据业务及语义边界，从最高领域逐级分解子领域。在每个子领域中确定限界上下文，限界上下文用于解决领域边界问题，不同限界上下文内的领域逻辑通常相互隔离，不会产生二义性。

④ 业务实体建模：基于业务现状分别为每个限界上下文建立模型，即该上下文的领域模型。根据领域模型，建立完整的数据模型。

因为微服务架构设计模式已经逐渐成为比较主流的应用架构方式，所以在业务实体建模后还有一个很重要的步骤就是圈定微服务，即基于业务实体模型圈定最终的分布式微服务。

12.5.2 圈定微服务

对于"圈定微服务"这一概念，很多人可能不是很熟悉。它主要是为了对应用进行微服务架构设计而开展的一个过程，具体涉及以下三个步骤。

1. 构建聚合

为了满足事务的强一致性需求，往往通过聚合将类绑定并进行写入控制。聚合对外只提供唯一的操作入口，该入口是一个类，称为聚合根类。聚合根类是整个聚合对外暴露的唯一操作入口，外部不可直接操作聚合内部成员类，聚合根类维护了聚合内部成员关系的强一致性，聚合成员的生命周期小于或等于聚合根类的生命周期。

构建聚合是指将概念数据模型中相关的类依据强一致性进行边界划分。首先根据聚合根类的管理性质找出聚合根类，然后根据业务依赖和业务内聚原则将聚合根类及与它关联的类组合为聚合。聚合一方面负责封装业务逻辑、内聚决策命令和领域事件、识别哪些类为聚合根类或子类；另一方面负责执行业务规则。聚合根类是全局标识，而其内部的子类是局部标识，所以只有聚合根类可以直接从外部查询。

2. 拆分微服务

通过构建聚合，我们逐步建立了以聚合为基础单元的模型。而微服务是自治、职责单一的管理单元，具有完整的技术栈和自身管理数据（独立数据库原则），同时也是独立部署的单元，可以为其单独配置合适的运行环境。

根据领域的上下文语境，原则上一个限界上下文（独立领域模型）可以被设计为一个微服务。限界上下文具有独立性，参考微服务中数据库独立原则，以限界上下文为单位是拆分微服务的首选。但由于领域建模时只考虑了业务因素，没有考虑落地时的技术、团队及运行环境等非业务因素，因此在应用设计时，不能简单地将限界上下文作为唯一标准。还需要考虑服务的粒度、分层、边界划分、依赖关系和集成关系等。因此，在某些场景下还会将一个限界上下文中的聚合拆分到多个微服务中。基于聚合拆分微服务也是一种常用方式，聚合是微服务拆分的最小单元，能确保事务的强一致性。

3. 定义服务契约

业务服务具有业务价值，并且可以以 API 形式对外提供给消费者。在确定了微服务拆分方式后，基于已经识别的微服务，需要继续对其细化，从而识别 API，确定每个微服务对外提供的粒度更细的接口能力。

基于系统序列图，可以将逻辑数据模型中类之间的调用方法映射为服务间的接口，补充接口的具体参数和字段。定义服务契约需要选择合适的通信方式、API 设计风格，并利用可视化文档对 API 进行详细设计。

12.5.3 应用架构设计

如前所述，应用架构设计是一个逐步细化和迭代的过程，一般要先做总体架构设计，然后再细化架构设计。

1. 总体架构

总体架构描述了应用的各个大模块以及它们之间的关系。总体架构意在对应用进行适当程度的分解，但不陷入细节中，借此让管理人员、市场人员、用户等非技术人员理解每个模块设计的目的，并进行交流和完善。总体架构规定了各个大模块之间的非正式规约，但不涉及接口细节。总体架构对每个大模块的职责都进行了笼统的界定，并且给出了它们之间的相互关系。总体架构是直指目标的设计思想和重大选择，它更注重于找对方向，往往是战略层面而非战术层面的设计，它更强调重点机制的确定，而不一定是非常完整的设计。

在总体架构中需要包括的内容如下：

○ 顶层功能架构划分。

○ 实现架构风格选型。

    ◯　开发技术栈选型。

2. 细化架构

细化架构设计就是逐一细化应用的功能架构、技术架构、数据架构、运行架构的过程。

（1）功能架构

功能架构描述了每个模块的功能（或者说是职责）与模块之间的协作关系。功能架构关注职责的划分和接口的定义，不同粒度的职责需要被封装在不同的逻辑区域中，这个区域可能是一个逻辑层、功能子系统、功能模块、关键类等；同时对于一些通用职责，如日志、安全等职责，也需要将它们分别封装在专门的功能模块中。通过划分模块、定义模块间的交互接口，功能架构提供了团队开发的基础，可以把不同模块分配给不同的小组，而接口就是小组间合作的契约。

上面提到的功能模块是用来明确问题领域的，但需求分析做得再细也没法打破系统是一个"黑盒子"这一事实。所谓细化架构设计，就是要完成从问题领域到解决方案的转换，通过切分结构，定义协作，从而进入"黑盒子"内部。也就是说，功能模块是功能分解结构，而逻辑架构是对系统内部结构进行分解的结果。功能模块是架构师从上游需求分析中得到的，它需要注意两个方面：一是面向使用，体现使用价值；二是全面覆盖，没有遗漏。

把紧密相关的一组功能映射到一个功能模块上有利于实现高内聚、低耦合，并且也有利于程序小组间的分工。另外，还有一些公共的功能（如日志、安全验证）会用于同时支撑多个业务，它们也会被划分到单独的功能模块中，该功能模块通常被称作"通用模块"。

（2）技术架构

上述功能模块是可交付的实体，而技术架构具体说明其所需使用的前后端技术、中间件系统、数据库、结构类型等额外的技术需求。

（3）数据架构

数据架构涉及数据单元以及它们之间的数据关系，其更关注应用数据的持久化存储方案，包括数据的存储格式、数据传递、数据复制和数据同步等策略。

（4）运行架构

运行架构特别关注应用运行情况，具体涉及如何将应用安装、部署到物理服务器上。运行架构设计对运行期间应用的质量属性如性能、可伸缩性、持续可用性、安全性等有重大影响。

（5）细化领域模型

最初的领域模型只是一个概览版，随着细化架构设计要进一步细化领域模型。前期的领域模型更偏向于架构设计，而细化之后的领域模型更面向实现。前期不会区分"类"和"接口"，而是按照一般化类处理。在细化架构阶段，则需要明确区分"类"和"接口"，进一步将领域模型设计到可编程实现的程度。

应用架构和业务架构本质上都是为了追求对业务变化给予更高响应，从业务视角降低复杂度。两者都强调从业务出发，根据业务发展合理划分领域边界，持续调整现有应用架构，优化现有代码，保持架构和代码的生命力，从而实现所谓的架构演进。如图 12-8 所示，应用架构更多地关注应用自身，而业务架构主要关注对业务的抽象。

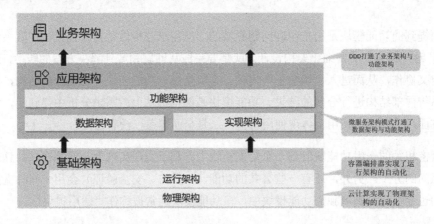

图 12-8

业务架构、应用架构与前面提到的容器编排等技术结合，可打通从物理架构、运行架构、数据架构、实现架构、功能架构到业务架构的全链路，将业务、需求、设计、开发、运行纳入统一流程，从而保证应用从需求分析到最终运行阶段都符合预期。

12.6　领域驱动建模

2004 年，领域驱动设计（Domain Driven Design，DDD）这一概念被提出。DDD 的核心思想是通过领域驱动设计方法定义领域模型，从而确定业务和应用边界，保证业务模型与代码模型的一致性。

首先要明确一个概念，DDD 不是领域模型，虽然 DDD 中着重强调了领域模型的重要性，但在 DDD 之前就已经出现了一套完整的领域建模方法论。DDD 理论基于现有的领域建模体系，用统一的建模语言贯穿了整个软件开发的生命周期。

12.6.1　分布式应用建模的痛点

在单体架构时代，应用在开发流程和领域建模两方面都有一定的方法论。但是当类似的方法被运用到分布式的 SOA 架构或微服务架构之后，其弊端也随即显露。

○ 领域建模、需求分析、架构设计、应用开发各个阶段割裂：在开发流程方面，传统单体应用的各个开发阶段割裂，导致需求、设计与代码实现之间不一致。而应用设计主要是基于架构设计阶段的建模，这种方式也造成设计阶段的模型无法完全符合前期的需求，也无法应对后期的开发。这些问题往往在应用上线后才会显现。

○ 领域模型边界不清晰，无法支持分布式架构：领域建模阶段往往使用面向对象的建模方式，各种类交织在一起构成一张网，缺少对象间的明确边界。将此方法运用到 SOA 架构或微服务架构中以后，不同的类将会被分散在不同的服务中，因此需要尽量避免跨越服务边界的对象引用。比较通用的做法是独立设计、开发每个服务。对于需要相互协作的服务，由于没有统一领域模型往往会引起数据重复且无法打通，造成严重的烟囱效应。

○ 缺乏统一语言，代码难以理解：因为应用开发的不同阶段采用不同的语言，往往经过过滤和翻译转换，因此存在遗漏、曲解的问题，而这些问题直到上线才会暴露。业务逻辑不能从产品团队精准传递到开发团队，有时开发团队开发了一段时间后才发现需求理解有偏差。

○ 缺乏合理抽象：在领域复杂度问题上，业务人员不能代替领域专家。没有领域专家的协助，往往无法很好地解决复杂度问题。同时开发团队面对需求增长和变化时，缺乏对业务逻辑的抽象和理解，往往开发一个需求点需要改动多处，容易出错且导致开发效率低、代码可维护性差。

12.6.2　DDD 概述

DDD 被提出后，它在软件开发领域一直没有适合的使用场景，直到 Martin Fowler 提出微服务架构，它才真正迎来了最适合的场景。有些熟悉 DDD 方法的开发人员在进行微服务设计时，发现可以利用 DDD 来建立领域模型，划分领域边界，再根据领域边界从业务视角划分微服务边界。而按照 DDD 方法设计出来的微服务应用，其边界都非常合理，可以很好地实现微服务内部和外部的高内聚、低耦合，于是 DDD 逐渐成为微服务设计的指导思想。

DDD 是一种处理高度复杂领域的设计思想，它围绕业务概念构建领域模型来控制业务的复杂度，以解决应用难以理解、难以演进的问题。DDD 不是一种架构，而是一种架构设计方法论，它通过划分边界将复杂业务简单化，从而支撑应用架构演进。

DDD 是对面向对象设计思路的升级，它希望通过统一的模型打通业务、需求、设计、开发等不同阶段，用一套模型充分反映领域专家、架构师和开发人员的共识，使应用能够更灵活、快速地响应需求变化，使应用即使变得更复杂也仍然能保持敏捷性。

12.6.3　DDD 的优势

通常来说，DDD 的优势有以下几点。

1. 通用语言

在领域建模时，必须通过沟通来交换对模型及其中涉及的元素的想法。如果团队没有通过一套公共的语言来讨论领域，那么其所开发的应用将会面临严重的问题。对于同样的领域知识，不同的参与角色可能会有不同的理解，因此需要在建模之前制定一套完整的通用语言。如果领域专家使用行话来讨论领域，应用架构师在设计中也使用自己的语言，那么这无疑是"鸡同鸭讲"。所以在讨论和定义模型时，需要使用通用语言。通用语言是团队统一的语言，它可以解决沟通障碍的问题，使精通业务的领域专家、架构师和开发人员能够协同合作，从而确保业务需求得到正确表达。通用语言是架构师对领域做出深刻理解后，规定用于描述领域内容的一种表达形式，这种形式不会出现在代码中。

DDD 的一个核心原则是使用一种基于模型的语言，因为模型是基于领域共同点而建立的，很适合作为通用语言的架构基础。使用模型作为语言的核心骨架，要求团队在进行交流时使用一致的语言，而且代码也是基于该语言模型的，确保团队使用的语言在所有交流形式中保持一致。通用语言连接从设计到开发的所有部分，通过通用语言，领域专家、应用架构师和开发人员可以共同创建领域模型，并使用代码来表现模型。

2. 协作设计

协作设计的核心是打通分析、设计、开发整个流程。在传统情况下，应用架构师和领域专家协同工作后发现领域的基础元素，强调元素之间的关系，创建一个正确的模型，模型也正确地捕获领域知识。然后模型被传递给开发人员，开发人员研究模型后发现其中有些概念或关系不能被正确地转换成代码，于是又独立进行了设计，随着更多元素被加入设计中，进一步加大了与原先模型的差距。同时，为了解决在实际开发中遇到的问题（这个问题在建立模型时是没有考虑到的），开发人员"被迫"变更设计。一个看上去正确的模型并不代表它能被直接转换成代码，如果核心代码无法被映射到领域模型上，那么该模型基本上就没什么价值了。

DDD 的一个关键因素是在建立模型时就考虑到应用的设计和开发，开发人员参与到建模工作中，主要目的是选择一个恰当的模型，这个模型能够对应用开发过程有所呈现，这样一来，基于模型的开发过程就会很顺畅。将代码和模型紧密关联会让代码更有意义，且代码能随着模型的调整而调整。有了开发人员的参与和反馈，这就在一定程度上保障了模型最终能被实现为应用。如果某处有错误，则会在早期就被识别出来，问题也容易解决。如果写代码的人能够很好地了解模型，那么就能更好地保持它的完整性。DDD 可以确保领域模型能够如实地反映领域的实际情况。最后，当从模型中去除在设计中使用的术语和所赋予的基本职责后，代码就成了模型的表达式，对代码的变更就可能引起对模型的变更。在打通了整个流程之后，最大的转变是应用的设计将由领域专家和业务人员主导，而不再由开发人员主导。

3. 支持分布式架构

为了解决分布式应用领域建模的困扰，可以采用领域驱动设计方法，通过建立统一领域模型，划分子领域边界，使用通用子领域来实现数据同步共享。分布式事务处理也可以通过 DDD 的聚合机制来维护服务之间的数据一致性。

12.6.4　基本概念

DDD 中涉及的基本概念有领域、子领域（有时也简称"子域"）、限界上下文、领域事件、实体等，下面将分别介绍。

1. 领域

领域指的是范围或边界，在研究和解决业务问题时，DDD 会按照一定的规则将业务领域进行细分。当领域被细分到一定程度后，DDD 会将问题范围限定在特定的边界内（也就是领域），并在这个边界内建立领域模型，进而用代码实现该领域模型，解决相应的业务问题。DDD 的领域指的就是边界，它确定了要解决的业务问题领域。只要确定了应用所属的领域，这个应用的核心业务，即要解决的关键问题和问题范围的边界就基本确定了。因为领域的本质是问题领域，而问题领域可能根据需要会被逐层细分，所以领域可被分解为子领域，子领域或可被继续分解为子子领域等。

领域模型不是一开始就被完全定义好的。首先要创建领域模型，然后基于对领域的进一步认识和理解，以及来自开发人员的反馈，对其继续完善。接下来所有的需求都会被逐步集成到这样一个统一的模型中，进而通过代码来实现。在对应用演进的同时需要维护这样一个模型的持续演进，以确保所有新增的部分和模型原有的部分配合得很好，同时在代码中也能被正确地实现及体现。

2. 子领域

领域可以被进一步划分为子领域，每个子领域都对应一个更小的问题领域，表现更小的业务范围。子领域的核心作用是解决划分问题领域的问题。一个领域往往包含多个子领域，在划分子领域时，尽量把那些相关联的以及能够形成一个自然概念的因素放在一个子领域里。子领域有三种类型，分别是核心子领域、通用子领域和支撑子领域。

- 核心子领域：用于决定独特竞争力的子领域是核心子领域，它是业务成功的主要因素和企业的核心竞争力，所以需要企业投入最核心的资源自行开发。

- 通用子领域：没有个性化的诉求，属于通用功能的子领域是通用子领域，如登录、认证等，其往往需要外部采购标准软件产品。

- 支撑子领域：其所提供的功能是必需的，但不是通用的，也不是企业核心竞争力。这样的子领域是支撑子领域，如单证、凭据等。

领域的核心思想是将问题领域逐级细分，来降低业务理解和系统实现的复杂度。通过子领域细分，逐步缩小需要解决的问题领域，构建合适的领域模型。每一个细分的子领域都会有一个知识体系，也就是 DDD 的领域模型。当所有子领域建模完成后，也就建立了全域的知识体系，即建立了全域的领域模型。

3. 限界上下文

为了避免相同的语义在不同的上下文环境中产生歧义，DDD 在战略设计上提出了"限界上下文"这个概念，用来确定语义所在的语言边界。限界上下文就是指为封装通用语言和领域模型提供上下文环境，保证领域之内的一些术语、业务相关对象等（通用语言）有一个确切的含义，没有二义性。通过限界上下文，就可以在统一的领域边界内使用统一语言进行交流。Eric Evans 用细胞来形容限界上下文，细胞之所以能够存在，是因为它限定了什么在细胞内、什么在细胞外，并且确定了什么物质可以通过细胞膜。这里的细胞代表了上下文，而细胞膜代表了包裹上下文的边界。分析限界上下文的本质，就是对语言边界的控制。在开发应用时，需要为所创建的每一个领域模型定义上下文。领域模型的上下文是一个条件集合，这些条件可以确保模型里的所有条款都有一个明确的含义。**限界上下文的核心目标是形成统一语言**，避免混淆系统中不同问题领域内的相似概念。正如电商领域的商品一样，商品在不同的阶段有不同的术语，比如在销售阶段是商品，而在运输阶段则变成了货物。同样的一个东西，由于业务领域的不同，赋予了其术语不同的含义和职责边界，通用语言和领域模型的边界往往就是通过限界上下文来定义的。

限界上下文确保所有领域相关内容在该上下文中是可见的，但对其他限界上下文不可见。在 DDD 出现之前，往往采用全局复用的通用组件进行共享。共享的组件将导致耦合度高、协调难度大和复杂度增加等问题。DDD 指出实体在其本地具体的上下文中表现最佳，因此在每个限界上下文中都应该创建自己的实体，通过不同上下文中同类实体间的协调来实现共享，而不是在整个应用中创建统一的共享实体。

一个领域相当于一个问题领域，将领域拆分为子领域的过程就是将大问题拆分为小问题的过程。子领域还可根据需要被进一步拆分为子子领域。当拆分到一定程度后，有些子子领域的边界就可能变成限界上下文的边界了。

一个子领域可能会包含多个限界上下文，也可能子领域本身的边界就是限界上下文的边界。每个领域模型都有其对应的限界上下文，团队在限界上下文内使用通用语言交流。领域内所有限界上下文的领域模型构成了整个领域的领域模型。理论上，限界上下文就是微服务的边界，将限界上下文内的领域模型映射到微服务上，就完成了从问题领域到应用功能架构的转变。可以说，限界上下文是微服务设计和拆分的主要依据。在领域模型中，如果不考虑技术异构、团队沟通等其他外部因素，理论上，一个限界上下文就可以被设计成一个微服务。

4. 领域事件

领域事件是领域模型中非常重要的一部分，用来表示领域中发生的事件。领域事件将导致进一步的业务操作，在实现业务解耦的同时，还有助于形成完整的业务闭环。领域事件驱动设计可以切断不同限界上下文领域模型之间的强依赖关系，当事件发布完成后，发布方不必关心后续订阅方的事件处理是否成功。这样就可以实现领域模型的解耦，维护领域模型的独立性和数据的一致性。当将领域模型映射到微服务上时，领域事件可以实现微服务解耦，对微服务之间的数据不必要求强一致性，而是要求基于事件的最终一致性。

○　当领域事件发生在微服务内的聚合之间时，领域事件发生后将完成事件实体构建和事件数据持久化，发布方聚合将事件发布到事件总线，订阅方接收事件数据完成后续业务操作。微服务内大部分事件的集成都发生在同一个进程内，进程自身可以很好地控制事务，因此不一定需要引入消息中间件。如果一个事件同时更新多个聚合，按照 DDD 的"一次事务只更新一个聚合"的原则，就要考虑是否引入事件总线。微服务内的事件总线会增加开发的复杂度，因此需要结合应用复杂度和收益进行综合考虑。在微服务内可以通过跨聚合的服务组合与编排，以服务调用的方式完成跨聚合的访问，这种方式通常适用于对实时性和数据一致性要求高的场景。

- 跨微服务的领域事件会在不同的限界上下文/领域模型之间实现业务协作，其主要目的是实现微服务解耦，减轻微服务之间实时服务访问的压力。领域事件发生在微服务之间的场景比较多，事件处理机制也更加复杂。跨微服务的事件可以推动业务流程或者数据在不同的限界上下文/微服务之间直接流转。跨微服务的事件处理机制要总体考虑事件构建、发布和订阅，事件数据持久化，消息中间件，甚至在事件数据持久化时还需要考虑引入分布式事务机制等。微服务之间的访问也可以采用应用服务直接调用的方式，实现数据和服务的实时访问，其弊端就是跨微服务的数据同时变更需要引入分布式事务机制，以确保数据的一致性。分布式事务机制会影响系统性能，增加微服务之间的耦合度，所以要尽量避免使用分布式事务。

5. 实体

DDD 中的实体对象拥有唯一标识符，且标识符在历经各种状态变更之后仍能保持一致。对实体对象重要的不是其属性，而是其延续性和标识，对象的延续性和标识会跨越甚至超出应用的生命周期。实体是具有持久化 ID 的对象，即使两个实体具有相同的属性值，但是只要 ID 不同，这两个实体也会被认为是不同的对象。实体是领域模型中非常重要的对象，它在建模过程的一开始就应该被考虑到，决定一个对象是否需要成为一个实体也很重要。实体的业务形态在 DDD 的不同设计过程中也有可能是不同的。

- 实体的领域模型形态：在战略设计中，实体是领域模型中一个重要的对象，领域模型中的实体是多个属性、操作或行为的载体。在事件风暴中，我们可以根据命令、操作或者事件找出产生这些行为的业务实体对象，进而按照一定的业务规则将依存度高和业务关联紧密的多个实体对象与值对象进行聚类，形成聚合。

- 实体的代码形态：在代码模型中，实体的表现形式是代码中的类，这个类包含了实体的属性和方法，通过这些方法实现实体自身的业务逻辑。在 DDD 中，与实体相关的所有业务逻辑都在该实体的类的方法中实现，跨多个实体的领域逻辑则在领域服务中实现。

- 实体的运行形态：在应用运行过程中，实体以领域对象（DO）的形式存在，每个实体对象都有唯一的 ID。我们可以对一个实体对象进行多次修改，修改后的数据和原来的数据可能会大不相同。但由于它们拥有相同的 ID，因此它们依然是同一个实体。比如商品是一个实体，通过唯一的商品 ID 来标识，不管这个商品的数据如何变化，商品的 ID 一直保持不变，说明始终是同一个商品。

- 实体的数据库形态：与传统数据模型设计优先不同，DDD 是先构建领域模型的，针对实际业务场景构建实体对象和行为，再将实体对象映射到数据持久化对象上。在将领域模型映射到数据模型上时，一个实体可能对应零个、一个或多个数据持久化对象。在大多数情况下，实体与持久化对象是一对一的关系。在某些场景中，有些实体只是暂驻静态内存的运行态实体，它们不需要持久化。

6. 值对象

实体对象是可以追踪的，但创建和追踪标识符需要很高的成本。对于某些对象，我们对对象本身不感兴趣，只关心其所拥有的属性。举个例子来说，用户在超市购物时，需要 5 元钱，钱包里有 3 张 5 元纸币，但用户并不会关心每张纸币的编号、特点等，只要知道纸币面值是 5 元就行。所以用来描述领域的特殊方面且不需要有标识符的对象，就被称为值对象。因为没有标识符，值对象可以被轻易地创建或丢弃。值对象描述了领域中的不可变对象，它将不同的相关属性组合成一个概念整体。当度量和描述改变时，可以用另外一个值对象予以替换，比如上文中提到的例子，用户丢了一张 5 元纸币，他可以用其他的 5 元纸币代替。

但值对象与上下文是息息相关的，比如在 5 元纸币的生产过程中，就需要关心每张纸币的编号、独特性等，所以这时候这张 5 元纸币就不再是消费过程中的值对象，而是生产过程中的实体对象。

区分实体对象和值对象非常重要，建议选择那些符合实体定义的对象作为实体对象，将剩下的对象处理成值对象。在领域建模过程中，值对象可以保证属性归类的清晰和概念的完整，避免属性零碎。

- 值对象的领域建模形态：值对象是 DDD 领域模型中的一个基础对象，它跟实体对象一样都来源于事件风暴所构建的领域模型，都包含了若干个属性。本质上，实体是看得到、摸得着的实实在在的业务对象，实体具有业务属性、业务行为和业务逻辑。而值对象只是若干个属性的集合，只有数据初始化操作和有限的不涉及修改数据的行为，基本不包含业务逻辑。值对象的属性集合虽然在物理上被独立出来，但在逻辑上其仍然是实体属性的一部分，用于描述实体的特征。在值对象中也有部分共享的标准类型的值对象、自己的持久化对象，可以建立共享的数据类微服务，比如数据字典。

- 值对象的代码形态：值对象在代码中有两种形态——如果值对象是单一属性，则直接定义为实体类的属性；如果值对象是属性集合，则将其设计为 Class 类，Class 类将具有整体概念的多个属性归集到属性集合，这样的值对象没有 ID，会被实体整体引用。

- 值对象的运行形态：实体实例化后的领域对象的业务属性和业务行为非常丰富，而值对象实例化后的对象则相对简单，只保留了值对象数据初始化和整体替换的行为。值对象创建后就不允许修改了，只能用另外一个值对象来整体替换。

- 值对象的数据库形态：DDD 引入值对象是希望实现从"以数据建模为中心"到"以领域建模为中心"的转变，减少数据库表的数量和表与表之间复杂的依赖关系，尽可能简化数据库设计。传统的数据建模大多是根据数据库范式实现的，一个数据库表对应一个实体，每一个实体的属性值都用单独的一列来存储，一个实体主表会对应 N 个实体从表。而值对象在数据库持久化方面简化了设计，它的数据库设计大多采用非数据库范式，值对象的属性值和实体对象的属性值被保存在同一个数据库实体表中。在领域建模时，可以将部分对象设计为值对象，保留对象的业务含义，同时减少实体的数量。在数据建模时，可以将值对象嵌入实体，减少实体表的数量，简化数据库设计。

7. 聚合

领域模型内的实体和值对象就好比个体，而能让实体和值对象协同工作的组织就是聚合，它用来确保这些领域对象在实现共同的业务逻辑时数据的一致性。聚合是由业务与逻辑紧密关联的实体和值对象组合而成的，聚合是数据修改和持久化的基本单元。一个限界上下文内可能包含多个聚合，每个聚合都有一个根实体，叫作聚合根。聚合根的主要作用是避免由于复杂数据模型缺少统一的业务规则控制，而导致实体之间数据的不一致。传统数据模型中的所有实体都是对等的，如果任由实体无控制地调用和修改数据，则很可能会导致实体之间数据逻辑的不一致。而如果采用锁的方式，则会增加应用的复杂度，也会降低性能。聚合进一步封装实体和值对象，让领域逻辑更内聚，起到了保护边界的作用，聚合的引入使得业务对象之间的关联变少了。

聚合用来管理领域对象的生命周期，是一种定义对象所有权和边界的领域模式。聚合是对某个子领域中多个实例统一性的封装，一个子领域中可以包含多个聚合。聚合可以被看作是代码和数据的封装，形成一个统一的对外边界。聚合使用边界将内部和外部的对象区分开来，而聚合根就是这个实体中可以被外部访问的唯一对象。如果把聚合比作组织，那么聚合根就是这个组织的负责人。

聚合根也被称为根实体，它不仅是实体，还是聚合的管理者。首先，聚合根作为实体本身，拥有实体的属性和业务行为，实现自身的业务逻辑。其次，聚合根作为聚合的管理者，在聚合内部负责协调实体和值对象按照固定的业务规则协同完成共同的业务逻辑。这种安排让强化聚合内对象的不变量变得可行，并且对聚合而言，它是处于任何变更状态的整体。如果边界内有其他实体，那么这些实体的标识符都是本地化的。最后，在聚合之间，聚合根还是聚合对外的接口人，外部对象只能引用聚合根对象。

因为外部其他对象只持有聚合根对象的引用，这意味着它们不能直接变更聚合内的其他对象，它们能做的就是对聚合根进行变更，或者让聚合根来执行某些操作。如果将聚合根从内存中删除，聚合内的其他所有对象也将被删除。如果聚合对象被保存在数据库中，那么只有根对象可以通过查询来获得它，其他对象只能通过关联来获得它。因为聚合的原子性，所以需要避免不同的聚合相互调用，唯一可以调用聚合的应该是应用层。每个聚合都对应一个本地事务，具有操作的原子性。例如，一个银行系统会处理并保留客户数据，包括客户个人数据和账户数据，当系统归档或完全删除一个客户信息时，必须要保证所有的引用都被删除了。同样，如果一个客户的某些数据发生了变化，则必须确保在系统中执行了适当的更新。

总体来说，聚合具有以下特性。

- 在一致性边界内对真正的不变性进行建模：聚合用来封装真正的不变性，而不是简单地将对象组合在一起。聚合内有一套不变的业务规则，各实体和值对象按照统一的业务规则运行，实现对象数据的一致性，边界之外的任何东西都与该聚合无关，这就是聚合能实现业务高内聚的原因。

- 设计小聚合：如果聚合设计得过大，则会因为聚合包含过多的实体，导致实体之间的管理过于复杂，高频操作时会出现并发冲突或者数据库锁，最终导致系统可用性变差。而小聚合设计可以降低由于业务过大导致聚合重构的可能性，让领域模型更能适应业务的变化。

- 通过唯一标识引用其他聚合：聚合之间是通过关联外部聚合根的方式引用的，而不是直接对象引用的方式。将外部聚合的对象放在聚合边界内管理，容易导致聚合的边界不清晰，也会增加聚合之间的耦合度。

- 在边界之外达到最终一致性：在聚合内实现数据强一致性，而在聚合之间实现数据最终一致性。在一次业务操作中，最多只能更改一个聚合的状态。如果一次业务操作涉及多个聚合状态的更改，则应采用领域事件的方式异步修改相关的聚合，实现聚合之间的解耦。

○ 通过应用层实现跨聚合的服务调用：为实现聚合之间的解耦，以及未来以聚合为单位的组合和拆分，应该避免跨聚合的领域服务调用和跨聚合的数据库表关联。

聚合在 DDD 分层架构中属于领域层，领域层包含了多个聚合，共同实现核心业务逻辑。对应于战略设计中的限界上下文，**每个限界上下文中都可以包含多个聚合，而一个聚合只能属于一个限界上下文**。

讲完聚合的概念，我们再来讲讲与聚合相关的另外两个概念：工厂和存储库。

○ 工厂：工厂是负责实现聚合创建逻辑的对象，它与领域层控制器和聚合根的具体关系如图 12-9 所示。因为聚合通常会很大、很复杂，根实体的构造函数内的创建逻辑也会很复杂，这就意味着对象的每个客户程序都将持有关于对象创建的知识，但这样也就破坏了领域对象和聚合的封装。工厂可以帮助封装复杂对象的创建过程，即封装对象创建所必需的知识。工厂的原理是将创建复杂聚合实例的职责打包给一个独立对象，虽然这个对象本身在领域模型中没有职责，但它提供了一个可以封装所有复杂聚合的接口，客户程序将不再引用需要初始化的对象和具体类，将整个聚合当作一个单元来创建，强化它们的不变量。当聚合根建立时，所有聚合包含的对象将随之建立，所有的不变量得到了强化。

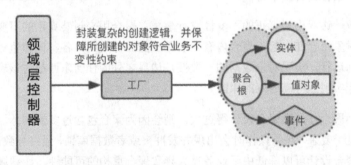

图 12-9

○ 存储库：在面向对象的语言中，必须保持对一个对象的引用以便能够使用它。要使用一个对象，则意味着这个对象已经被创建而且会被持久化保存（可能保存在数据库中，也可能是其他持久化形式）。对领域模型中对象的引用，可以从数据库中直接获取对象。当需要使用一个对象时，应用可以访问数据库，检索出对象并使用它。

在 DDD 中通过资源库来访问持久化实体的对象，使用存储库封装访问数据库的底层机制。使用存储库的目的是封装所有获取对象引用所需的逻辑，通过资源库实现对对象的引用。当一个对象被创建后，它可以被保存在存储库中，以后使用时可以从存储库中检索到。存储库作为一个全局的可访问对象的存储点而存在，实现了对象和其引用之间的解耦。存储库中包含用来访问基础设施的细节信息，可以访问潜在的持久化基础设施。

工厂和存储库能将领域对象的创建、保存等生命周期关联起来。工厂关注的是对象的创建，而存储库关心的是已存在的对象。聚合先由工厂创建，然后被传递给存储库保存下来。

8. 服务

在领域建模过程中，有些概念很难被映射成对象。对于对象，通常要考虑其拥有的属性，管理其内部状态并暴露行为。有些领域中的动作看上去不属于任何对象，它们代表了领域中的重要行为，所以不能忽略它们或者把它们合并到某个实体或值对象中。通常这样的行为会跨多个对象。当这样的行为从领域中被识别出来时，最佳方式是将其声明成一个服务，服务实现不属于实体和值对象的业务逻辑对象。

服务通常被建立在领域实体和值对象的上层，以便直接为这些相关对象提供其所需的服务。服务的目的是简化领域所提供的功能，它具有非常重要的协调作用，一个服务可以将实体和值对象关联的相关功能进行分组。服务担当一个提供操作的接口，它通常为很多对象提供了一个连接点。引入应用服务，就是对领域逻辑进行编排、封装，供上层接口层调用。一个应用服务对应一次编排，一次编排对应一个用户用例。

领域服务通过对多个实体和实体方法进行组合（聚合），完成核心业务逻辑。如果要将实体方法暴露给上层，则需要将其封装成领域服务后才可以被应用服务调用。因此，若有实体方法要被前端应用调用，则需要将其封装成领域服务，然后领域服务再被应用服务调用和编排。

应用服务用来表示应用和用户的行为，负责服务的组合、编排和转发，负责处理业务用例的执行顺序以及结果拼装，对外提供粗粒度的服务。具体来说，应用服务会对多个领域服务进行组合与编排，暴露给用户接口层，供前端应用调用。除了完成服务的组合与编排，在应用服务内还可以完成安全认证、权限校验、初步的数据校验和分布式事务控制等功能。

12.6.5　实施步骤

基于 DDD 的建模包括战略设计、战术设计和技术实现三个阶段。

战略设计会控制和分解战术设计的边界与粒度；战术设计则从实证角度验证领域模型的有效性、完整性和一致性，进而以演进的方式对战略设计进行迭代。在战略设计阶段，经过需求分析获得清晰的问题领域，通过对问题领域进行分析和建模，识别限界上下文，划分出相对独立的领域，并通过上下文映射建立它们之间的关系，辅以面向领域的应用架构模式划定领域与技术之间的界限。随后进入战术设计阶段，深入限界上下文内对领域进行建模，并以领域模型指导应用设计与编码实现。在实现过程中，若发现领域模型存在重复、错位或丢失的情况，则需要对模型进行重构，甚至可以重新划分限界上下文，通过一套统一的领域模型，确保从领域需求分析到业务建模再到编码的一致性。

1. 战略设计

在 DDD 中，战略设计的核心目标是澄清业务与问题，建立领域模型的边界，用于指导微服务的设计和拆分。战略设计的主要目标是建立标准的领域模型，主要分为以下三步。

① 找出实体和值对象等领域对象：根据场景分析，找出发起或者产生命令或领域事件的实体和值对象，将与实体或值对象有关的命令和事件聚集到实体上。

② 定义聚合：在定义聚合前，先找出聚合根，然后再找出与聚合根具有紧密依赖关系的实体和值对象。

③ 定义限界上下文：根据不同聚合的语义进行组织、分类，将具有相同语义的聚合归类到同一个限界上下文内。

子领域和限界上下文是两个完全不同的维度。子领域是对问题的澄清，是对问题空间的边界划分，单纯从问题角度划分职能边界。而限界上下文则是业务边界和统一语言的范围，是对解决方案空间的边界划分，定义解决方案的职责范围。影响限界上下文的因素首先是统一语言，没有二义性；其次是规模的复杂度、遗留系统的隔离、技术策略与团队组织等，限界上下文会随着这些因素的变化而变化。

在概念上，子领域与限界上下文是不存在包含与被包含关系的。而在实际场景中，在每个子领域中往往都会包含一个或多个限界上下文。但这层包含关系只是从大部分场景出发考虑的一个简化方案。

传统的单体应用往往只有一个领域。而当对应用进行分布式的微服务化后，不同的微服务对应不同的问题领域，每个子领域中的模型都需要定义一个或多个限界上下文，在每个限界上下文中都有独立的领域模型。当使用多个领域模型时，限界上下文定义了每个模型自己的界限，而建模的过程可以确保每个模型的一致性和完整性。

限界上下文的核心理念是通过一套通用的语言为某个领域建模，而建模的核心是创建独立的数据库，用于存储、隔离领域数据。就如之前章节所讲的，微服务架构与 SOA 最大的区别在于数据隔离，微服务架构模式通过数据复制，而不是 SOA 中数据共享的方式来提供数据同步。换言之，微服务主导每个服务都拥有自己独立的数据库，也就是数据模型。通过 DDD 为微服务建模，从数据库的角度来看，也就是通过限界上下文来划分微服务的过程，划分之后为每个微服务进行领域建模，从而实现独立数据库的创建。

从微服务的角度来看，微服务必须被限制在一个领域模型也就是一个限界上下文中。此外，有不少场景一个限界上下文中有多个微服务，在此情况下微服务对应的最小单元是聚合（后续将会介绍）。

2. 战术设计

DDD 的战术模式是在战略设计所确定的边界内提炼统一的概念抽象，它是对面向对象设计的改进，其目的是建立抽象模型，将领域对象映射到代码和数据架构上。战术设计是根据领域模型进行细化设计的过程，这个阶段主要梳理每个限界上下文内的具体领域对象，梳理领域对象之间的关系，以及不同服务之间的依赖关系。

在战术设计的实施过程中，会在领域模型中的领域对象与代码模型中的代码对象之间建立映射关系，将业务架构和数据架构进行绑定。当因为业务变化而需要调整业务架构和领域模型时，数据架构也会同时发生调整，并同步建立新的映射关系。DDD 的核心诉求是让业务领域和应用功能及其数据形成绑定关系，也就是打通应用的业务架构、功能架构以及数据架构。当相应的业务领域发生变化调整时，应用的功能架构和数据架构建模也会随之改变。在 DDD 中对业务架构的梳理和对应用的功能架构与数据架构的梳理是同步进行的，其结果是设计出的业务领域模型和应用的功能架构与数据架构是深度关联的，同时它们与应用技术架构又是解耦的，所以设计、开发人员可以根据领域的应用功能架构和数据架构选择最合适的实现技术，但同时可以保证领域模型与实现代码的一一对应。

领域模型涉及多个领域对象，但要完成从领域模型到代码的落地，需要进一步分析和设计，在事件风暴的基础上进一步细化领域对象以及它们之间的关系，补充事件风暴中遗漏的业务细节。

（1）服务识别和设计

针对大部分 SOA 或微服务应用，服务表现了其对外提供的能力，它往往与 DDD 的应用服务或领域服务对应，可以将命令作为服务识别和设计的起点。具体步骤如下：

① 根据命令设计应用服务，确定应用服务的功能、服务集合、服务组合与编排方式。服务

集合中的服务包括领域服务和其他外部的应用服务。

②　根据应用服务的功能要求设计和定义领域服务。应用服务可能是由多个聚合的领域服务组合而成的。

③　根据领域服务的功能，确定领域服务内的实体及其功能，设计实体的基本属性和方法。另外，还需要考虑领域事件的异步化处理。

（2）梳理聚合中的对象

在确定了应用服务和领域服务之后，下一步就是需要细化每个聚合内的不同领域对象以及它们之间的关系。在整个梳理过程中，需要明确原先一些比较模糊的概念，例如确认是实体、值对象还是领域事件。更进一步，需要明确每个领域对象的具体属性，以及验证这些属性是否完整。

原则上，一个限界上下文（独立领域模型）可以被设计成一个微服务。但由于领域建模时只考虑了业务因素，没有考虑微服务落地时的技术、团队以及运行环境等非业务因素，因此在进行微服务拆分与设计时，不能简单地将领域模型作为微服务拆分的唯一标准，它只能作为一个重要依据。微服务设计还需要考虑服务的粒度、分层、边界划分、依赖关系和集成关系。除了考虑业务职责单一，还需要考虑弹性伸缩、安全性、团队组织和沟通效率、软件包大小以及技术异构等非业务因素。因此，在某些场景中还会将一个限界上下文中的领域模型拆分为多个微服务，而微服务拆分的最小单元是聚合，因为聚合是事务的最小单元。

通过 DDD 实现微服务拆分其实就是规划领域对象的边界，确定哪些类属于哪个子领域。在典型的微服务中，大部分业务逻辑都由聚合组成。服务是业务逻辑的入口，业务服务通过数据服务的功能从数据库中检索聚合或将聚合保存到数据库中。聚合是一个边界内领域对象的集群，可以视为事务的最小单元。它由根实体和值对象组成，业务对象都被建模到不同的聚合中。

在 DDD 中实现微服务拆分其实就是将领域模型组织为聚合的集合，每个聚合都可以被作为一个事务单元进行处理，其包含一组对象。每个聚合都阐明了加载、更新和删除等操作的范围，这些操作只能作用于聚合，而不能作用于聚合中的某个对象。聚合代表了一致性的边界，更新只能针对整个聚合而不是聚合的一部分，从而可以解决数据一致性的问题。聚合根是聚合中唯一可以由外部调用的部分，只能通过调用聚合根上的方法来更新聚合。由于聚合的更新是序列化的，因此更细粒度的聚合将增加应用程序同时处理的请求的数量，从而提高可扩展性。同时因为聚合是事务的范围，所以需要定义更大的聚合，以使特定的更新操作满足事务的原子性。聚合的粒度需要视实际情况而定。

3. 技术实现

应用的大部分是不能直接与领域相关联的，比如它的基础设施部分为上层程序提供支撑，最好让应用中的领域部分尽可能与底层解耦。例如，在一个面向对象的应用中，用户界面、数据库以及其他支持性的代码经常被直接写在业务对象中，附加的业务逻辑被嵌入 UI 组件和数据库脚本中。当与领域相关的代码被混入其他层时，理解代码就变得极其困难。

一种比较通用的做法是将一个复杂的应用切分成层，每一层都是内聚的设计，每一层仅依赖其底下一层，遵照标准的架构模式以达到层间的低耦合。将与领域模型相关的代码集中到一个层中，然后将其与用户界面、应用和基础设施的代码分隔开来，通过引入分层架构来确保业务逻辑与技术实现的隔离。如果该代码没有被清晰地隔离到某层，则会变得混乱而难以管理，某处的简单修改会给其他地方的代码造成难以预计的结果。领域层应当关心领域问题，不涉及基础设施的任务。用户界面不与业务逻辑绑定，也不属于基础设施的任务。应用层在业务逻辑层之上，用来监督和协调应用的整个活动。具体来说，一个应用可以分为以下几层，如图 12-10 所示。

❍ 用户接口层：负责向用户显示信息和解释用户指令。这里的用户可能是用户界面、Web 服务或者其他如自动化测试和批处理脚本等业务。

❍ 应用层：应用层是很薄的一层，理论上不应该有业务逻辑，主要是面向用例和流程的相关操作。但应用层又位于领域层之上，因为领域层包含多个聚合，所以它可以协调多个聚合的服务和领域对象，完成服务组合与编排，协作完成业务操作。此外，应用层也是微服务之间交互的通道，它可以调用其他微服务的应用服务，完成微服务之间的服务组合、编排和通信。

❍ 领域层：该层的作用是实现核心业务逻辑，通过各种校验手段来保证业务的正确性。领域层主要体现领域模型的业务能力，用来表达业务概念、业务状态和业务规则。领域层包含聚合（实体和值对象）、领域服务等领域模型中的领域对象。当领域中的某些功能通过单一实体（或值对象）不能实现时，可以通过领域服务组合聚合内的多个实体（或值对象）来实现复杂的业务逻辑。

❍ 基础层：该层的作用是为其他各层提供通用的技术和基础服务，包括数据库、事件总线、API 网关、缓存、基础服务、第三方工具以及其他基础组件等。其比较常见的功能还是提供数据库持久化。基础层包含基础服务，它采用依赖倒置设计的原则来封装基础资源服务，实现应用层、领域层与基础层的解耦，降低外部资源变化对应用的影响。

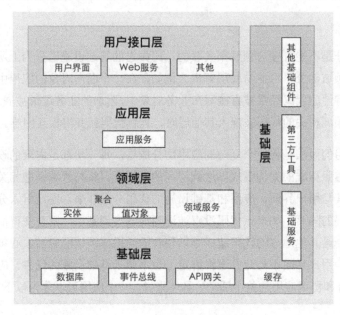

图 12-10

技术实现的具体步骤一般如下：

① 业务组件归类。业务组件由多个功能组件构成，功能组件可由聚合实现，从而确保事务的一致性。为了满足事务的一致性，对一组生命周期绑定的实体与值对象进行写入控制并保证强一致性的单元，叫作聚合。聚合对外只提供唯一的操作入口，该入口是一个实体，叫作聚合根。聚合只与写入操作有关，与读取操作无关。外部不可直接操作聚合内部成员，聚合根维护聚合内部成员关系的强一致性，聚合成员的生命周期小于或等于聚合根的生命周期，并由聚合根管理。

② API 详细设计。选择合适的通信方式、API 设计风格，利用可视化文档对 API 进行详细设计。

③ 对象类设计。参考领域模型的具体领域对象梳理结果，通常利用面向对象的语言设计具体的类。在确定各领域对象的属性后，可以设计各领域对象在代码模型中的代码对象（包括代码对象的包名、类名和方法名），建立领域对象与代码对象的一一映射关系。根据这种映射关系，相关人员可快速定位到业务逻辑所在的代码位置。

④ 数据库设计。在完成领域对象建模后，再考虑把需要持久化的对象保存在数据库中。数据库仅仅是一个保存数据的工具，不要把它过早地耦合在代码中。

4. 整体流程

DDD 的整体流程包括"自下而上"和"自上而下"两种模式。

（1）自下而上

DDD 自下而上的领域建模通常采用事件风暴，通过头脑风暴列出所有可能的业务行为和事件，然后找出产生这些行为的领域对象。通过事件风暴来梳理业务和抽象，在事件风暴中根据一些业务操作和行为找出实体或值对象，进而将业务关联紧密的实体和值对象进行组合，构成聚合。再根据业务语义将多个聚合划定在同一个限界上下文内，并在限界上下文内完成领域建模。同时通过事件风暴确认哪些实体在边界内，哪些实体在边界外。自下而上模式适用于遗留系统业务模型的演进式重构。

事件风暴是建立领域模型的主要方法，事件风暴过程是从发散到收敛的过程。事件风暴通常通过用例与场景分析，尽可能全面无遗漏地分解业务领域，并梳理领域对象之间的关系，这是发散的过程。在事件风暴过程中会产生很多实体、命令、事件等领域对象，将这些领域对象从不同的维度进行聚类，形成如聚合、限界上下文等边界，建立领域模型，这是收敛的过程。事件风暴大致可以分为以下几个步骤。

① 业务抽象。在事件风暴中梳理业务过程中的用户操作、事件以及外部依赖关系等。在业务抽象过程中，需要识别领域事件、决策命令、领域名词。

通过事件风暴识别领域事件。领域事件是领域专家关心的、业务中真实发生的事件，这些事件对业务产生重要的影响。事件风暴是指领域专家与项目团队通过头脑风暴罗列出领域中所有的领域事件，整合之后形成领域事件集合，然后对每个事件标注出导致该事件的命令，再为每个事件标注出命令发起方的角色。通过事件风暴可以快速分析和分解复杂的业务领域，完成领域建模。

决策命令是用来细化领域事件的，确认"谁"以"什么动作"触发该领域事件。

最后，要能识别领域名词。在每一对领域事件和决策命令中，要快速识别和抽象与该领域事件和决策命令相关的业务概念，找出领域中所有涉及的名词，重新命名这些名词，消除二义性。

② 统一语言。根据业务抽象梳理出领域概念元素。

限界上下文是业务的边界，往往通过识别不同的上下文来统一语言，对抽象概念进行澄清、分类和查漏补缺，从而识别业务边界。在该边界内，交流某个概念时不会产生理解或认知上的歧义。具体确定限界上下文的方式是，列出所有的领域名词、外部系统，补充设计需要的其他相关名词。在确认限界上下文的过程中，必须确保所有名词不重复。

③ 概念建模。根据领域概念元素，将业务紧密相关的实体进行组合形成聚合，同时确定聚合中的聚合根、值对象和实体。聚合之间的边界通常是逻辑边界。

在进行领域建模时，我们会根据场景分析过程中产生的领域对象，比如命令、事件等之间的关系，找出产生这些对象的实体，分析实体之间的依赖关系，形成聚合。然后为聚合划定限界上下文，建立领域模型之间的依赖关系。领域建模封装和承载了全部业务逻辑，并且通过聚合的方式保持业务的高内聚、低耦合。它利用限界上下文向上指导微服务设计，通过聚合向下指导聚合根、实体和值对象的设计。

④ 问题领域划分。根据业务及语义边界等因素，将一个或者多个聚合划定在一个限界上下文内，形成领域模型。限界上下文之间的边界是第二层边界，这一层边界可能就是未来微服务划分的边界，不同限界上下文内的领域逻辑被物理隔离在不同的微服务中运行。

对问题领域进行梳理能够进一步明晰要解决的问题，通常会先识别出几个较大的问题领域，然后将问题归类到能够快速解决的较小的子领域中。对于复杂领域，如果不做进一步细分，领域建模的工程量将非常大。即使勉强完成，效果也不一定好。子领域可根据问题重要性和功能属性被划分为三类，通常是核心领域、通用领域和支撑领域。

⑤ 业务服务识别及细化。业务服务具有业务价值，并且可以以 API 形式对外提供接口供消费者使用。根据具体的业务需求来划分业务服务，每个业务服务都可以由多个聚合实现。基于已经识别出的业务服务，继续细化聚合，从而识别 API，确定每个业务服务对外的粒度更细的具体接口能力。

⑥ 接口实现。对定义好的接口进行恰当的实现。

如图 12-11 所示，以保险投保业务场景为例，展示了在聚合构建过程中包括哪些步骤。

第 1 步：采用事件风暴方式，根据业务行为，找出在投保过程中发生这些行为的所有实体和值对象，比如投保单、标的、客户、被保人等。

第 2 步：从众多实体中选出适合作为对象管理者的根实体，也就是聚合根。判断一个实体是否为聚合根，可以分析该实体是否有独立的生命周期，是否有全局唯一 ID，是否可以创建或修改其他对象，是否有专门的模块来管理。图 12-11 中的聚合根分别是投保单和客户。

第 3 步：根据业务单一职责和高内聚原则，找出与聚合根关联的所有紧密依赖的实体和值对象，构建出包含唯一聚合根、多个实体和值对象的对象集合，该集合就是聚合。在图 12-11 中，我们构建了客户聚合和投保聚合。

第 4 步：在聚合内根据聚合根、实体和值对象的依赖关系，画出对象，引用和依赖模型。从图 12-11 中还可以看出实体之间的引用关系，比如在投保聚合中，投保单聚合根引用了保费实体，保费实体则引用了报价规则子实体。

第 5 步：多个聚合根据业务语义和上下文一起被划分到同一个限界上下文内。

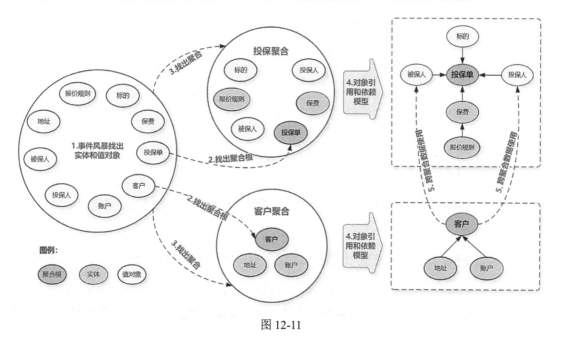

图 12-11

（2）自上而下

自上而下模式如图 12-12 所示。先做顶层设计，从最高领域开始逐级分解为子领域，比如根据业务属性分为核心子领域（或核心领域）、通用子领域（或通用领域）、支撑子领域（或支撑领域）。在每个子领域中确定领域模型，分别为每个领域模型定义限界上下文，在开发阶段限界上下文就可以被直接转化为微服务。自上而下模式适用于全新的应用建设，或者将旧系统推倒重建的情况。由于自上而下模式不必受限于现有应用，因此可以直接使用 DDD 领域逐级分解的领域建模方法。

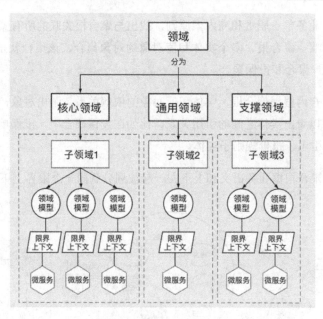

图 12-12

自上而下模式的主要步骤具体如下：

① 问题领域划分。将领域分解为子领域，子领域又可以分为核心领域、通用领域和支撑领域。

② 概念建模。对子领域建模，划分领域边界，建立领域模型和限界上下文，同"自下而上"模式。

③ 业务服务识别及细化。根据限界上下文进行业务服务的设计及细化，同"自下而上"模式。

12.6.6 DDD 与应用设计

DDD 的目标是处理与领域相关的高复杂度业务应用，通过一个统一的领域模型打通业务建模、需求分析、架构设计、软件开发等应用设计的不同阶段。但在实际开发过程中，DDD 往往无法落地，具体原因如下。

❑ 统一模型无法完全代替文本：我们希望 DDD 的统一模型能清晰、完整地表达业务语义，但是模型本身对安全性、可用性、可靠性等的描述缺乏支持。不同文本，如补充规格说明书、词汇表、设想、业务规则等，也无法完全用模型表示。

○ 需求模型与设计模型无法打通：需求模型主要用于对核心问题领域进行研究，其关注的是真实、完整地捕获问题领域的概念，并尽可能让规则显式化。而设计模型用于对解决领域进行描述，更多地关注实现细节。因为两者的关注点不同，所以它们并不是一一对应的。

在实际落地中往往采用领域模型和数据模型这两种不同的模型，其中业务建模阶段采用领域模型，需求分析、架构设计、软件开发阶段采用数据模型。我们可以认为数据模型是领域模型的一个映射，各个模型要各司其职，充分发挥各自的特性。

第 13 章

软件开发

软件开发过程是业界讨论最多的过程，其工程学方法论也非常多，本章将介绍两种比较主流的软件开发模型：瀑布模型和敏捷开发模型。

13.1　瀑布模型

20 世纪 60 年代，Winston W. Royce 主导开发了一个大型软件项目，并于 1970 年在 IEEE 会议上发表了"Managing the Development of Large Systems"论文。其中提出了瀑布式软件开发模型，它将软件开发过程定义为多个阶段，每个阶段都有严格的输入和输出，被认为是一种**重计划、重流程、重文档**的方式。这种模型很快就成为整个软件行业开发的事实标准并被广泛使用。

瀑布模型的核心思想是按照工序化简问题，将功能的设计与实现分开，即采用结构化的分析与设计方法将逻辑实现和物理实现分开，便于分工协作。如图 13-1 所示，瀑布模型将软件生命周期划分为需求分析、软件设计、软件开发、测试、部署实施和系统维护 6 个基本活动，并且规定了它们自上而下、相互衔接的固定次序，如同瀑布流水、逐级下落。

一般来说，产品经理先收集一线业务部门和客户的需求，这些需求可能是新功能需求，也可能是对产品现有功能做变更的需求，然后评估、分析，将这些需求制定为产品路线图，并分配相应的资源进行相关工作。接下来，产品经理将需求输出给开发部门，开发人员编写代码。等代码编写好以后，就由不同部门的人员进行后续的代码构建、质量检验、集成测试、用户验收测试，最后提供给生产部门。这样做带来的问题是开发周期比较长，并且如果有任何变更，都要重新走一遍开发流程。

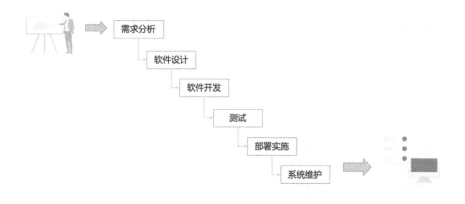

图 13-1

瀑布模型的成功必须满足如下三个前提条件。

○　需求明确：正在解决的业务问题已知且确定不变。

○　方案明确：业务问题的解决方案可预知且确定不变。

○　技术明确：构建软件的技术方案明确且没有未知项。

对于目前的应用软件，显然这三个条件都很难满足。客户往往并不清楚自己的真实需求，只有给客户提供了实际的原型试用，他们才能给出意见。如果第一个前提条件"需求明确"无法做到，那么就无法确保第二个、第三个前提条件的成立。因此在实际项目中，瀑布模型经常由于这三个不确定性而造成项目延期或交付物不符合需求。在实际项目落地过程中，瀑布开发过程的每个阶段都需要花费数月，从而导致客户第一次反馈应用体验时，已经时隔很长时间。

随着应用架构越来越复杂，以及分层、模块化、SOA、微服务等架构模式的大规模推广，整个应用设计、开发的流程变得越来越长。应用的总体需求会随着不同的分层而分为多个子需求，对应各个子需求又会有相应的架构设计、模块开发、测试，以及整个系统的联调、集成测试等过程。这种拆分方式使得只有当项目进入联调和测试阶段后，各个模块才能真正得到验证。这通常会导致在联调和测试阶段发现的缺陷较多，且延期风险很大。并且由于整体交付周期太长，容易出现市场与需求不一致以及需求与开发不一致的问题。

○　市场与需求不一致：由于业务市场的发展，之前的设计已经无法满足当前的需求。

○　需求与开发不一致：只有当业务需求方真正使用应用时，才会发现开发结果与预期需求不一致。

13.2　敏捷开发模型

在瀑布开发模式下，当客户对应用的需求发生变化时，软件厂商需要重新开发应用，这使得应用开发周期变长，应用对变更需求响应慢，很难适应市场需求。

敏捷开发是一种从 20 世纪 90 年代开始逐渐引起广泛关注的新型软件开发方法，它基于"迭代&增量"模型，是一种应对需求快速变化的软件开发能力。敏捷开发将一个大项目分为多个相互联系且可独立运行的小项目，并分别完成，在此过程中软件一直处于可使用状态。敏捷开发更强调开发团队与业务专家之间的紧密协作、面对面沟通（认为比书面的文档更有效），频繁交付新的软件版本。这种紧凑而自我组织型的团队能够很好地适应需求变化并进行高效的代码编写，也更注重软件开发过程中人的作用。与迭代开发相比，虽然两者都强调在较短的开发周期内提交软件，但是敏捷开发的周期可能更短、反馈更快，并且更强调团队的高效协作。敏捷开发强调每次只开发几个功能项，从而缩短开发周期，加快测试反馈实现。如图 13-2 所示，每个敏捷周期都有完整的设计和开发流程，发布后软件会处于可用状态。

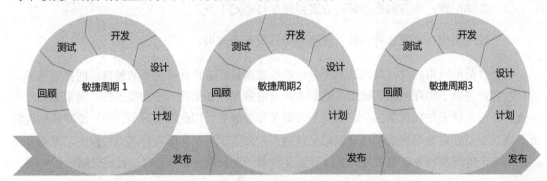

图 13-2

敏捷开发模型有如下几个特征。

○ 迭代、渐进和进化：大多数敏捷开发方法都将产品开发工作细分微小化，因此大大减少了前期规划和设计的数量。迭代都是短时间的框架，通常持续一到四周。每个迭代周期都有跨功能、跨职能的团队参与，包含了规划、分析、设计、程序编码、单元测试和验收测试。在迭代结束时，将工作产品向利益相关者展示。通过上述方式可以使整体风险降至最低，并使产品能够快速适应变化。采用迭代的方式，可能不会一次增加足够的功能来保证产品可立即发布使用，但目标是在每次迭代结束时都有一个可用的发行版本。因此，完整产品的发布或新功能可能需要多次迭代。

○ 高效率的面对面沟通：在敏捷软件开发中，在开发团队附近会设置一个消息发布器（通常很大）实体显示器，它提供了最新的产品开发状态摘要，并通过建置状态指示灯通知团队其产品开发的当前状态。敏捷开发推荐与业务相关的所有角色都从需求分析阶段开始就参与其中，确保对需求的各个方面进行充分讨论，并在需求目标、质量标准、验收条件等方面事先达成一致。

○ 非常短的反馈回路和适应周期：在敏捷软件开发中，有一个共同特点就是每日回顾（也被称为日常 Scrum）。在一个简短的会议中，团队成员相互报告他们前一天的迭代目标、今天的迭代目标，以及他们看到的任何障碍或阻碍。

○ 质量焦点：在敏捷软件开发中，经常使用诸如持续集成、自动化单元测试、配对程序开发、测试驱动开发、设计模式、领域驱动设计、代码重构以及其他技术的特定工具，来提高产品的质量和产品开发的敏捷性。

13.2.1　敏捷宣言

2001 年 2 月 11 日至 13 日，在美国犹他州雪鸟城，Jeff Sutherland、Ken Schwaber、Martin Fowler 等 17 人经过讨论，最终发布了《敏捷软件开发宣言》，并总结出敏捷软件开发的 12 条原则。敏捷软件开发模型不是单一的模型，也不是一个涵盖环节首尾的方法论，所有满足《敏捷软件开发宣言》和 12 条原则的方法都可以被称为敏捷开发方法。具体的 12 条原则如下：

○ 通过尽早、持续地交付有价值的软件来使客户满意。软件交付得越频繁，最终产品的质量越高。

○ 欢迎需求的变化，即使到了开发后期，敏捷过程也依然能够驾驭变化，为客户创造竞争优势。

○ 经常交付可以运行的软件，从几个星期到几个月，每次交付的时间间隔越短越好。

○ 在整个项目开发期间，业务人员和开发人员必须朝夕相处。

○ 激发个体斗志，以斗志高昂的人为中心来推进项目。

○ 在团队内部，最有效率也最有效果的信息传达方式，就是面对面交谈。

○ 可以工作的软件是进度的主要度量标准。

○ 敏捷过程提倡可持续开发，责任人、开发者和用户应该时刻保持步调一致。

○ 对卓越技术和良好设计的不断追求有助于提高敏捷性。

○ 简约是一种艺术——尽可能减少工作量是至关重要的。

○ 最好的架构、需求分析和设计都源自自我组织的团队。

○ 每隔一段时间，团队就要总结一次如何做才能更有效率，然后相应地调整自己的行为。

13.2.2　Scrum

Scrum 是使用较为广泛的敏捷开发方法论，由 Jeff Sutherland 和 Ken Schaber 在 1993 年正式提出。它把开发周期分成一个个 Sprint，也就是迭代周期，这个周期往往以 2~6 个星期为宜。每一个 Sprint 的开始和结束都会有一个会议，分别是 Sprint 计划会议（Sprint Planning Meeting）和 Sprint 演示会议（Sprint Review Meeting）。还有一个 Sprint 回顾会议（Sprint Retrospective Meeting），用来对这个 Sprint 进行回顾，哪些做得好，哪些做得不好，这就是改进。在组成 Sprint 的每一天中，都会有一个每日站立会议（Daily Scrum Meeting），时间非常短。

Scrum 中的三大角色如下：

○ 产品负责人（Product Owner），主要负责确定产品的功能和达到要求的标准，指定软件的发布日期和交付的内容，同时有权力接受或拒绝开发团队的工作成果。

○ 流程管理员（Scrum Master），主要负责整个 Scrum 流程在项目中的顺利实施，以及清除挡在客户和开发工作之间的沟通障碍，使客户可以直接驱动开发工作。

○ 开发团队（Scrum Team），主要负责在 Scrum 规定的流程下对软件产品进行开发的工作，人数控制在 5~10 人，每个成员可能负责不同的技术方面，但要求他们必须有很强的自我管理能力，同时具有一定的表达能力；成员可以采用任何工作方式，只要能达到 Sprint 的目标就行。

Scrum 的过程如下：

① 确定一个产品需求列表（Product Backlog），这由产品负责人负责。

② 有了 Product Backlog，还需要通过 Sprint 计划会议从中挑选出一个 Story 作为本次迭代的目标，这个目标的时间周期是 1~4 个星期，然后对这个 Story 进行细化，形成一个 Sprint Backlog。

③ Sprint Backlog 是由开发团队完成的，团队中的每个成员都根据 Sprint Backlog 将自己的职责细化成更小的任务（每个任务的工作量在 2 天内能完成）。

④ 在开发团队完成计划会议上选出 Sprint Backlog 的过程中，需要进行每日站立会议，每次会议时间控制在 15 分钟左右，每个人都必须发言，并且要向所有成员当面汇报自己昨天完成了什么，承诺今天要完成什么，同时也可以提出自己遇到的不能解决的问题，每个人回答完成后，要走到黑板前更新自己的 Sprint Burndown Chart（Sprint 燃尽图）。

⑤ 做到每日集成，也就是每天都要有一个可以成功编译且可以演示的版本。

⑥ 当一个 Story 完成后，也就是 Sprint Backlog 完成后，也就表示一轮 Sprint 完成，这时要进行 Sprint 演示会议，也称为评审会议，产品负责人和客户都要参加（最好本公司老板也参加），每一个开发团队的成员都要向他们演示自己完成的软件产品。

⑦ 最后就是 Sprint 回顾会议，也称为总结会议，以轮流发言方式进行，每个人都要发言，总结并讨论改进的地方，放入下一轮 Sprint 的产品需求列表中。

Scrum 中的需求采用 Story 的形式进行描述，整个产品的需求被列成 Product Backlog，而每一个迭代周期要做什么，是在每个 Sprint 计划会议上挑选出来的——根据产品负责人对 Product Backlog 标记的优先级，团队对其进行评估并挑选出这个 Sprint 中能完成的 Story，流程管理员把它们列入计划中。Product Backlog 有一个用于统计的图，叫作燃尽图。从字面上理解，就是燃烧掉多少的图，即 Sprint Backlog 中被完成了多少。一般每完成一个 Story，就燃烧掉一个 Story。Product Backlog 有产品燃尽图，Sprint 有 Sprint 燃尽图。

13.2.3 极限编程方法

与 Scrum 类似，Kent Back 在 1999 年提出了极限编程方法，该方法更偏向于工程落地，对诸如持续集成、测试驱动开发、结对编程等提出了 12 个最佳实践，分别如下：

- 完整的团队。

- 用户故事（User Story）。

- 交付周期短。

- 客户验收测试。

- 结对编程。

- 测试驱动开发（TDD）。

- 代码集体所有制。

- ○ 持续集成。

- ○ 40 小时工作制。

- ○ 开放的工作空间。

- ○ 简单设计。

- ○ 重构。

极限编程方法更多地从工程实践角度来指导敏捷开发。

综上所述，我们主要介绍了与敏捷开发相关的内容。敏捷开发方法强调跨职能的小团队协作，强调与客户密切合作，尽早交付可用软件。每种方法在实施层面都定义了执行实践或工作方法，并且强调团队协作、迭代开发、不断学习，而不是"重型方法论"。其重要大事件如图13-3 所示。

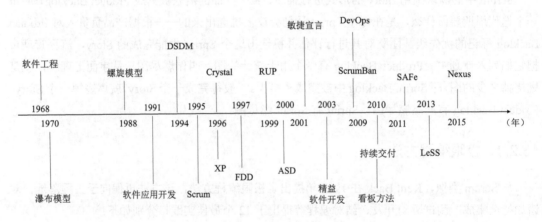

图 13-3

2015 年后，软件工程的发展主要集中在敏捷和 DevOps 的工具化及自动化上。

在传统的瀑布模型下，领域专家提出一些需求与业务分析人员进行交流，分析人员基于这些需求来设计，然后把应用设计作为结果传递给开发人员，开发人员根据他们收到的内容开始编写代码。在这种方法中，知识只有单一的流向。虽然这种方法作为应用开发的传统模式，这么多年来已经有了一定的成功，但是它也有缺点和局限性，主要问题是领域专家得不到分析人员的反馈信息，分析人员也得不到开发人员的反馈信息。

对于当前的应用，其需求会经常变化，所以要创建一个覆盖整个领域所有方面的完整模型很难，尤其是最初无法预见涉及的所有问题。人们已经逐步意识到应用开发实际上是一个不断迭代学习的过程，开发人员需要快速学习并理解领域知识，将其转化为数字世界的表达形式，并且通过与领域专家的交流和讨论来学习并持续迭代开发。敏捷开发倡导通过相关人员持续参与的迭代开发和多次重构，让开发人员更多地学习到领域知识，从而产出满足客户需求的应用。

这两种开发模式各有特点，敏捷开发适合在一些需求信息不明确的项目中使用，如果在项目开发过程中需求发生变化，其所带来的影响要比瀑布开发小。而现在很多项目在开发过程中需求会经常发生变化，所以敏捷开发的优势更明显一些。与使用瀑布开发只在项目交付后期客户才可以体验可运行的应用相比，敏捷开发在每次迭代结束后客户都可以体验一个可运行的应用。

但从开发流程上讲，二者是相同的，即使是敏捷开发，在每一次迭代的环节中，也都需要从需求分析到设计，再到编码，最后到测试。只不过敏捷开发中的每一个阶段都不需要做到最优化，都留一些任务到下一次迭代中去做。对于二者来说，其关注点都聚焦在应用功能特性上，也都不涉及交付、发布、上线、运维等阶段。

第14章

开发运维一体化：DevOps

说到 DevOps，可能有些人会感到陌生，其实它是 Development（开发）和 Operations（运维）两个词的组合。那为什么要将开发和运维两个原本独立的过程一体化呢？本章将从精益思想、持续集成、持续交付/持续部署等几个方面来进行介绍，相信大家很快就会明白将这两个过程放在一起考虑很有必要，并了解到 DevOps 能解决什么样的问题，以及创造多大的价值。

14.1 精益思想

精益求精是工匠精神实现的最佳方法，通过不断优化价值流来消除浪费，增加价值。首先，通过引入精益思想的原则和方法进行精益应用开发，打造对客户最有价值的产品；其次，通过精益思想的理念来降低运营成本，提高运营效率。

总体来说，精益思想的核心包括两个方面：发现价值和提升价值。首先是发现价值，确定产品的核心价值，也就是生产对客户有价值的产品；其次是提升价值，消除浪费也是提升价值的一种表现形式，当然也可以认为消除浪费是手段，而提升价值才是最终目的。

14.1.1 起源

精益思想实际上源自生产制造，更确切地讲是源自丰田汽车，其重要里程碑包括：

- 20 世纪 50—70 年代，精益思想和精益方法诞生在丰田汽车制造生产线上，并随着生产线不断进行的精益实践而逐步完善。

- 1988 年，麻省理工学院《斯隆商业评论》杂志发表了一篇文章——《精益生产系统的胜利》，这篇文章中比较了丰田汽车制造与西方生产制造的区别：丰田追求小批量的拉动式生产，却带来了更低的库存、更快的响应速度和更好的质量，也就是响应速度提高了，质量上升了，而成本下降了。这篇文章中第一次提出了"精益"这个概念，"精益"这个词第一次为西方世界所知。

○ 1990 年，《改变世界的机器》一书出版，系统介绍了精益生产方式，这时候精益才真正为更多的人所知，成为西方管理学思想的一部分。

14.1.2　精益生产

精益思想在丰田的应用被称为丰田生产方式（TPS），也被称为精益生产方式。它的主要缔造者之一大野耐一通过精益生产屋来描述 TPS，它由目标、支柱和基础三个部分构成。

○ 目标：TPS 的目标是最佳品质、最低成本和最短提前期，也就是高质量、低成本和快速响应。事实上，精益生产方式达成了这一目标。

○ 支柱：关于精益生产方式是如何达成这一目标的，大野耐一认为它有两大支柱，即准时化和自动化。

○ 基础：准时化和自动化两大支柱需要有相应的实践作为基础，比如看板、标准化作业、均衡生产、快速换模、U 型生产单元、目视化、5S 等，这些实践大多数是生产制造中所独有的。

下面介绍精益生产的两大支柱：准时化和自动化。

1. 准时化

准时化（Just In Time）是指仅在需要的时间生产指定数量的指定产品。准时化的目的是灵活应对变化，消除生产过剩的浪费，缩短前置时间。事实上，最终拉动整个生产环节的是最下游的客户订单，一直拉动到原材料的供给，甚至拉动到原材料提供商。通过这种方式实现了相比过去的集中控制和管理更为灵活的模式，通过客户的需求拉动整个生产，对客户需求产生最及时和最准确的响应。

过去的生产方式，我们称之为推动式生产，也就是上游按照计划生产产品，然后把产品推到下游，而不管下游是否需要。而准时化的方式，我们称之为拉动式生产，也就是仅仅在下游需要的时候才会拉动上游的生产。这种方式不但可以降低库存，而且还能加速流动。这里的"加速流动"指的是加速工件的流动或者价值的流动，从而缩短从原材料进入生产环节到变成成品的时间。或者说从客户订单生成到客户订单产品生产出来的前置时间被最小化了，因为工件几乎没有多余和停滞，只有需要的时候才生产，生产完了立刻被传递到下一个环节，实现了快速的价值流动。这种方式还实现了灵活的响应，也就是当下游的需求发生变化时，响应会立刻被反映到整个生产过程中。

2. 自动化

自动化是指生产系统能够自动发现异常，当异常发生时能够停止生产并立刻处理异常。也就是说，在发生异常的环境中来分析、解决问题，从而找到发生异常的根本原因。

当异常发生时，自动化生产系统能够自动感知，立刻停下这台设备，当达到一个阈值时就会停下整条生产线，避免了把次品输入下一个环节。自动化带来的另一个好处是凸显问题，让生产线上的负责人和员工一起来分析为什么会发生这个问题、将来如何规避这个问题、发生问题的根本原因是什么、如何解决问题。通过不断地发现问题、暴露问题、解决问题，让生产线变得更加可靠，让生产系统能够更加顺畅地运行。

14.1.3 精益原则

《精益思想》这本书里总结了精益思想的 5 个核心原则，如图 14-1 所示，这 5 个核心原则也是实施精益的 5 个步骤。该书的作者沃麦克和琼斯认为，只要按照这 5 个步骤去做，就可以实现所谓的精益，也就是实现消除浪费、增加价值。

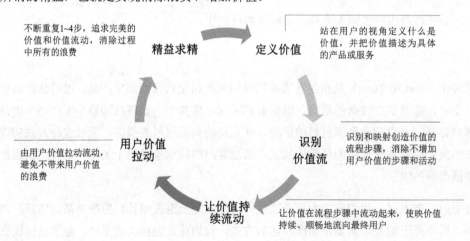

图 14-1

① 定义价值：核心是站在用户的视角定义什么是价值，并把价值描述为具体的产品或者服务，用户认为它是价值才是价值，比如在精益生产中，用户的订单才是价值。

② 识别价值流：识别和组织创造价值的流动过程，或者说识别和映射创造价值的流程步骤，消除不增加用户价值的步骤和活动，如等待、没有意义的审批和返工等。

③ 让价值持续流动：使价值持续、顺畅地流向最终用户。

④ 用户价值拉动：由用户认同的最终价值拉动整个过程运转，避免带来用户价值的浪费。

⑤ 精益求精：不断重复 1~4 步，识别其中的问题，追求完美的价值和价值流动，消除过程中所有的浪费。

通过这 5 个步骤就可以实现所谓的精益，不管是在生产领域还是在其他领域，后来的实践也已经证明精益思想几乎适用于所有的行业，但需要与行业适配的相关实践的支持。

14.1.4　精益软件开发

因为精益生产非常成熟，也非常成功，在提到精益软件开发时，大家很自然地就会想到用精益生产做类比和映射。最早介绍精益软件开发的书是 Mary Poppendieck 等人著的《精益念力：成就卓越的心态与关键问题》，书中把精益生产的概念映射到软件产品开发上，用生产中的 7 个浪费来隐喻产品开发中的浪费。

生产和开发的共同点都是要消除浪费、增加价值，所以精益思想的 5 个原则在软件产品开发中同样适用。精益软件开发是由目标、原则和基础实践三个部分构成的，其中基础实践包含了管理实践和工程实践两个部分。

1. 目标

正如"管理学之父"德鲁克所说，任何组织的绩效都只能在它的外部反映出来。而管理存在的目的是帮助组织取得外部成效。管理的责任是协调内部资源，取得外部成效。精益软件开发的目标一定是从用户的角度出发而定义的价值。这个目标被定义成：顺畅和高质量地交付有用的价值。这里面有如下三个关键词。

○ 顺畅：交付的过程要顺畅，也就是让价值能够持续流动起来。

○ 高质量：交付的东西要符合质量要求。

○ 有用：交付的价值必须是用户能够接受、愿意买单的，才能被称为有用的价值。

顺畅、高质量、有用，这三者缺一不可，构成了精益软件开发的最终目标。

2．原则

针对精益思想的两个核心——发现价值和提升价值，从实际落地来看有两个原则：探索和发现有用的价值，以及聚焦和提升价值的流动效率。

（1）探索和发现有用的价值

精益软件开发的第一个原则是探索和发现有用的价值，这与生产制造是不同的，在生产制造过程中只要定义价值就可以了，用户订单就反映了价值。软件产品开发就不同了，用户可能不知道自己要什么，所以它是一个探索和发现的过程。

在探索用户价值时，其实是一场"无知"的革命，在极端不确定下开发新产品和新服务。"不确定"是如今应用开发过程中的常态，起初并不知道用户要什么，什么样的解决方案是合适的，什么样的商业模式是可行的。即使知道，也只能作为初始的设想。在新产品开发过程中，要从初始计划和模式出发，不断探索，这是用户价值探索的实质。探索用户价值的过程，就是要不断高效地探索，直到做出一个用户需要的东西。整个探索过程的核心被称为开发、测量和认知的循环。初始的想法只是一个概念，从这个概念出发开发最小可行的产品，对其进行测量得到数据，通过数据分析来证实或者证伪初始的概念，建立自己的认知，如此往复，最终交付给用户一个其需要的应用软件。

（2）聚焦和提升价值的流动效率

精益软件开发的第二个原则是聚焦和提升价值的流动效率，包括消除浪费。什么是流动效率呢？流动效率是指从用户的视角来看，用户需求从提出到完成的时间有多长、过程是不是顺畅。与流动效率相对应的是资源效率，资源效率是指从组织内部的视角来看，资源的忙闲程度和产出效率如何，如测试多少用例、编写多少行代码等。

以资源效率为核心往往是不可持续的，其导致局部优化，带来效率的竖井和协调的困局。而以流动效率为核心，则可以保障系统端到端的优化和整体的协调，在此基础上提升资源效率，这样资源才能高效地转化为有价值的用户产品。

3．基础实践

精益软件开发过程可以通过两个方面来实践，分别是管理实践和工程实践。

○ 管理实践：包括精益创新实践、精益需求分析和管理实践、精益看板方法实践。

◌　工程实践：管理实践需要工程方法的支持，不管是持续集成还是持续交付，都对工程
方法做了非常好的整合，从技术层面保障价值的顺畅交付。

14.1.5　价值探索

精益思想的第一个核心是发现价值，敏捷开发原则的第一条也提到，通过尽早、持续地交
付有价值的软件来使客户满意。这一点对于应用软件开发尤其重要，因为应用的潜在用户、潜
在用户的需求，以及应用给潜在用户带来的价值在开发之初都只是假设，无法确定。所以，价
值探索的目的就是持续识别和定义以上三类假设，选择并验证这些价值假设，并借助数据反馈，
深入理解用户需求，把握业务前进方向。

价值探索的具体实践首先需要明确问题所在之处，并且以量化的方式客观衡量当前水平以
及改进的目标。同时，价值探索参考敏捷开发中的"增量&迭代"开发以及最小化可行产品，
快速验证某些假设以及潜在的解决方案。验证完成后，对比改进成果以及之前制定的目标，从
而明确应用的真正价值。

14.1.6　IT 价值流

在介绍 IT 价值流之前，我们先看看传统行业中对价值流的定义，IT 价值流其实是对它的
引申。

在《敏捷软件开发工具》这本书中推荐了一种简单的方法来帮助找出浪费，这种方法就是
价值流图（Value Stream Map）。与其他精益技巧一样，价值流图源于制造业，但是它同样适用
于应用软件开发。价值流图清晰地显示了该流程中涉及多少等待时间，也就是从团队开始开发
该项目到最终交付，一共花了多少天，在这些天中，有多少天花在了等待而不是工作上。这些
等待时间可能是由多种原因导致的，比如需求文档可能需要很长时间才能被送交给所有的评审
者，或者工时估计会议必须延后，因为大家已经有其他安排，等等。价值流图展示了各种延迟
所造成的累加效果，通过研究这种累加效果，可以帮助进一步探究哪些延迟是浪费的，哪些是
必要的。

结合管道理论，实际上每一个步骤都可以被看作一个管道，所以价值流图就是各个管道的
负载流转图。如果一个管道在等待上一个管道的结果，那么这个管道就处于空置状态；如果一
个管道上的开发任务与其他管道上的开发任务比例严重不匹配，那么就会因为管道之间数据流
转不平衡而造成浪费。在项目开发过程中经常会出现如下不良现象：

○ 让每个人都确认某规格文档要花很长时间，而在同一时间开发人员只好干等着项目开工。从项目一开工，进度就已经落后了。

○ 开发到一半，开发团队意识到软件设计或架构的一个重要部分需要更改，而这会导致非常严重的问题，因为其他很多部分都依赖这一部分。

○ 质量控制团队要等到所有特性都开发完毕后才开始测试软件。质量控制团队发现了一个严重的 Bug 或者一个严重的性能问题，而开发团队不得不进行抢修。

○ 分析和设计花费的时间过长，导致进入编码阶段时，每个人都需要加班加点地赶工。

○ 即使是对软件规格、文档或者计划的最小修改，也需要经过一个冗长的修改控制流程。为了绕过该流程，大家甚至把大规模的、颠覆式的修改都放到 Bug 跟踪系统中。

基于价值流图和管道理论，可以使用拉动式（Pull）系统帮助团队解决以上问题。所谓拉动式系统，指的是通过使用队列或缓冲区来消除约束的一种运作项目的方法或流程。与其让用户、项目经理或者项目负责人把任务、特性、请求"推送"给开发团队，不如把它们送入一个队列中，由开发团队自己从该队列中拉取。当工作发生堆积并在项目开发中途导致分配不均衡时，开发团队可以创建一个缓冲区来解决问题。在整个项目开发中，开发团队可能会用到多个不同的队列和缓冲区。事实表明，这是一种减少等待时间、消除浪费的有效方法。

在 IT 领域，我们把价值流定义为"把业务构想转化为向客户交付有价值的由技术驱动的服务的流程"。流程的输入是既定的业务目标、愿景，始于研发部门接手工作。研发部门接手工作之后，研发团队通过迭代或敏捷开发流程，将整体想法转化为一个个用户故事，然后编写代码来实现，并将代码放入版本控制库中，接下来的每次变更都将被集成到软件系统中并进行整体测试。应用程序只有在生产环境中按照预期正常地运行并为客户提供服务，所有的工作才会产生价值。所以，不但要快速交付代码，同时还要保证部署工作不会因频繁更新而产生混乱和遭到破坏。总之，IT 价值流是指从应用需求分析到产品发布这一整体过程，它是对整个应用需求分析、设计、代码、编译、测试、发布流程的建模，如图 14-2 所示。

图 14-2

根据精益思想的原则，需要 IT 价值流流动起来，由需求拉动应用的设计、开发，并且在整个过程中识别并消除浪费，以可持续的方式高质量、低成本、无风险地快速交付应用特性。

14.1.7　精益和敏捷

敏捷其实是为了快速响应变化，快速交付价值。敏捷通过短的迭代周期来适应更快的变化，而且保持持续改进的过程。

精益更多的是实现这个持续改进的过程，从价值本身来看，是顺畅和高质量地交付有用的价值。如果顺畅了，那么自然就是敏捷的，自然就能更好地应对变化，也能更快地交付。所以**精益也是实现敏捷的方法之一**。但是精益在一定程度上又是超越敏捷的，它涵盖了整个 IT 价值流的不同阶段，不但涉及开发，而且还可以覆盖后期的交付、发布、运维等步骤。

14.2　持续集成

因为代码集成是一项很复杂的工作，在传统的开发模式中，大家会习惯性地减少集成的次数，这就导致通常只在项目开发的末期进行代码集成。但这并不是一个好的习惯，因为越到后期集成难度越高。

持续集成（Continuous Integration，CI）旨在将代码合并工作融入日常工作中来解决后期集成难的问题。传统的持续集成将多个分支持续集成到主干上，并且确保它们都能通过单元测试。在 DevOps 中，持续集成还要求在类生产环境中运行应用，并且通过组件测试、集成测试和验收测试。持续集成包含从代码集成、编译、单元测试、制品构建、组件测试、集成测试到将制品上传到制品库整个流程。

持续集成是通过小的改动，逐步构建应用的过程。每次提交变更时都对应用程序进行构建并测试，这被称作持续集成。持续集成属于项目管理方法，它根据代码库的变更自动完成编译、测试、上传制品，能快速发现错误，促进代码分支集成。集成阶段是将质量保障工作从个体开发人员扩大到更多人的正式步骤，把提交者的修改与主线合并，然后对集成后的应用执行简单的自动化验证。其目的是可以及时发现任何一次会破坏已有系统的提交，一旦发现就立刻进行处理，从而确保正在开发的应用一直处于可运行状态。如果没有持续集成，所开发的应用在很长一段时间内都将处于无法运行的状态，直到最后在预生产环境中才来验证它的可用性。持续集成的核心理念是各开发团队独立开发、频繁测试和交付价值。

14.2.1　原则

持续集成的原则是以可接受的成本，通过尽可能频繁的集成，缩短问题引入、发现、解决的时间间隔。应用持续集成，让每个开发人员每天都至少向主干提交一次代码，这意味着可以针对整个应用执行所有的自动化测试，并且当应用某个部分出现问题时可以及时反馈。由于合并问题能及时被发现，因此也能及时解决该问题。一方面，问题发现得越早、解决得越快，损失就越小，只有频繁地进行验证才能尽早发现问题；另一方面，持续集成可以降低验证的成本，只有依靠自动化才能频繁地进行验证。按照优先级，快速反馈的价值可以分为：更高质量、减少返工、缩短周期和降低成本。

- ○　早期捕获和解决错误，可以降低修复成本。

- ○　小批量地推进工作，可以减少在制品数量。

- ○　每个阶段都保证质量，可以降低传输成本。

- ○　开展工作更快捷，整个团队可以更好地协作。

持续集成通过自动化的集成工具实现了自动化构建和测试，能进行比较完整的分级测试并快速反馈。IT 价值流的第一阶段是完成代码构建和打包，提交代码，并运行自动化单元测试及组件测试，执行其他各种验证，如静态代码分析、测试覆盖率分析、重复代码检查以及代码风格检查等。当版本控制系统检测到代码发生变更后，将其编译、打包生成制品。在整个 IT 价值流中，统一的制品保证了集成测试环境、预生产环境和生产环境的代码一致性，从而缓解了下游难定位的问题。

整个 IT 价值流为所有成员提供尽可能快速的反馈，帮助他们及时识别可能让应用偏离可部署状态的变更，包括代码、环境、自动化测试甚至部署的任何变更。在没有持续集成反馈的情况下，整个 IT 价值流很难保证开发效率和版本质量，而自动化测试则是保证反馈的核心机制。自动化测试能够快速地提供反馈，使开发人员可以迅速地确认自己提交的代码是否能正常工作。

14.2.2　步骤

持续集成的具体步骤如下。

1. 提交代码

每次对应用代码或者配置进行修改后都会触发持续集成/持续交付（CI/CD）流水线。

2. 编译

所有可执行代码的集合被称为二进制包，例如 JAR 文件、.Net 程序集和.so 文件。有时候源代码根本不需要编译，在这种情况下二进制包就是指所谓的源文件集合。

通常编译失败有以下三个原因。

- ○　编译错误：代码语法错误导致编译错误。

- ○　测试失败：代码语义错误导致单元测试失败。

- ○　环境问题：应用或环境配置错误导致编译失败。

无论什么原因导致编译失败，集成环境都会向最后一次编译成功之后提交代码的所有人发送通知，并提供简明的失败原因报告，比如失败测试列表、编译错误和其他错误清单。开发人员同时还可以拿到运行时控制台的输出用于代码调试。

3. 单元测试

单元测试是指对应用软件中最小的集合如方法或函数进行测试和验证。单元测试通常不需要启动应用程序就可以执行，而且也不需要连接数据库、文件系统或网络。一般在单元测试中，可以使用 Mock 的方式做到不依赖其他模块或函数。单元测试也不需要将应用部署到类生产环境中运行。

4. 构建制品

构建的过程是输入测试后的源代码，输出二进制包。这个二进制包就是所谓的制品。制品的关键特性是只要环境配置正确，它就可以启动并运行。在构建制品的过程中，需要以正确的顺序执行一系列任务，而且被依赖的任务也需要执行。如果应用由不同的组件构成，而且这些组件需要被部署在不同的机器上，则需要分别构建制品。

如果通过单元测试，则需要将制品和结果报告保存在制品库中，以供后续的质量管理团队和运维团队使用。制品主要包含 4 类信息：依赖软件包/库、制品（可执行程序）、配置文件、应用初始化数据。在制品库中保存以上 4 类信息，以便 CI/CD 流水线的后续阶段能重用它们。一般会通过某种机制来保存制品，以方便团队获取制品。

5. 组件/接口测试

组件测试用于确保各个组件功能模块按照设计正常工作，通常是确认组件提供的 API 能被正确调用，所以也称为接口测试。组件测试与单元测试最大的区别在于，组件测试用于验证应用的某一部分符合使用者的预期，而单元测试用于验证应用的某一部分符合开发人员的预期。

6. 集成测试

集成测试用于保证应用的各个组件与生产环境中的其他服务和应用能正常交互，而不需要再调用 Stub。只有对通过单元测试和组件测试的应用才能执行集成测试，因为集成测试通常是非常脆弱的，所以应该尽量减少集成测试的次数，并且在单元测试和组件测试期间，要尽可能多地找出缺陷。现代化的集成测试环境，往往通过云平台或者容器平台进行搭建。

14.3　持续交付与持续部署

14.3.1　持续交付

持续交付（Continuous Delivery，CD）是一种以可持续的方式将所有变更安全且快速地发布上线的方式，而无论是新特性、配置变更还是缺陷的修复。它的目标是高质量、低风险地快速发布应用价值。

如果说持续集成强调的是每当开发人员提交了一次改动，就立刻进行构建、自动化测试，确保业务应用功能和性能符合预期，从而确定新代码和原有代码正确地集成在一起，那么持续交付就是强调对于所有开发的新特性，**要始终让主干保持可交付给客户的状态**。

这样一来，如果引入任何回归错误，都能迅速得到反馈。一旦发现问题，开发人员就可以快速解决问题。如果想让这种做法不引发问题，自动化测试（包括单元测试、组件测试、集成测试、系统测试、性能测试、手动测试）就必须异常强大，覆盖整个应用的生命周期。没有完整的自动化构建、部署、测试和发布流程，就无法做到持续交付。没有完整且可靠的自动化测试集合，也无法做到持续交付。没有在类生产环境中运行系统、手动测试，同样做不到持续交付。持续交付是指应用发布的能力，在持续交付完成之后，能够在不同的环境中部署应用，包括测试环境和预发布环境。

持续集成主要关注代码是否可以编译成功、是否可以通过单元测试，集成环节的输出往往作为后续部署、测试、发布的输入。而持续交付则周期性地将新版本的软件交付给质量团队或用户，以进行最终的测试验证，如果测试通过则进入生产运营阶段。持续交付是持续部署的前提条件，就像持续集成是持续交付的前提条件一样。持续部署更适用于交付线上服务，而持续交付几乎适用于任何应用。

表 14-1 对 DevOps 中的持续集成、持续交付和持续部署的概念进行了对比。

表 14-1

DevOps 根据真实需求，选代式开发特性	持续集成	持续交付	持续部署
	针对代码的任何一次提交，可以自动完成测试，并把代码集成到主干上	使应用随时具有可交付能力	使应用具有可落地能力
	应用在开发环节	应用在构建制品环节	应用在各种生产环境中

14.3.2　持续部署

通过先前介绍的持续集成，可以确保主干代码的可交付性（持续交付）。持续部署（Continuous Deployment）是指在持续交付的基础上，可以做到一键式部署，由开发人员或运维人员自助式地向某个环境中部署优质的、可交付的构建版本。甚至在某些情况下，每当开发人员提交代码变更时，都会触发一次自动化部署。持续部署不但体现了应用对某些新特性的快速交付能力，还体现了在实际环境中自动化安装、运行的能力。持续部署使所提交的代码通过所有自动化测试之后，就被直接部署到某个环境中。持续交付通过完全自动化的过程实现应用的构建、集成，而持续部署则把每个集成后的制品部署到相应的环境中并进行验收。

在以往的开发模式中，部署问题看起来只有运维人员才会遇到，但其实有时候解决部署层面的问题是需要 IT 价值流中所有成员共同参与的。通过持续部署，可以快速知晓哪些做法可行，哪些方面会有问题。自动化部署需要开发人员集中精力优化部署流程并使其自动化，从而带来显著的改善。只有开发人员与运维人员紧密合作，才能确保其共同创建的自动化部署工具和流程在下游的运维环节正常使用。

1. 部署流水线原则

部署流水线原则一般有环境一致性、自动化部署、执行冒烟测试几点，下面我们将具体说明。

（1）环境一致性

为了确保不同环境的一致性，所有对生产环境的变更（配置变更、打补丁、升级等）都需要被复制到预生产环境中，而且必须确保所有变更都能被自动地复制到所有环境中，而不需要手动登录服务器进行变更操作。这种模式也被称为"不可变基础设施"，即在生产环境中不允许任何手动操作。变更生产环境的唯一途径是先把变更加入版本控制系统中，然后从头开始重新构建代码和环境，这就杜绝了差异蔓延到生产环境中的可能性。环境一致性保证了预生产环境是最新的，从而可以让开发人员使用最新的环境进行开发、联调。

在不同的环境中，最好使用与生产环境中相同的工具，如监控工具、日志记录工具和部署工具等，以便我们熟悉如何在生产环境中顺利部署和运行代码，以及诊断和解决问题。

（2）自动化部署

应用的运行环境必须能用自动化的方式搭建，从而加快从开发向运维的流动。自动化部署的目的是准确、快速地部署，不用长时间等待就能知道部署是否成功，也不用在修复代码上消耗太多时间。自动化部署必须具备以下能力：

- 保证在持续集成阶段构建的软件包可以在各个环境中部署。

- 建立一键式、自助式的部署机制，能在不同的环境中部署任何代码。

- 通过冒烟测试验证系统能正常工作。

- 为开发人员提供快速反馈，使他们能够了解部署结果（如部署是否成功、部署后是否能在该环境中正常运行等）。

通过研究和实践发现，导致应用使用故障的一个主要原因是，在应用发布过程中，才首次在类生产环境中处理真实数据。其实正确的做法是：应当保证 IT 价值流的每个阶段都使用类生产环境；应当使用自动化脚本和已经存储在版本控制系统中的配置信息来搭建环境，而不能依赖运维团队进行手动操作。持续部署的目的就是基于版本控制系统中的信息重复搭建整套环境，具体方式包括：

- 复制虚拟化环境，如 VM 镜像、Vagrant 脚本等。

- 构建裸金属管理环境，如使用 PXE 等方式安装。

- 使用配置管理工具，如 Puppet、Chef、Ansible、SaltStack 等。

- 使用容器构建应用，如 Docker、Rkt 等。

自动化的环境搭建过程确保了一致性，减少了烦琐、易出错的手动操作，运维人员能够从这种快速搭建环境的能力中获益。开发人员可以快速获得更新的环境，并在这个环境中构建、运行和测试代码。通过这种方式，开发人员在前期就能发现并解决许多问题，而不用等到集成或生产阶段。

（3）执行冒烟测试

在部署过程中，应当测试所有依赖的服务（如数据库、消息总线和外部服务等）是否能正常访问，并通过单次测试确定应用是否能正常工作。如果以上任何一个测试失败，那么部署就失败了。

2．不同环境的部署

部署环境一般有基础设施、应用、测试等环境，下面分别进行介绍。

（1）基础设施环境部署

CI/CD 中的部署主要是指基础设施环境部署，旨在让所有测试环境都与生产环境相似。环境中包括应用程序运行所需的所有资源和配置信息，具体如下。

- ❍　服务器的硬件配置：CPU 类型与数量、内存大小、硬盘和网卡等。

- ❍　操作系统配置：包括各种不同环境。

- ❍　中间件软件栈及其配置信息：应用服务器、消息系统和数据库。

- ❍　支撑系统配置：版本控制库、目录服务及监控系统。

- ❍　外部依赖服务：应用运行时所需的外部程序包等。

- ❍　网络基础设施：路由器、防火墙、交换机、DNS 和 DHCP 等。

所有这些配置信息都应该以自动化的方式进行准备和管理，尤其对于 CI/CD 流程来说，自动化配置和部署是一个必要条件。与源代码一样，在版本控制库中它们的部署也是 CI/CD 流水线的一部分。

由于应用组件及其环境的未知性，常会导致应用出现故障，比如使用了新的网络拓扑结构，或者生产环境的服务器在配置方面有些不同。整个部署过程有一系列步骤，比如配置应用、初始化数据、配置基础设施、配置操作系统和中间件、安装所需的外部依赖等。整个部署过程需要使用保存于版本控制库中的配置信息来管理基础设施的状态。基础设施应该具有自治性，即它应该自动将自己设定为所需状态。通过测试和监控手段，我们可以掌握基础设施的实时状态。持续部署需要保证基础设施不但具有自治性，而且重新搭建非常容易，从而在遇到问题时能够重新搭建一个全新的已知状态的环境。对于基础设施的变更来说，在将任何基础设施的变更部署到生产环境中之前，都应该验证所有应用在这些变更之后可以正常工作，确保应用的功能性测试和非功能性测试都能通过。运用前面章节中所介绍的虚拟化、云计算、容器编排等技术，可以缩短基础设施的部署时间，简化部署流程。

（2）应用环境部署

基于基础设施环境的部署，应用环境的部署流程如下：

① 选中应用程序的一个版本。

② 准备环境和相关的基础设施（包括中间件），以便能在一个干净的状态下部署应用程序。

③ 部署应用的二进制包，这些二进制包是从制品库中获取的，而不是每次部署时重新构建出来的。

④ 对应用进行配置，对于配置信息应该以某种统一的方式来管理，并在部署和运行时做好管理。

⑤ 迁移应用所管理的数据。

⑥ 对应用的部署进行冒烟测试。

⑦ 执行相应的测试，如功能测试、性能测试、预生产测试。

CI/CD 中的部署问题通过 AaC（App as Code）、自动化和冒烟测试来解决。

- AaC：从字面意思上看，AaC 指的是应用即代码，但其实不是这么理解的。大家可以联系之前章节中讲过的 IaC（Infrastructure as Code）。其实 AaC 的核心是将整个应用部署流程转换为代码和配置，即基础设施和应用部署过程通过配置信息纳入版本管理中，这样可以保证整个部署过程可以在不同环境中重复。对部署环境的任何修改都应该作为配置信息进行管理。AaC 解决了部署的可靠性及可重复性问题。

- 自动化：部署需要完全走向自动化，同一个应用可以被自动部署到测试环境、预生产环境、生产环境等不同的环境中，整个过程都应该通过自动化的版本控制。应用程序的变更会先被提交到版本控制系统中，然后通过 CI/CD 流水线自动化对生产环境进行更新。自动化部署则缩短了部署周期，在部署过程中，应该由开发人员和运维人员共同实现自动化部署。

- 冒烟测试：用来确保应用正常启动及运行。这个测试非常简单，例如，只要在应用启动之后检查主页，在主页上能看到正确内容就行了。冒烟测试还应该检查应用所依赖的服务是否已经正常启动并正常运行，比如检查数据库、消息总线、外部服务等。

运用前面章节中所介绍的容器、Kubernetes 等技术，可以在很短的时间内完成复杂应用的部署。

（3）测试环境部署

测试原本属于质量团队的工作，由于应用及其架构变得越来越复杂，测试也越来越细化。通过测试来实现质量内建，包括多个层次（接口测试、集成测试、系统测试、性能测试、手动测试）上的自动化验收测试，并将其作为 CI/CD 流水线的一部分来执行。测试主要是用来验证验收条件是否满足，同时建立反馈，再通过反馈来驱动开发、设计、发布等活动。

前面介绍的单元测试是针对开发的，而 CD 中的测试（如功能测试、性能测试、预生产测试）是针对业务的，它们在类生产环境中执行。每次提交变更之后都立刻执行测试的意义在于，能为最新的一次构建中可能存在的问题提供及时反馈。如果没有在类生产环境中进行验收，则根本无法判断应用是否符合客户要求，应用是否可以在生产环境中顺利部署。而如果希望得到及时反馈，就必须在 CD 过程中引入更多的测试并且对应用各方面进行演练。

测试的目的是验证应用是否满足业务需求所定义的验收条件，包括应用的功能（功能验收）、容量（性能验收）、有效性（预生产验收）等。测试最好采用将整个应用运行于类生产环境中的运作方法。在一系列功能测试如接口测试、集成测试、系统测试中，每种测试都从不同的角度来评估构建。同时，合理地创建和维护自动功能测试，其成本远低于频繁、手动地执行测试的成本，或者低于发布低质量软件的代价。

在执行测试时，我们希望所设计的测试环境尽可能与生产环境一致。如果成本不太高，它们应该是完全相同的——所使用的操作系统和任何中间件都应该和生产环境一致，不论是在开发环境中模拟的环境特性还是在开发时可能被忽略的重要操作流程等一定要在这里出现。在理想情况下，系统性能测试应该在一个尽可能与生产环境相似的环境中执行。如果对于某个应用来说性能非常关键，那么就一定要有所投入，为该应用的核心部分准备一个生产环境副本——对软硬件规格的要求相同，配置信息相同，以确保在每个环境中都使用相同的配置，包括网络配置、中间件及操作系统配置。如果无法提供与生产环境相同的性能测试环境，则要在与生产环境尽可能相似的环境中进行性能测试。虽然在低配置的环境中进行性能测试无法证明应用满足性能需求，但它会让那些严重的性能问题凸显出来。

14.3.3　特性发布

传统的发布旨在完成应用的开发、测试后，将应用交付给客户，即可能以套装软件形式交给客户安装。现代意义的应用发布则是指所完成开发的应用特性可以成功地在生产环境中构建、部署，并且确定应用在生产环境中按照预期运行。在大多数情况下，也可能是直接触发自动化流程将其部署到生产环境中。

无论应用的大小和复杂性如何，在生产环境中发布时一定是一个重要时刻，要仔细考虑整个过程，做好充分准备。如果开发人员在类生产环境中编写、测试和运行代码，那么就能在日常工作中完成代码与环境集成的大部分工作，而不需要等到最终发布时才做。这样在开发早期，代码和环境已经被多次集成，应用已经被证明可以在类生产环境中正常运行。当然，在理想情况下，这些步骤都是自动执行的。

所以，应用发布要求为：在每个迭代周期结束时，在类生产环境中已经完成了对应用的各类测试，提供了可工作和可交付的代码，并且这些代码通过了整个 IT 价值流测试，包括各类自动化测试及手动测试，即可进行应用发布。

1. 发布 vs 部署

在传统的应用开发和发布模式下，应用由发布日期驱动。在发布日前夜，已完成的应用被部署到生产环境中，第二天新版本正式上线发布。持续部署前面介绍过，只有进行频繁的部署，才能实现流畅的和快速的 IT 价值流流动。为了实现这一点，需要将生产环境部署和特性发布解耦。

如图 14-3 所示，发布是指把一个特性提供给指定客户。如果应用的代码能够满足这个特性的要求，那么在发布特性时就不需要重新部署新的应用版本了。部署是指在特定环境（可以是集成测试环境、预生产环境、生产环境）中安装指定版本的应用。具体来说，部署可能与某个特性的发布相关，也可能无关。

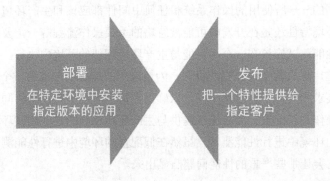

图 14-3

在大多数情况下，都通过重新部署新的应用版本来发布特性，这也是人们通常交替使用"部署"和"发布"这两个词的原因。持续部署确保在特性的开发过程中进行快速和频繁的部署，并降低由于部署失败而造成的风险和影响。如果部署周期过长，那么就会限制向市场频繁发布新特性的能力。如果能做到按需部署，那么何时向客户发布新的特性就是业务决策，而不是技术决策。

2. 系统特性发布

系统特性发布包括受控发布和回滚，具体介绍如下。

（1）受控发布

大多数生产环境的停机都是由未受控的修改造成的。生产环境应该完全被控制管理，只有 CI/CD 流水线可以对其进行修改，包括修改环境配置信息和修改部署在其中的应用与相关数据。并且需要一个系统来记录生产环境的每一次变更，没有比确切记录变更更好的审计跟踪方法了。

用于发布的生产环境必须是受控的，即对生产环境的任何修改都应该通过自动化流程来完成。这不仅包括应用的部署，还包括对配置、软件栈、网络拓扑及状态的修改。生产环境的部署流程也应该与测试环境相同。通过自动化的环境准备和管理、最佳的配置实践及虚拟化、容器化技术，环境准备和维护的成本会显著降低。一旦环境配置被正确管理起来，就可以部署应用了。

（2）回滚

每次向生产环境中发布新特性时都有业务风险，一旦在发布时发生严重问题，可能最好的结果就是推迟部署有价值的新特性，最糟糕的情况是没有合适的撤销计划，造成业务无法正常运行。当出现问题时，应该通过某种恢复服务，在应用运行状态下调试所发现的问题。

制定回滚方案需要遵循两个原则：一是在发布之前确保生产系统的状态（包括数据库和文件系统中的信息）已备份；二是在每次发布之前都要演习回滚计划，包括从备份中恢复或者把数据库备份迁移回来，从而确保整个回滚计划可以正常工作。最常见的方法是通过重新部署原有正常版本进行回滚。重新部署前一个版本是一种可预知时长的操作，该操作简单且风险相对较低。但此操作对错误进行调试较难，复现问题也相对困难。

3. 基于环境的发布模式

在两个或多个环境中部署应用，但实际上只有一个环境处理客户流量。将新版本的应用部署到其中一个生产环境中，然后把生产流量切换到这个环境中，通过这种模式不需要对正在使用的应用进行改动，可以显著降低生产环境发布的风险，并缩短部署时间。

（1）蓝绿发布

蓝绿发布是一种将用户流量从一个版本几乎瞬间转移到另一个版本的方法，而且回滚方便，如果出现问题，还能瞬间把用户流量回滚到原先的版本上。蓝绿发布的关键在于发布流程中的不同部分解耦，尽量使它们能独立发生。如图 14-4 所示，蓝绿发布有两个相同的生产环境，一个叫作"蓝环境"，一个叫作"绿环境"。应用的用户流量被引导到当前正在作为生产环境的绿环境中。如果需要发布一个应用的新版本，则会把新版本发布到蓝环境中，让应用预热。同时会对蓝环境中的应用进行冒烟测试，检查它是否工作正常。当一切就绪后，通过路由配置将用户流量从绿环境导向蓝环境即可，这样蓝环境就成了生产环境，绿环境就会被暂时切换为后备环境。如果蓝环境出现问题，运维团队就可以很顺畅地切换到绿环境。如果蓝环境工作正常，则绿环境将会成为下一个发布时的蓝环境。

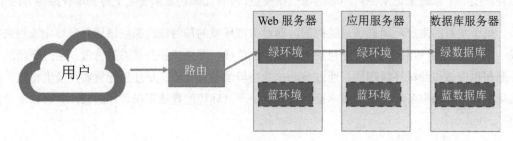

图 14-4

采用蓝绿发布时，要小心管理数据库。通常直接从绿数据库切换到蓝数据库是不可能的，因为如果数据库状态发生变化，数据迁移是需要花些时间的。解决这个问题的方法是在切换之前暂时将应用状态变成只读状态，然后复制一份绿数据库到蓝数据库中，也就是执行迁移操作，再把用户流量切换到蓝数据库中。

（2）灰度发布

灰度发布的过程不是一蹴而就的，而是逐步扩大使用范围，从公司内部用户到忠诚度较高的种子用户，再到更大范围的活跃用户，最后到所有用户。在此过程中，产品团队根据用户的反馈及时完善产品相关功能。当然，除了用户范围，还可以根据架构设计的需要来调整灰度发布策略。如图 14-5 所示，有下面几种灰度发布策略。

- 时间灰度发布。

- 机器灰度发布。

- 用户灰度发布。

- 特性灰度发布。

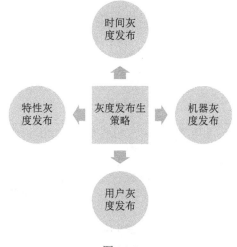

图 14-5

灰度发布是一种风险相对较低的发布模式。如果生产环境过于庞大，无法搭建一个与实际环境相似的性能测试环境，那么可以采用灰度发布。灰度发布在数据库升级及其他共享资源方面引入了更进一步的约束，即要求共享资源能兼容生产环境中的所有版本。还可以选择使用非共享架构，即每个节点与其他节点绝对独立，不共享数据库或外部服务。

（3）金丝雀灰度发布

金丝雀灰度发布的思想来自煤矿工人把宠养的金丝雀带入矿井中，通过金丝雀来了解矿井中一氧化碳的浓度，如果一氧化碳的浓度过高，金丝雀就会中毒，那么矿工就可以立即撤离。

如果不能搭建一个等价于生产环境的性能测试环境，那么采用金丝雀灰度发布就是一个比较好的选择。金丝雀灰度发布是一种用户灰度发布，如图 14-6 所示，它把应用的某个新版本部署到生产环境中的部分服务器中，从而快速地得到反馈。采用金丝雀灰度发布，首先把应用的新版本部署到部分服务器中并进行冒烟测试，此时用户不会用到这些服务器，然后选择一部分用户，通过服务路由功能把流量逐步引导到这个新版本上。采用金丝雀灰度发布有如下两大好处。

○ 非常容易回滚。监控应用在每个环境中的运行情况，一旦出现问题就回滚。只要不把用户流量引导到有问题的环境中就行，同时可以分析日志、查找问题。

○ 通过逐步增加负载，实现性能测试。通过逐步把更多的用户流量引导到新版本上，记录并衡量应用的响应时间、CPU 使用率、I/O、内存使用率，以及检查日志中是否有异常报告，来确认应用是否满足性能需求。

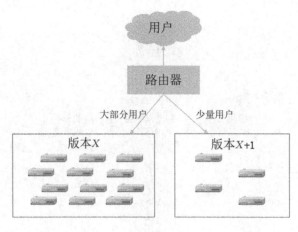

图 14-6

4．基于应用的发布模式

通过使用多个环境并在各个环境之间切换流量，实现部署与发布的解耦，这是完全基于基础设施层面实现的。采用基于应用的发布模式，应用本身支持选择性发布，通过对应用配置的细微变更，可以选择性地发布或开发应用的某些特性。例如，可以通过应用内置的开关逐渐开放新特性，或者通过类似于"黑启动"的技术，在生产环境中部署所有特性，并在发布前使用生产环境的流量进行测试。

（1）特性发布

采用特性开关机制，我们能在不部署生产环境代码的情况下，选择性地启用或禁用特性。通过特性开关，可以将应用的特性定向地向某些特定用户开放。在发布特性时，可以采用渐进的方式将其开放给一小部分用户，一旦发现缺陷或性能问题，就关闭该特性。

（2）微服务发布

前面章节中所介绍的基于服务网格的微服务框架，就是当前使用比较广泛的一种对应用代码无侵入的方式，通过微服务框架自带的流量治理实现了基于应用某个特性的发布模式。整个过程如图 14-7 所示，服务 v1.1 发布了新特性，可以先通过前端流量控制，导入少量流量访问新特性服务，而大部分流量仍然访问稳定的服务 v1.0。这样一来，新特性可以得到合理的测试，也能保障原有业务正常运行，基本不受影响。

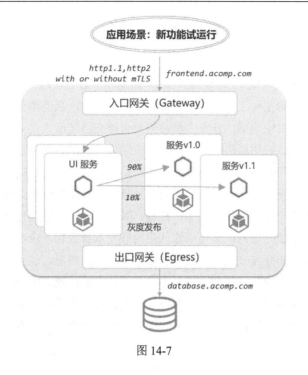

图 14-7

14.4　DevOps 与 CI/CD

在 IDC（互联网数据中心）中，简单的云资源管理不能满足业务需求，后续大量的运维和运营工作占了操作频率的 90%以上。在传统的软件部署方式中，应用软件包开发完成后会交给运维人员，运维人员需要准备资源（如服务器、虚拟机、存储等）部署应用程序和相关的依赖（如数据库、缓存等），这种部署方式极其烦琐且不够灵活。传统的应用开发模式主要由需求分析、设计、编码、测试和发布五部分组成，其往往只注重开发，不注重交付。这种直到开发阶段之后才做测试的方式，使应用程序在相当长一段时间内无法顺畅运行，降低了应用程序的质量。对此最好的解决方式是在应用缺陷被引入时，就发现并解决它，缺陷发现得越晚，解决成本就越高。而且单元测试只是功能性的反馈，没人会在试运行环境中使用它，所以还不是最终用户反馈，可能到了最后交付阶段才发现应用不满足需求。尤其当应用的架构变得越来越复杂时，从传统的单体应用过渡到 SOA 及微服务应用，如果仍使用之前的开发模式，那么纯粹依赖手动的测试、发布及运维将会变得不可能。这时不但需要传统的单元测试，而且还需要部署特定的测试环境，执行集成测试、系统测试、性能测试、体验测试等。尽管敏捷开发强调短周期迭代，但该模式更多的是关注应用设计、开发阶段，是对瀑布模型迭代周期及增量开发的一种优化。在实际落地过程中，尤其是最终的集成、实施、发布并未被涵盖在迭代周期中，导致最后这些步骤遇到了很大的麻烦。

如图 14-8 所示，开发（Dev）与运维（Ops）长期处于对立状态——开发人员希望尽快地发布新版本，而运维人员的主要工作是保证目前版本的稳定性，从而避免更多的发布。在传统开发模式下，每次应用开发完成后，开发人员将应用直接交给运维人员来部署，不考虑部署的事宜。运维团队独自安装好应用所需的操作系统和应用依赖的第三方软件，然后手动将应用的制品复制到生产环境中，同时复制配置信息和应用初始化数据，最后启动应用。这种模式的最大缺点是只有在试运行环境中部署时，运维人员和质量人员才能接触到该应用。在这种模式下，开发、测试、运维形成一种线性的产品生产流程，其中任何一个过程出现问题，都可能会导致最终无法交付产品。出现问题的原因还应该从应用开发本身说起。应用开发最大的难度在于，在需求分析、架构设计和开发过程中可能存在信息不对称的情况，这会导致开发结果与最初的需求产生偏差。同时用户在项目初期可能并不清楚具体需求，或者用户的需求随着时间也在改变，在前期商定的方案下实现的产品可能并不是用户最终想要的，一个长生命周期的产品会一直更新、迭代，传统的软件项目管理根本无法适应这种更为"动态"的模式。

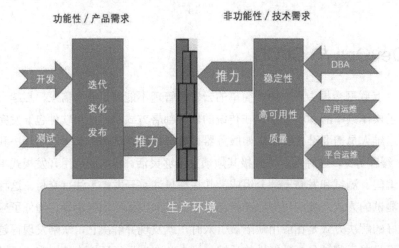

图 14-8

14.4.1 定义

DevOps 把精益思想用到了 IT 价值流中并贯彻整个价值流过程，从产品设计、开发、质量保障（一般指测试、上线检查等）到运维，通过更低的成本保障产品的高质量、可靠性、稳定性和安全性。IT 价值流的第一阶段包括设计和开发，具有高度的变化性和不确定性；第二阶段包括测试和运维，力求达到可预见性和自动化，将可变性降到最低。

DevOps 实际上是一组过程、方法与系统的统称，目标是**缩短开发周期，增加部署频率，更可靠地发布**。DevOps 的概念从 2009 年首次提出发展到现在，内容非常丰富，有理论也有实践，包括组织文化、自动化、精益、反馈和分享等不同方面。

DevOps 的出现是由于软件行业日益清晰地认识到，为了按时交付软件产品和服务，开发部门和运维部门必须紧密合作。开发团队和运维团队之间长期存在摩擦的主要原因是缺乏共同的工作基础（一个只关心代码和功能，一个只关心设备和服务的状态），DevOps 提倡开发团队参与运维值班，参与应用的部署和发布，运维团队参与架构设计。

DevOps 强调高效的组织团队之间如何通过自动化工具进行协作和沟通来完成软件的生命周期管理，从而更快、更频繁地交付更稳定的软件。DevOps 中的度量尤其重要，通过客观的测量来确定正在发生的事情的真实性，验证是否按预期进行了改变，并为不同职能部门达成一致建立客观基础。

在 IT 价值流中，前置时间往往是衡量价值流效率的一个重要标准。因为前置时间是用户能够体验到的时间，它从需求创建后开始计时，到用户可以使用应用时结束。所以它的长短才是真正体现 IT 价值流的标准。在传统的紧耦合单体应用场景下，少有集成测试环境，测试和发布的前置时间很长，并且验证依赖手动，当将开发团队的变更合并到一起后，才发现整个应用根本无法正常工作，有时甚至会出现代码无法通过编译和测试的情况。

为了缩短前置时间，DevOps 采用测试、运维与设计、开发同步的模式，这种模式可以产生更快的 IT 价值流和更高的质量。DevOps 促进了开发部门、质量保障部门与运维部门之间的沟通、协作和整合，并且通过自动化使所有的操作都不需要人工参与，全部依赖系统自动完成，提高了生产环境的可靠性、稳定性、弹性及安全性。DevOps 强调协作和自动化，协作指开发团队、测试团队、运维团队在应用生命周期中的协作，而自动化指整个协作的自动化，从持续集成、持续交付、持续部署到持续运营。DevOps 期望开发人员能够快速、持续地获得工作反馈，快速、独立地开发、集成和验证代码，并将代码部署到生产环境中，从而使前置时间降低到分钟级别。

14.4.2　原则与推广

DevOps 的具体原则包括以下几点。

- ○ 为软件的发布创建一个可重复且可靠的过程：标准化发布操作，并用自动化流程实现编排。

- 将部署和发布中的所有事情自动化：实现自动化运维。

- 将部署和发布中涉及的所有对象都纳入版本控制中：程序版本、配置版本、流程版本等。

- 提前并频繁地做让你感到痛苦的事情：早早测试，让错误尽早暴露。

- 内建质量：功能通过代码质量管理，非功能通过运维质量管理。

- "DONE"意味着"已发布"，而不是"已开发完"。

- 确保交付过程顺利是每个成员的责任：协同合作，减少等待等浪费。

- 持续改进：优化循环，不断提升能力（精益原则）。

DevOps 的推广包括评估组织的 IT 价值流，找到合适的切入点。对于现有系统的 DevOps，特别是没有采用自动化测试或者采用紧耦合架构导致团队无法独立开发、测试和部署的，这将会是一个巨大的挑战。在 DevOps 推广过程中，将大的改进目标分解为渐进式的小步骤，这样不但能提高改进速度，还能在错误地选择 IT 价值流后被及早发现。通过及早发现错误，应用程序可以快速回滚和重试。

在启动 DevOps 时，首先会确定 IT 价值流。绘制 IT 价值流的目的不是记录所有步骤和细节，而是识别出阻碍价值流快速流动的环节，从而缩短前置时间和提高可靠性。在 IT 价值流的观测过程中，会重点分析两类工作：需要很长时间完成的工作和可能引发重大返工的工作。IT 价值流不仅可以显示当前工作状态的基本情况，还可以指导团队确定未来改进的目标。

14.4.3　三步工作法

DevOps 一般有三步工作法：第一步是实现从开发到运维的 IT 价值流快速流动，建立从开发到运维的快速的、平滑的、能向客户交付价值的工作流；第二步是在每次 IT 价值流流动之后，都应用持续、快速的反馈机制；第三步是建立有创意和高度可信的企业文化，持续提升个人技能，进而转化为团队和组织的财富。

1．IT 价值流的快速流动

从 20 世纪初美国福特汽车公司建立第一条汽车生产流水线以来，大规模的生产流水线一直是现代工业生产的主要特征。大规模生产方式是以标准化、大批量生产来降低生产成本和提高生产效率的。价值流是指导流水线运转的重要指标。

而在 DevOps 中，可以通过 CI/CD 实现 IT 价值流的快速流动。CI/CD 是基于精益思想，通过流水线实现的，是 DevOps 的最佳工程实践，实现了流水线协作的全自动化。CI/CD 通过一键式方法将应用的某个版本部署到指定的环境中，并且建立了一种有效的反馈机制，可以快速得到功能及部署流程上的反馈。CI/CD 实现了敏捷开发，通过 CI/CD 过程，开发人员可以将应用细化为多个功能，逐步实现和完善产品功能。但 CI/CD 在敏捷开发模式的基础上更进一步，它大大降低了从需求到反馈的周期，从而改变了传统软件的开发流程。Martin Fowler 定义 CI/CD 是一种软件开发的最佳实践，通常团队的每个成员每天集成、交付一次，每次都通过自动化构建（包括编译、发布、自动化测试）来验证，从而尽快地发现错误。

为了应对业务需求的频繁变动，敏捷开发实现了快速迭代的能力，而 CI/CD 更进一步，实现了随时发布的能力，这是一系列的开发实践方法。它分为持续集成和持续交付两个阶段，用来确保从需求的提出到设计、开发和测试，再到将代码快速、安全地部署到产品环境中，IT 价值流都能快速和正确地流动。整个 CI/CD 打通了开发、测试、生产的各个环节，自动持续、增量地交付产品，这也是现代的软件工程追求的模式。当然，在实际运行的过程中，有些产品会增加灰度发布等环境。总之，CI/CD 更多的是代表一种软件交付的能力，其具有如下几点好处。

○　多次集成、测试有利于发现软件的缺陷，提高软件质量。

○　自动化编译代码、打包程序、上传、测试、部署，无须太多人工干预，减少了重复劳动，缩短了迭代周期。

○　通过尽早地反馈，以及记录每次 CI/CD 过程，为后续产品的缺陷是否收敛提供了数据支撑，增加了应用开发的预见性。

针对日益复杂的应用架构，CI/CD 要求不只注重加快项目的开发，还要注重加快功能的交付。

CI/CD 管理工具的主要作用是支持、查看并控制整个流程，包括每次变更从被提交到版本控制库，到通过各类测试和部署，再到发布给用户的过程。这种基于流水线的建模，实现了将用户的想法自动变成真实可用的特性。CI/CD 流水线也依赖基础设施，包括良好的配置管理、自动化构建及自动化部署，还需要通过自动化验收测试来验证整个应用的可用性。同时，使用脚本执行应用的构建、测试和打包工作也是必需的。当项目刚开始启动时，可以将流水线中的每一个操作都放在同一个脚本中实现。但随着项目范围的逐渐扩大，程序越来越复杂，脚本就会变得很长，为了更好地操作、更容易定位问题，就需要将一个脚本分成独立的多个脚本，让 CI/CD 流水线中的每个阶段分别使用单独的脚本。

2. IT 价值流的反馈

IT 价值流的反馈是一个良性循环，通过反馈产生价值，这些价值可以加快反馈并增强反馈回路，不论后续哪个环节识别出现问题，都会把这些信息反馈给价值流上的所有人。整个 IT 价值流的反馈可以被看成：把运维人员在下游获得的知识，整合到上游的开发和产品管理工作中。这样无论是生产环境的问题、应用部署的问题还是用户使用模式的问题，都可以在开发过程中被快速地改进并使开发人员从中学习到很多知识。反馈机制帮助 IT 价值流的参与人员获得工作反馈，便于共享信息，快速优化产品，从而实现业务目标。

同时，反馈机制可以改进日常工作中每个阶段的流程，从变更提交到生产环境部署。比如出现问题时，开发人员不仅修复代码，还跟踪下游工作，这样就能了解到生产环境中都有哪些非功能性需求，从而帮助自己优化代码，使后续的部署、发布更加顺利。通过反馈回路，可以使生产环境的部署更安全，提高代码的生产就绪程度，并且通过强化共同目标、责任和同理心，在开发人员和运维人员之间建立了更好的工作关系。

使用有效且全面的监控系统，可以分析各类问题及异常，优化整体应用。监控系统先从远程采集点上收集度量数据，然后传输给与之对应的接收端用于聚合，最后由前端模块负责以不同的形式呈现给相关人员。

通过监控系统的指标，可以更早地发现问题，并且能够在问题较小时就予以解决，避免造成灾难性后果，也可以从中识别出那些微弱的故障信号，并及时采取行动，从而建立更加健全的故障处理机制，提高实现目标的能力。

监控有两个目的：一是确认应用是否工作正常，一旦发现异常，就可以及时处理；二是及时得到有效的业务数据，验证之前价值探索的结果。对应用健康情况进行监控，包括监控 CPU、内存、存储空间和网络连接等。同时会进一步监控应用自身的运行状态，如服务响应延迟时间、页面、缓存大小等。

反馈机制基于测试和监控，在应用生命周期的每个阶段，从产品设计、开发、部署、运维到最终下线，都能持续地改进 IT 价值流的监控状况。

反馈机制在现实中有多种实践方法，其中一种是让开发人员自行管理生产环境中的服务。即使开发人员在类生产环境中编写和运行代码，运维人员也仍然可能遇到灾难性的发布事故。其主要原因是直到发布，运维人员才第一次在真实的生产环境中看到代码的表现，所以无法预估会有什么问题发生。显然，在整个生命周期中运维人员的介入太晚了。最好的解决方法是先让开发人员在生产环境中管理自己开发的服务，然后在服务正式发布并且运行了一段时间之后再交给运维团队管理。通过让开发人员自己负责部署工作并且在生产环境中提供支持，可以更顺利地将其所开发的产品交给运维团队来管理。

3．个人与团队的持续学习

在复杂应用的开发过程中，团队一定要能够进行更好的自我诊断和自我改进，必须熟练地发现和解决问题，并且通过在整个团队中传播解决方案来扩大效果。这种方式让团队建立起一个动态的学习系统，让团队成员理解错误，并将理解转化为防止这些错误复发的行动。后期随着团队学习到如何有效地看待和解决问题，就需要降低判断事故的阈值，以便更深入地学习。团队唯一的可持续性竞争优势就是比对手具有更强的学习能力。

此外，需要在整个团队的全局范围内共享与应用从局部获得的新经验和优化方法，从而大大提高团队的全局知识水平和改进效果。通过创建全局知识库，将完整包含团队学习知识的各种标准和流程转化为便于执行的过程规范，使之更容易重复利用。这样就可以将点点滴滴的知识纳入团队的知识体系中，并成倍发挥效果。

最后，还可以安排团队进行定期的学习和改进。例如，组织开发人员、运维人员等对代码、环境、架构、工具等横跨整个 IT 价值流的问题进行突击解决。这么做的目的不是测试新技术而进行的实验和创新，而是改进日常工作的流程，赋予团队成员从多角度、多方面快速识别和解决问题的能力。

14.5　测试

测试是指在特定目标下，通过一组测试输入，按条件执行各类操作并验证预期结果的过程，比如执行特定的程序路径或验证是否符合特定要求，其目的是验证被测系统的行为。

14.5.1　概述

一般测试可能会在测试方法运行之前通过初始化方法来设置环境，最后运行清理方法来清理环境。测试包含 4 个阶段：设置环境、执行测试、验证结果、清理环境。

本节我们将介绍基础的自动化测试、测试金字塔、微服务测试和测试环境搭建。

1．自动化测试

按照传统的瀑布开发模式，要等到所有开发工作都完成之后，再由单独的质量保障部门通过专门的测试工具检查错误并进行修复。整个流程运行下来需要几个月，那么开发人员就只能在开发完成的几个月后，才会知道出现了什么错误。而在云原生背景下，开发节奏快，对测试要求高，最重要的质量验证手段就是采用自动化测试，大大减少了手动测试的步骤。如果没有自动化测试，那么编写的代码越多，测试代码所花费的资源就越多。

采用自动化测试，当开发人员提交代码时，就会触发自动化测试套件，它包括成千上万个自动化测试用例。代码只有通过自动化测试后，才会被自动地合并到主干，并可以被部署到生产环境中。自动化测试的目标是尽早地发现错误。因为采用了自动化测试，测试人员才得以去做那些不能自动化完成的高价值工作，如手动验收测试、优化测试流程本身等。

采用自动化测试节省了时间和人力成本，每当应用被修改时，测试就自动地重复执行。自动化测试用例一旦被创建，就可以将重复的手动测试时间从几天缩短到几十分钟。尤其在应用发布频率较高的场景下，对时间成本的节省更加明显。此外，有了自动化测试之后，开发人员可以快速地发现问题，得到反馈，这样就可以更早地解决代码的缺陷。

2．测试金字塔

"质量内建"这一理念的提出，是希望在开发的每一个环节都能保障质量，而测试金字塔则是指通过针对不同阶段提供对应的测试来保障质量。正如 Mike Cohn 在《Scrum 敏捷软件开发》一书中所指出的，针对被测对象范围较大的上层测试用例，数量应该减少，而针对被测对象粒度较细的下层测试用例，数量应该增加，形成稳定的三角形。如图 14-9 所示，测试金字塔模型的底部是快速的、简单的和可靠的单元测试或组件测试，而测试金字塔模型的顶端是缓慢的、复杂的和脆弱的用户界面测试，也就是端到端测试。测试金字塔模型的关键是，从下往上，应该编写的测试用例越来越少，所以单元测试或组件测试用例最多，用户界面测试用例最少。

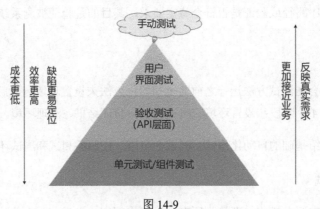

图 14-9

单元测试能够帮助测试人员最快、尽可能多地发现错误。如果大多数错误都是在组件测试和集成测试阶段发现的，那么开发人员收到反馈的速度要远远慢于在单元测试阶段发现错误。尤其是集成测试要用到稀缺且复杂的测试环境，重现集成测试发现的错误不但难度大，而且很耗时，甚至连验证错误已被修复也很困难。每当组件测试、集成测试发现一个错误时，就应该编写相应的单元测试用例，以便更快、更早、以更小的代价识别这个错误。Martin Fowler 提出测试金字塔，就是希望能通过单元测试来捕获大部分错误。

正如精益生产中的核心概念是前置时间，在 DevOps 场景中，则主要体现在交付的时间和效率上。通过测试金字塔，可以缩短测试的前置时间，使整套自动化测试效率更高，更早地发现应用的缺陷。

3. 微服务测试

随着软件应用功能复杂性的增加，针对传统单体应用的简单测试体系已经无法满足微服务架构应用的需求。一方面，测试被细化为单元测试、组件测试、集成测试、系统测试、验收测试等，有些测试需要被部署在特定的测试环境中；另一方面，因为应用本身的分布式架构，单元测试、组件测试等要同步进行，所以需要测试框架提供集成方案。对分布式应用的测试，依赖对众多其他服务的测试，其复杂性已经从单个服务转移到微服务之间的交互上。

原先的单体应用只与外部少数其他应用进行通信，应用内部模块之间的交互都是通过编程语言内部的调用进行的。而服务间的调用是微服务架构的核心，基于微服务架构的应用是一个分布式系统，开发人员必须编写测试用例，以验证一个微服务是否能与其他依赖的微服务进行正常交互。由于微服务架构固有的复杂性，要从微服务架构中充分受益，必须实现自动化测试。

4. 测试环境搭建

为了实现自动化测试，必须在专用的环境中创建自动化构建和测试流程。一方面，可以保障在任何情况下构建和测试流程都能运行；另一方面，独立的构建和测试流程可以确保开发人员能够理解构建、打包、运行和测试代码所需的全部依赖项。每次代码变更后，IT 价值流都会确认代码已经被成功地集成到类生产环境中，通过流水线部署类生产环境，完成自动化测试，然后由测试人员进行手动验收及可用性测试。

14.5.2　功能性测试

针对不同人员的需求，测试金字塔会分别为开发人员、架构人员、用户有针对性地提供单元测试、组件测试、集成测试、系统测试和验收测试。单元测试是代码函数或类级别的测试，组件测试是针对单个接口的验证，集成测试用于验证多个组件间的接口以及协同，系统测试用于验证整体业务逻辑，验收测试则是从用户角度来验证应用整体的可用性。

1．单元测试

单元测试用于对应用代码中最小可测试逻辑单元进行检查和验证，通常会独立测试每一个方法、类或函数。其目的是确保代码按照开发人员的设想运行。当提交代码或者配置的变更后，会自动触发单元测试。单元测试的目标是代码级别的组件，在面向过程的编程语言中，通常指的是"函数"或者"方法"；而在面向对象的编程语言中，则是指"类"。例如面向对象的"类"，此时单元测试的目标就是验证这个类的行为是否符合预期。

单元测试分为独立型单元测试和协作型单元测试。独立型单元测试使用针对类的依赖性的模拟对象隔离测试类；协作型单元测试则完整测试一个类及其依赖项。由于需要快速部署和无状态测试，单元测试通常会使用 Stub 的方法，隔离数据库和外部依赖。

被测应用在运行时往往会有一些依赖关系，为了测试某一个模块而把整个应用都运行起来明显不切合实际。解决方法是用测试替身来消除被测系统的依赖性。测试替身是一个对象，该对象负责模拟依赖项的行为。Stub 和 Mock 就是在这种情况下用来模拟依赖项的方式。

Stub 主要出现在集成测试的过程中，从上往下集成时，其作为下方程序的替身。Stub 存在的目的是让测试对象可以正常运行，其实现一般会用简单的代码模拟一些输入和输出。

Mock 主要是指某个程序的"傀儡"，即一个虚假的程序，它可以按照测试者的意愿做出响应，返回被测对象需要得到的信息。

Mock 的使用范围比 Stub 广。Mock 除了保证 Stub 的功能，还可深入模拟对象间的交互方式，如调用了几次、在某种情况下是否会抛出异常等。

总体来说，Stub 完全是模拟一个外部依赖，用来提供测试时所需的测试数据。而 Mock 对象用来判断测试是否能通过，也就是验证测试中依赖对象间的交互能否达到预期，所以 Mock 模拟的外部依赖的行为更加全面。

2．组件测试

组件测试是针对单个组件或服务的测试，以验证该组件或服务是否符合设计预期。在 SOA 或微服务场景下，组件测试是对服务的验收测试，往往将组件视为黑盒子，通过使用 Stub 来模拟组件的各种依赖关系，从而单独测试某组件所提供的服务。组件测试是针对组件的业务测试，它从组件的使用端而不是内部实现的角度来描述所需的外部可见行为。组件测试对应用内一个服务对外提供的接口进行检查和验证。一般来说，组件测试在单元测试之后、集成测试之前执行。如果是分层架构的应用，则先对底层模块做测试，然后再对调用模块进行组件测试，以保证应用可用性的完整。

组件测试的目的是验证模块或服务提供的接口内部的逻辑是否符合设计预期，一般在设计组件测试的用例时都会考虑 MBT（Model-Based Test）方法，即将接口的输入值和返回的响应码组合成不同的用例，并确保用例经过的代码路径可以覆盖大部分应用场景。

一般将组件打包为可以直接在生产环境中部署和发布的格式，并将其作为单独的进程运行。在测试过程中使用真实的基础设施服务，例如数据库和消息代理，但是对组件的任何依赖项使用模拟桩。这样做的好处是可以提高测试覆盖率，因为测试的内容更接近于真实部署环境中能反馈的内容。缺点是这类测试编写起来更复杂，执行速度更慢，并且更为脆弱。

从应用架构的角度来说，如果编写或维护单元测试和组件测试既困难又昂贵，则说明应用架构过于耦合，即各个组件之间没有明显的边界。在这种情况下，需要构建松耦合的应用架构，对组件可以不依赖集成环境而进行独立测试。

3. 集成测试

集成测试用于验证服务是否可以正确地与基础设施（如数据库等）或其他服务进行交互。组件测试可以被看成集成测试的一部分，集成测试的前提是已经确保各个组件的服务本身没有问题，它重点验证的是不同组件之间的交互是否存在潜在问题。一般可以用数据流走向覆盖法来进行测试的设计和分析，从而输出有针对性的集成测试用例。

在当今 SOA 以及微服务架构模式下，对应用的集成测试往往还会涉及所谓的契约测试，就是对不同组件之间交互的数据标准格式、服务提供方与服务消费方之间交互的数据接口格式进行测试。其目的是验证接口的正确性，从而确保两者之间的服务契约，以更低的成本，更早地发现问题，更快速地验证服务之间交互的正确性。

虽然集成测试用于验证一个组件是否可以与基础设施或者其他组件正确交互，但集成测试与系统测试不同，它不会完整地启动所有的依赖关系，其往往采用一些策略来简化测试，同时不影响测试的有效性。

有了集成测试，持续集成才是有意义的。持续集成其实就是借助接口测试和集成测试，将自动化代码集成到持续集成的流水线上，完成自动集成测试，从而降低由于代码更新导致不同集成测试和回归返回的成本的过程。

（1）针对持久化层的集成测试

通常数据都被存储在数据库中，前面介绍的单元测试是测试内存中的对象。为了确保组件工作正常，必须编写持久化层集成测试，以验证组件的数据库访问逻辑是否按照预期工作。持久化层集成测试的步骤如下。

① 设置：通过创建数据库结构设置数据库，并将其初始化为已知状态。

② 执行：执行数据库操作。

③ 验证：对数据库状态和从数据库中检索出的对象进行验证。

④ 拆解：还原对数据库所做的更改。

（2）针对其他服务的消费者驱动的契约测试

消费者驱动的契约测试（Consumer-Driven Contract Testing）是针对服务提供方的集成测试，用于验证服务提供方的 API 是否符合消费方的预期。例如，验证其 API 是否：

○ 具有预期的 HTTP 方法和路径。

○ 接受预期的 HTTP 头部。

○ 接受请求主体。

○ 返回预期中的响应，包括状态码、头部和主体。

消费者驱动的契约测试通常使用样例测试，消费方和提供方之间的交互由一组样例定义，称为契约。每个契约都包含一次交互期间交换的样例信息，每个契约的请求和响应都扮演着测试数据和预期行为规范的双重角色，每个测试套件都将会测试与消费方相关的 API 的具体方面。

例如，REST 契约制定了一个由 REST 客户端发送的 HTTP 请求，以及客户端希望从 REST 服务器返回的 HTTP 响应。契约的请求指定 HTTP 方法、路径和可选头部，契约的响应指定 HTTP 状态码、头部及预期的主体。

4．系统测试

前面介绍的组件测试只测试某个单独组件，集成测试更偏向于验证服务间的契约，而系统（端到端）测试则验证整个应用的行为。系统测试指的是将应用中所有的组件全部整合起来，对整个应用在用户场景下从功能的角度出发进行的测试，验证整个业务流程是否符合需求设计场景。

在系统测试中，建议所有准备好的测试数据尽量与实际用户产生的真实数据保持一致，其重点是关注用户的输出和最终产生的结果是否符合预期。系统测试由大量组件构成，运行时必须部署支撑它的基础设施服务。

5. 验收测试

不同于单元测试、组件测试、集成测试、系统测试等从开发的角度对应用进行验证，验收测试则是从用户的角度来验收应用的功能，它往往与需求分析阶段的"用户故事"一一对应。手动验收测试主要用于实现探索性测试、易用性测试及演示。在这个过程中，测试人员通过手动测试证明验收条件已经满足，从而确保验收测试的确是验证了应用的行为。同时通过探索性测试和易用性测试验证在不同平台上应用的界面是否正确，并着眼于一些不可控的最坏情况进行测试。

14.5.3　非功能性测试

应用的非功能性测试主要包括性能测试和压力测试。

1. 性能测试

性能是对处理单一事务所花时间的一种度量，它是"吞吐量""容量""并发量"的一个合集。吞吐量是指应用在一定时间内处理事务的数量，它通常受限于应用的某个瓶颈。在一定的工作负载下，当每个请求的响应时间都被维持在可接受范围内时，该应用所能承受的最大吞吐量就是容量。性能等非功能性需求是应用交付的一大风险，很多失败的应用就是由于无法处理负载、运行太慢造成的。由于在交付过程的后期很难对应用架构进行修改，所以在设计初期就要考虑性能方面的需求。代码更新对应用的性能同样会产生影响，在对代码做了修改之后，要尽早掌握性能下降多少等情况，这样就能迅速且有效地修复性能损耗。

性能测试有两个目的：一是创建尽可能接近生产环境的负载；二是选择并实现那些具有实际代表性且在现实生产中非正常负载状态的场景。

性能测试最重要的就是决定对应用的哪一点进行录制与回放。对于某些应用来说，把通过用户接口所执行的交互操作录制下来，然后回放就足够了。这种通过用户接口直接记录交互，然后复制并扩大接口用例执行数量来测试交互过程中的响应时间、极限压力等方式，使得每个测试用例最终都可以模拟成千上万次交互。对于提供 API、Web 服务、消息队列之类的应用，需要更关注服务器核心资源的性能，所以采用 API 进行录制可能更为高效。这种方式通过直接调用 API 来扩大用户数量，管理成千上万个用户进程，SOA 应用特别适合采用。

一般的性能指标有以下几类。

○ 响应时间（RT）：是指应用对请求做出响应的时间。这个指标与人对软件性能的主观感受是非常一致的，因为它完整地记录了整个应用处理请求的时间。不同功能的响应时间不尽相同，同一个功能在不同输入数据的情况下其响应时间也不相同，所以在讨论一个应用的响应时间时，通常是指该应用所有功能的平均时间或者最大响应时间。对于单机的没有并发操作的应用而言，普遍认为响应时间是一个合理且准确的性能指标。需要指出的是，响应时间的绝对值并不能直接反映应用性能的高低，应用性能的高低实际上取决于用户对该响应时间的接受程度。

○ 吞吐量（Throughput）：是指应用在单位时间内处理请求的数量。对于无并发操作的应用系统而言，吞吐量与响应时间成严格的反比关系，实际上此时吞吐量就是响应时间的倒数。对于单用户的系统，使用响应时间（或者系统响应时间和应用延迟时间）可以很好地度量应用的性能。对于并发系统，通常需要用吞吐量作为性能指标。对于多用户的应用，如果只有一个用户使用时应用的平均响应时间是 t，当有 n 个用户同时使用时，针对每个用户的响应时间通常并不是 $n{\times}t$，而往往比 $n{\times}t$ 小得多（当然，在某些特殊情况下也可能比 $n{\times}t$ 大，甚至大得多）。这是因为在处理每个请求时都需要用到很多资源，由于在每个请求的处理过程中对所要求资源的并发难以在同一时刻执行，因此就导致在具体的一个时间点所占资源往往并不多。也就是说，在处理单个请求时，在每个时间点都可能有很多资源被闲置。在处理多个请求时，如果资源配置合理，针对每个用户的平均响应时间并不随用户数的增加而线性增加。实际上，不同应用的平均响应时间随用户数增加而增加的速度也不相同，这也是采用吞吐量来度量应用性能的主要原因。一般而言，吞吐量是一个比较通用的指标，对于两个具有不同用户数和不同用户使用模式的应用，如果它们的最大吞吐量基本一致，则可以判断出它们的处理能力基本一致。

○ 并发用户数：是指应用可以同时承载的正常使用功能的用户的数量。与吞吐量相比，并发用户数是一个更直观但也更笼统的性能指标。并发用户数是一个非常不准确的指标，因为不同用户使用模式会导致不同用户在单位时间内发出的请求数量不同。以网站为例，假设用户只有在注册后才能使用该网站，但注册用户并不是每时每刻都在使用该网站，因此在具体某一时刻只有部分注册用户同时在线。在线用户在使用网站时会花很多时间阅读网站上的信息，因此在具体某一时刻只有部分在线用户同时向应用发出请求。这样，对于网站应用会有三个关于用户数的统计数字：注册用户数、在线用户数和同时发请求用户数。由于注册用户可能长时间不登录网站，因此使用注册用户数作为性能指标会造成很大的误差。而在线用户数和同时发请求用户数都可以作为性能指标。相比而言，以在线用户数作为性能指标更直观些，而以同时发请求用户数作为性能指标更准确些。

◯　QPS（Query Per Second）：每秒处理完请求的次数。QPS 是一台特定的查询服务器在规定时间内所处理流量多少的衡量标准。在互联网上，作为域名系统服务器的机器的性能经常用 QPS 来衡量。其对应于 fetches/sec，即每秒响应请求数，也就是最大吞吐能力。

2. 压力测试

压力测试是指通过增加压力的方法一步步逼近应用的临近崩溃点，这个崩溃点可能会出现在应用系统资源、内存、线程、应用、连接数等上面，目的是使运维人员和开发人员能够知道应用的极限在哪里。

◯　正压力测试：以性能测试为基础，了解应用大致能够承受的基本压力是多少，在这个基础上对应用逐步加压，直到应用接近崩溃或者真正崩溃，也就是做加法。

◯　负压力测试，在应用正常运行的情况下，逐步减少支撑应用的资源，看什么时候应用无法支撑正常的业务请求。例如，逐步减少服务器或者微服务的数量，观察业务请求的情况，也就是做减法。

如果说性能测试能测出应用的基准线的话，那么压力测试能测出的是应用的上限或者说是应用的高压线。在基准线和高压线之间就是应用伸缩的范围，我们可以通过这两条线密切关注应用负载的情况。

此外，还有负载测试、容量测试、稳定性测试、安全性测试、易用性测试及兼容性测试等其他非功能性的测试项。

14.6　DevOps 与敏捷开发、Kubernetes、微服务、应用架构模式的关系

本章前面详细讲解了 DevOps 的各个环节，现在我们通过 DevOps 与敏捷开发、Kubernetes、

微服务、应用架构模式的关系来进行总结。

1. DevOps 与敏捷开发

敏捷开发主要是针对应用的开发，其目的是加快开发对应用需求的响应，快速交付价值，快速响应变化。敏捷开发是用短的迭代周期来适应更快的变化，而且保持增量的持续改进的过程。DevOps 涵盖的不仅仅是开发，还包括开发之后的部署、发布、运维等应用生命周期的整个流程，延伸整个响应、交付的流程到实施、发布和运维，从而涵盖整条 IT 价值流。

2. DevOps 与 Kubernetes

容器及 Kubernetes 促进了 DevOps，当为一个应用打包容器镜像时，选择基础镜像及安装依赖部分就是原先需要运维人员所做的环境创建和配置。而使用容器后，此过程由开发人员和运维人员共同商议决定，从而促进了开发人员与运维人员的合作。

Docker 使容器具备了较好的可操作性、可移植性，Kubernetes 使容器具备了企业级使用的条件，企业级容器平台也成为 CI/CD 工具落地的新一代基础架构。容器编排器带来的一个巨大转变是，原来只有运维人员关心环境的部署，无论是测试环境还是生产环境，都是运维人员搞定的；而容器化之后，需要开发人员自己写 Dockerfile 或者 Kubernetes 的 YAML 文件，关心应用运行环境的部署。Kubernetes 让开发人员无须再关注底层资源，使得交付速度更快。为了实现应用的持续集成和持续交付，必须缩小本地与线上的差异，确保环境的一致性，保持开发环境、测试环境和生产环境尽可能相似。Kubernetes 正好提供了这种一致性，并且通过 Kubernetes 配置文件构建的环境可以实现版本化。

从开发人员的角度来讲，使用 Kubernetes 绝对不像使用虚拟机一样，开发人员除了写代码、做构建、做测试，还需要知道应用的容器运行环境。开发人员需要知道容器和原来的部署方式是不一样的，需要区分有状态和无状态。开发人员需要写 Dockerfile，需要关心环境的交付，需要了解太多原来不了解的东西。

Kubernetes + Docker 是 Dev 和 Ops 融合的一个桥梁。Docker 是微服务的交付工具，有了微服务之后，服务太多了，单靠运维人员根本管不过来，而且很容易出错，这就需要开发人员关心环境的交付。例如配置改了什么、创建了哪些目录、如何配置权限等，只有开发人员最清楚，这些信息很难通过文档的形式及时、准确地同步到运维部门，就算是同步过来了，运维部门的维护量也非常大。所以有了 Kubernetes，最大的改变就是环境交付提前——每个开发人员多花 5%的时间，来换取运维人员 200%的劳动，并且提高了稳定性。此外，有了 Kubernetes 以后，运维层要关注服务发现、配置中心、熔断降级。Kubernetes 虽然复杂，但是其设计理念非常符合 DevOps 的思想。

3. DevOps 与微服务

传统的单体应用模块化并不注重模块间接口的契约化，在进行模块集成时经常会出现应用功能不可用的情况，需要花费大量时间进行修复。微服务架构的应用往往由数量众多的微服务构成，在这种情况下，DevOps 的 CI/CD 必不可少。通过 CI/CD 可以实现整个开发流程的自动化，从而极大地提升开发效率。

4. DevOps 与应用架构模式

康威定律指出，软件的架构和软件团队的结构是一致的，所以应用开发团队对软件产品的架构和成果有着巨大的影响。为了使 DevOps 的 IT 价值流可以快速地流动，必须利用康威定律发挥团队的优势，灵活地组织团队。如果不理解康威定律，就会妨碍团队安全、独立地工作，它们会被紧紧地耦合在一起，所有工作都相互依赖和等待，即使做很小的变更也会导致全局性、灾难性的后果。

为了实现 DevOps，不但要减少职能化导向的负面影响，而且还要更好地运用市场化导向的效果，从而使团队可以安全、独立地工作，并且快速地向客户交付价值。因此，应用的架构模式需要保证团队可以独立运作，彼此充分解耦，从而避免过多不必要的协调与沟通。在传统的紧耦合架构中，即使做微小的变更也可能导致大规模的故障。因此，负责某个组件的开发人员不得不和负责其他组件的开发人员不断地协调与沟通。为了测试整个应用能否工作，需要集成数百名甚至数千名开发人员编写的代码，而这些开发人员编写的代码又依赖数十个甚至数百个其他应用。另外，测试需要在稀缺的集成环境中完成，而集成环境通常需要花费数周来安装和配置。结果是不仅延长了交付周期，还导致开发人员的生产力低下和部署质量不佳。

应用赖以生存的架构在很大程度上决定了代码的测试和部署方式。架构是应用开发的首要因素，它还决定了是否能够快速和安全地实施变更。如果架构能够支持团队独立、安全、快速地进行开发、测试和部署，那么就可以提高和维持开发人员的生产力，并且持续改善部署质量。微服务架构模式就具有这种特性，松耦合的架构意味着在生产环境中可以独立更新某一个微服务，而无须更新其他微服务。康威定律告诉我们，必须鼓励建立小规模的团队，减少团队间的沟通，而微服务架构真正从软件架构上支持这种工作模式，将 DevOps 的流动性和灵活性发挥到极致。

第 15 章

SRE 运维

本章先整体介绍 SRE 运维，然后从监控、日志、故障排查和作业运行等方面来详细介绍 SRE 运维过程中的重要环节。

15.1 SRE 运维简介

SRE（Site Reliability Engineering）运维是指通过一系列步骤和方法来管理与维护线上服务，从而保证线上服务的高可用性和稳定运行。Benjamin Treynor Sloss 说过，任何一个系统如果没有人能稳定地使用，那么它就没有存在的意义。因此应用的稳定性、可靠性变成了线上服务的重中之重，需要不断地通过优化来保障服务的可靠性。

运维的重点在于应用运行所需的各个环境，从机房、网络、存储、物理机、虚拟机这些基础架构的稳定，到数据库、中间件、大数据平台、PaaS 等这类平台的使用和管理。运维人员的具体工作包括：对服务器购买和上架等的基本管理、调整网络设备的部署配置、服务器操作系统的安装和调试、测试环境和生产环境的初始化与维护、规划和部署线上服务的监控和告警、服务安全性检测、数据库管理和调优等。

总而言之，SRE 运维除了包括上述这些传统运维工作，还要求运维人员具有编程能力。如图 15-1 所示，在运维阶段通过自主开发自动化工具及平台实现监控、日志、故障排查及作业运行等，确保海量、大规模线上服务的高可用性和稳定运行。

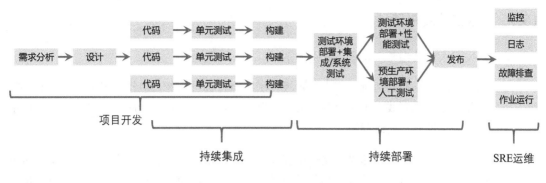

图 15-1

15.1.1　SLA

针对企业应用服务质量的指标被称为 SLI（Service Level Indicator），它是对某项服务质量的一个具体量化指标，大部分服务都采用"可用性""请求延迟""错误率""吞吐率"等指标。SLI 的目标值被称为 SLO（Service Level Objective），它定义了 SLI 的目标。而我们日常所提及的 SLA（Service Level Agreement，服务等级协议）是指服务与用户之间明确的协议，描述了达到或没达到 SLO 的后果，本书将使用 SLA 来表示 SLI 希望达到的目标范围。

运维人员的首要工作就是确保 SLA，它往往定义了对服务可靠性和有效性的保障，比如对故障解决时间、服务超时等的保障。具体的 SLA 指标包括：

- ○ MTBF（Mean Time Between Failure，平均故障间隔时间），指相邻两次故障之间的平均工作时间，通常是衡量服务可靠性的指标，MTBF 值越小说明服务的可靠性越差。

- ○ MTTR（Mean Time To Repair，平均修复时间），指服务从故障状态转为正常工作状态过程中修复所需的平均时间，MTTR 值越小说明故障修复越及时。

- ○ 可用性（Availability），指在外部资源得到保障的前提下，服务在规定的条件下和规定的时间区间内处于可执行状态的能力。它的具体计算公式为：

$$Availability = MTBF / (MTBF + MTTR)$$

通常我们通过描述"几个 9"（99%、99.9%、99.99%……）来确认可用性。

此外，更高的可用性意味着更高的成本，所以需要针对线上应用的实际业务确定合理的服务水平，从而达到可用性和成本的最佳权衡。

15.1.2 运维的发展阶段

运维的发展大致分为 4 个阶段，分别如下。

- 人工阶段：早期的运维处于人工阶段，手工执行各种操作，包括机器上架、软硬件初始化、服务上下线、配置管理、监控告警等。在这个阶段因为应用相对简单，所以单靠人工也能解决运维问题。

- 工具和自动化阶段：随着系统规模和复杂度的逐步增加，运维工作也逐步复杂，运维进入了工具和自动化阶段。为了提升运维工作效率，简化操作流程，运维人员逐步将运维操作及重复性工作流程编写成脚本自动执行，借助前面章节中介绍的容器及容器编排技术实现自动化运维操作，从而代替人工。这样不但可以提升运维工作效率，同时还可以降低出错的概率，而运维人员自身也逐步转向了运维开发。

- 平台化阶段：在第二阶段所开发的自动化工具都是分散的，不易管理且需要人工干预。随着应用自身变得越来越复杂，需要将自动化脚本进行整合，从平台层面构建更加易用和高效的运维管理体系，也就是运维平台化。整个平台包括监控、告警、日志、故障排查、自动作业下发等模块，通过这套平台可以大大提升运维效率，降低线上服务出错的概率，提升服务的可用性。

- 智能运维阶段：第三阶段的运维平台将可用性保障、资源扩容等诸多运维方案纳入体系中。智能运维（Algorithmic IT Operations，AIOps）是一套基于已解决的已知问题，扩展来解决潜在运维问题的方法体系。AIOps 使用机器学习等方法，分析各种数据，利用各种操作工具处理运维问题。它能够自动发现问题，并且可以实时对问题做出反应。

目前智能运维还处于发展初期，本章介绍的 SRE 运维大致属于第三阶段。

15.1.3 架构层次

如图 15-2 所示，一套完整的 SRE 运维平台的架构大致可以分为三层，具体如下。

- 监控&日志层：任何运维的基础都是监控和日志系统，通过具体数据来检测应用服务是否正常运行。

- 故障排查层：基于监控和日志数据，通过各种工具查找异常的具体原因。

- 作业运行层：通过平台自带的或 SRE 工程师开发的工具快速修复问题。

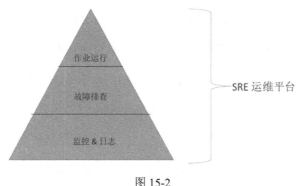

图 15-2

15.2　监控

监控处于整个 SRE 运维架构的底层，主要用于收集、处理、汇总、显示某个应用或服务的实时量化数据，是可靠的、稳定的服务不可缺少的部分。本节将介绍监控的目的、类型、指标等基本知识，还将从多层监控、告警等层面深入介绍监控相关内容。

15.2.1　监控概述

完整的监控系统必须覆盖应用程序栈的每一个层面，包括业务本身、运行状况、数据库、操作系统、存储、网络和安全等。监控数据通常使用运行在服务器端的代理或通过无代理监控方式来采集。监控自动化工具可以对服务器的 CPU、内存、磁盘 I/O、网络 I/O 等重要配置进行主动探测监控，一旦发现指标超过或接近阈值，就自动通过邮件、短信等方式通知相关责任人。对于任何应用，我们都希望其一旦出错就能被监控到且能得到通知，查出详情，找到出错原因。

针对日渐普遍的分布式系统，通过集中的监控系统，必须确保对正在构建和运维的应用建立起充分的监控。同时运维人员必须把建立完整的监控系统作为日常工作的一部分，通过监控所有应用以及基础设施，能更好地识别出问题。当服务崩溃时，这种监控能更好地给开发人员和运维人员提供有用的信息。同时，基于服务器的 CPU、内存、磁盘 I/O、网络 I/O 等重要配置监控形成的基础指标，还需要分析更高抽象级别的指标，对整个应用甚至平台系统的整体有更进一步的了解。

1. 监控目的

通常来讲，监控的主要目的如下。

❍ 临时性回溯分析：当应用服务出现异常时，实时分析它的某些现象。

❍ 告警：当应用服务出现故障时，主动向预先设定的目的地发送告警信息，通知他人。

❍ 长期趋势分析：对某个应用的长期趋势分析，用于容量规划、流量预测等，从而找出该应用今后优化的方向。

2. 监控类型

监控主要分为入侵式监控和非入侵式监控两种类型，具体如下。

❍ 入侵式监控：在程序内部植入监控模块，通过检查应用内部运行情况来获取应用的运行状态。

❍ 非入侵式监控：把应用作为黑盒来处理，通过外部监控来判断系统是否正常运行。

3. 监控指标

服务级别的监控有 4 个黄金指标，分别如下。

❍ 延迟时间：从请求服务到最终获取到服务的时间，是判断一个服务快速性的标准。

❍ 流量：对服务负载所进行的度量，通常采用 QPS 等指标。

❍ 错误率：请求服务无法获得有效数据的比率，同时包括显式失败和隐式失败。

❍ 饱和度：对服务目前最为受限的某种资源的某个具体指标的度量。

此外，针对应用的监控还可以有如下指标。

❍ 存活状态（Liveness）：应用进程可能会因为各种原因停止，所以应用的存活状态就是一个重要的指标。

❍ 进程资源监控：通过对应用消耗的 CPU、内存、网络、I/O 资源情况进行监控形成的指标。

❍ 运行转台监控（Readiness）：对应用自身的状态进行监控形成的指标，与应用本身的类型有关。

4. 系统拓扑

考虑到大型系统的分布式特性，监控系统也往往采用分布式的层级架构。每个集群都会有一个本地的监控实例，可以实现本地监控。同时，上级监控实例会逐级汇总监控指标，屏蔽无用的信息，这样上层的监控实例就不需要保留下层的详细信息了。最上层往往会有一个全局的监控实例，负责进行全局汇总。

15.2.2　多层监控

从底层到业务进行全方位监控，每一层都要建立以事件、日志和指标为对象的监控。在所有服务器上可以使用特定文件来存储日志，但是最佳实践是将所有日志发送到统一的中央日志服务器上，便于集中、轮换和清除。

1. 基础设施监控

基础设施包括数据库、操作系统、网络、存储等，其监控的内容有 Web 服务器吞吐量、CPU负载、内存、磁盘、网络使用率等，目的是对生产环境、预生产环境等各种基础设施环境建立全面的监控指标，以便于在任何环境出现问题时，都能够快速定位问题，即定位到是哪个组件引发了问题。

基础设施监控历来是运维领域的重中之重，其基础运维体系和工具支撑也相对成熟、完善。基础设施监控具体是指对基础设施的健康度进行检测，检测内容包括网络连接与状态、CPU 负载和内存，以及外部存储空间的使用状况等。基础设施层的具体监控指标如下。

- CPU 使用率。

- 内存使用情况：内存包括物理内存和虚拟内存。应用本身的内存泄漏会导致内存使用量越来越大。如果观察到操作系统在持续使用 SWAP 空间，则一般说明物理内存不满足应用需求。

- 磁盘空间：已使用磁盘空间大小和剩余磁盘空间大小。

- 磁盘 IOPS（I/O Per Second）：磁盘每秒完成的 I/O 操作数量，SATA 大概为 80 次，SAS 为 150~200 次，SSD 可以达到几万次级别。

- 网络带宽：在单位时间内网络传输的数据量。

- 网络流量（吞吐量）：在单位时间内经过网卡的数据量，一般能够反映业务负载情况。

2. 应用监控

应用监控是指对应用程序的运行健康度进行检测，例如，应用进程是否存在、应用是否能正常对外提供服务、应用是否有功能缺陷、应用是否能正常连接数据库、应用是否可以及时扩容以应对突增的大量请求等。应用监控以监控应用进程状态为主，但应用进程又受限于服务器或虚拟机资源，当服务器或虚拟机的状态出现异常时，应用进程也会受到影响，因此对应用进程依赖的系统资源也需要进行监控，监控指标包括事务处理时间、应用响应时间、应用程序故障等。

应用层的具体监控指标如下。

- 吞吐量（Throughput）：每秒系统处理的请求数、任务数，可以认为是 QPS 或 TPS。在高吞吐量下，响应时间会随着吞吐量的增加而增长。

- QPS（Query Per Second）：每秒处理完请求的次数。注意这里是"处理完"，处理完的含义是指服务器处理请求完成并成功返回结果。可以理解为在服务器中有一个计数器，每处理完一个请求计数器就加 1，1s 后计数器的值为 QPS。

- TPS（Transaction Per Second）：每秒处理完事务的次数。一般 TPS 是针对整个系统来讲的，具体是指一个应用系统 1s 能完成多少事务处理。一个事务在分布式处理中可能会对应多个请求，所以使用 TPS 比较合适。如果是衡量单个接口服务的处理能力，使用 QPS 比较多。

- 响应情况（Responsiveness/Latency）：系统处理一个请求或任务消耗的时间。

- 并发量：系统能同时处理的请求数，并发量 = QPS × 平均响应时间。

- 错误率（Error Rate）：在一批请求中出现错误的请求占所有请求的比例，主要用于衡量应用的可用性。

3．业务监控

对于一个具体业务，业务监控是指对业务指标的健康度进行检测。比如对于一个网站，其监控指标可以是实时的用户访问量、具体的页面浏览数、转化率、订单量、注册用户数等。因为业务自身各有不同，业务监控无法统一化、标准化，所以推荐采用"埋点"的方式。每个业务都会通过"埋点"，如 Prometheus 的 /healthz 接口暴露所有监控变量值，通过这种标准的形式可以更好地上报业务监控数据。监控系统会定期从每个业务"埋点"拉取监控数据进行汇总。

15.2.3　告警

除了通用的监控，还需要自动对监控到的问题进行告警。告警一般通过发送系统通知给运维人员或运维管理类系统的方式来进行。尤其当应用或系统本身无法自动修复（通过自动重启或自动加载某些配置等方式）某个问题时，需要运维人员人工调查，以判断目前是否存在故障，并且采用一定的方法缓解故障，找出导致故障的根源。所以需要告警功能能够寻找到正在发生或可能发生的问题并发出通知，一般通过设置可以达到的阈值来确保监控系统支持问题的快速定位与检测。通过告警规则计算出的告警结果通常为 True 或 False。如果结果为 True，则会产生一条告警信息。经验表明，告警规则经常反复变动，因此需要为每条规则都指定一个最小持续时间值，只有当告警持续时间超过这个值时才发送告警信息。

告警需要考虑两个方面：一是及时性，二是告警信息的可操作性。当接收人收到告警信息后，其应当可以针对这个告警进行相应的操作，否则可操作性不满足。

在大规模系统中需要同时监控大量组件，告警系统不应该要求运维人员持续关注每个组件，而是应该汇总所有信息，自动抛弃其中重复的信息。告警往往涉及多个维度，如应用维度、服务器维度等。一个故障常常会触发多个告警，这些告警就会变成噪声，让运维人员无法定位根本问题，这时告警也就无效了。所以说告警的汇总和收敛一直是运维工作中的一个重要环节，需要确定告警的主要因素，并且定位故障，才能让运维人员切实使用告警信息。同时还需要提升告警的成功率，因为过于频繁的误报，会使运维人员在精神上产生疲惫，以至于最终产生告警疲劳。

告警系统往往建立于监控系统之上，通过监控指标计算告警结果，然后通过告警渠道将其发送给相关人员。通过这种松耦合的方式，将告警系统独立于监控系统之外，有利于日后对告警系统进行扩展。当有新的应用上线，并且已经设置了监控的"埋点"时，可以为该应用定制相应的告警规则，共享相同的告警渠道。

15.3　日志

日志是一组随着时间增加的有序记录，通常被用来搜索和查看关键状态、定位应用程序问题。我们通常所说的日志包括 Web Server（例如 Nginx）的日志和操作系统的系统日志。

15.3.1　日志系统架构

现在主流的日志系统架构就是"ELK"，它不是一款软件，而是一整套解决方案。"ELK"是三个开源项目——Elasticsearch、Logstash 和 Kibana 的首字母缩写。Elasticsearch 是一个搜索和分析引擎。Logstash 是服务器端数据处理管道，能够同时从多个来源采集数据、转换数据，然后将数据发送到诸如 Elasticsearch 等存储库中。Kibana 则可以让用户在 Elasticsearch 中使用图形和图表对数据进行可视化。

15.3.2　日志的采集、汇总与展示

传统的方式是通过日志文件对日志进行采集，有需要时就查询日志文件或者复制日志文件到分析系统中进行分析。后来随着云计算的普及，系统运维自动化程度提高了，需要采用更加高效的工作方式来进行日志处理。

在容器平台上，通常会采用将所有节点标准输出进行汇总或使用消息队列的方式来采集日志。但是当节点数不断增加时，我们就会发现其实日志传输很占网络带宽。一般有两种解决思路：一是精简日志采集项；二是先在网段内本地汇聚日志，然后再汇总到中央日志服务器。这样就能在一定程度上降低网络整体压力。

对日志汇总后，可以根据业务需求进行集中或分散展示，方便不同人员通过日志来检索、分析、排障等。

下面介绍一些常用的日志处理工具，通过这些工具和应用的有机结合，可以让日志产生更高的效能。

Filebeat 是一款轻量级的日志采集器，可以监控客户端的指定目录或文件，跟踪其变化，并将结果发送到 Logstash、Kafka 或 Elasticsearch 中。

但 Filebeat 并不支持日志解析，所以需要通过 Logstash 完成复杂的日志解析、数据提取工作。相对于 Filebeat，Logstash 支持更多的日志输入/输出格式。

Logstash 是一个具有实时渠道能力的数据收集引擎。它是使用 JRuby 语言编写的，其作者是世界著名的运维工程师 Jordan Sissel。目前 Logstash 的最新版本是 2.1.1，其主要特点如下：

○　几乎可以访问任何数据。

○　可以和多种外部应用结合。

○　支持弹性扩展。

Logstash 主要由三个部分组成。

○　Shipper：发送日志数据。

❍　Broker：收集数据，默认内置 Redis。

❍　Indexer：写入数据。

Kibana 是一个基于 Apache 开源协议，使用 JavaScript 语言编写的，为 Elasticsearch 提供分析和可视化的 Web 平台，它可以在 Elasticsearch 的索引中查找和交互数据，并生成各种维度的图表。目前其最新版本是 4.3，通常也叫 Kibana 4。

15.4　故障排查

故障排查往往门槛较高，需要运维人员既熟悉通用的故障排查流程，又对出现故障的应用有充分的了解。

15.4.1　具体步骤

当发生故障时，尽快恢复服务、消除故障是第一重要任务。在恢复服务的前提下，尽量保留问题现场，例如服务日志等，以便后续进行故障根源的分析。

如图 15-3 所示，故障排查的具体步骤从收到故障报告开始。通过观察应用的监控指标和日志信息了解应用目前的状态，初步判断问题发生的原因，这就是定位。然后结合对应用构造原理、运行机制以及故障现象的了解，对可能的故障点逐一进行检查。接下来可以将假设的故障原因与现有应用状态进行对比，分析造成故障的可能原因，形成一个比较明确的诊断，最后进行测试和修复。同时，也可以通过测试的方法，给每个组件发送相应的请求来判断它们是否工作正常，如输入已知数据，检查输出是否正确。针对较为复杂的多层应用，排查故障需要多层组件协同工作，最好是从应用的一端开始，按照调用顺序检查每个组件。

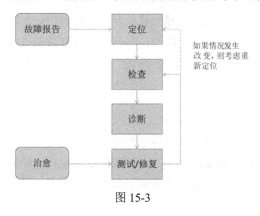

图 15-3

15.4.2 监控检查

在排查故障的过程中，需要检查应用的每个组件的工作状态，以便了解整个应用是否工作正常。这往往会基于监控系统，记录并保存整个应用的监控指标，而这些监控指标就是找到问题所在的基本工具。另外，日志也是重要的数据来源，日志中记录了每个操作的信息和对应的应用状态，通过日志可以具体了解到任意时刻某个组件的状态。

此外，为了提升应用故障排查的可操作性，需要在应用设计之初就增加可观测性功能，为每个组件设计好监控指标和结构化日志。同时需要利用成熟的、可观测性好的组件接口设计应用，例如，通过唯一标识记录一组相关的调用，这样将会有效地提升不同组件日志之间的关联性，加速故障排查及恢复服务。

15.5 作业运行

通过监控、告警和日志系统检查出应用的某些异常后，下一步就是针对每种类型的异常制定并运行相应的作业。如果作业可以实现幂等性，并且所有的依赖关系都能得到满足，那么就可以实现对异常的修复。

针对大型的分布式应用，需要采用特定的平台实现作业的下发和运行。这通常会借助流程自动化工具，其主要功能是对服务器进行维护，同时实现应用上线部署等日常操作的自动化和标准化。例如，Puppet、Chef、Ansible、SaltStack 等自动化运维管理工具快速地将运维工作推向自动化，让运维人员可以很容易地维护成千上万台服务器。

在过去几年里，云平台发展迅速，其中困扰运维工程师最多的是需要为各种迥异的开发语言安装相应的运行时环境。虽然自动化运维工具可以降低环境搭建的复杂度，但是仍然不能从根本上解决环境的问题。Docker 的出现成为软件开发行业新的分水岭，Docker 提供了可以将应用和依赖封装到一个可移植的容器中的能力。Docker 通过集装箱式的封装方式，让开发人员和运维人员都能够以 Docker 所提供的"镜像+分发"的标准化方式发布应用，使得异构语言不再是捆绑团队的枷锁。

另外，基于 Docker 的 Kubernetes 平台实现了很多运维操作功能。Kubernetes 的前身——Google 的 Borg 系统的一大特点是从相对静态的主机、端口、作业分配的管理过渡到更加动态的，将一系列物理服务器资源抽象成统一的、标准的资源池。同时将集群管理功能变成一个可以发送 API 消息的中央协调主体，通过这种模式提升了管理平台对应用服务的运行管理能力。

不同于之前对物理服务器的"独占"模式，Borg 能够让服务器来调度任务。对于运维人员来说，Borg 将自动实现物理服务器的全生命周期管理，包括上架、排错、修复、下架等操作。Kubernetes 给运维人员的工作模式带来了颠覆性的改变，他们再也不用像照顾宠物那样精心地"照顾"每一台服务器了，当服务器出现问题时，只要将其换掉即可。

随着分布式系统愈加成熟，应用的规模越来越大，系统的构成也越来越复杂，服务器的数量迅速地从几十台、上百台增加到成千上万台。企业内部服务器数量的大幅增长，使得服务器出现故障的频次也大幅增加，手工运维时代的瓶颈随之到来。运维人员越来越难以远程登录每一台服务器去搭建环境、部署应用、清理磁盘、查看服务器状态以及排查系统错误，此时急需自动化运维体系与开发技术体系的配合。对于应用开发，不光需要关注应用自身的开发、部署，还需要考虑交付之后的运维，以及数据统计、分析等。SRE 的核心是通过开发自动化运维平台来替代传统的手工运维操作，通过软件的思维和方法来完成以前的人工运维任务。SRE 通过建立自动化的工具及平台，优化整套运维体系，采用更简便的方式支持更大规模的线上服务，保障线上服务的稳定性和可靠性。同时，SRE 长期希望将基本的手工运维操作全部消除，通过平台实现运维系统的自主管理、自动修复问题。

传统的运维方式往往存在很多手动性、重复性的工作，SRE 希望将这类工作自动化，这样就可以提升服务的可靠性、性能、利用率等，同时也会进一步减少日常手工操作。任何人重复数百次操作时，不可能保证每次都用相同的方法，这种不可避免的不一致性会导致出现错误、疏漏和可靠性问题。在这个范畴内，SRE 自动化平台将会大大提升一致性。同时，SRE 希望在服务规模扩大的过程中减少操作人数，并且可以实现比单纯手工运维更有效率的服务管理能力。SRE 自动化平台是一个可扩展的、使用广泛的，甚至可带来额外收益的平台。另外，节约时间也是采用自动化的一大原因，一旦自动化封装了某个任务，任何人在任何时间都可以执行它，实现了操作与运维人员的解耦。

SRE 是系统工程与软件工程的结合。其中系统工程负责配置各类环境，部署各类环境组件；软件工程则通过编写代码、脚本创建工具或框架，实现某些管理功能。SRE 将两者结合起来，通过开发自动化平台来简化之前的手工运维操作。

第16章

数字化运营

数字化运营希望通过用户行为分析等手段，基于大量数据事实，在应用上线或更新之后，来评估新特性的实际效果，从而探索或引导用户的真实的潜在需求。本章将从数据处理、反馈流程、验证模式、平台架构等几个方面来介绍数字化运营相关内容。

16.1　数字化运营概述

前面章节中介绍过的应用数据架构主要用于存储业务数据，而应用本身能够有效地采集操作日志等非业务信息。非业务信息主要包括先前介绍过的监控系统的响应时间、执行超时时间、CPU 利用率等，以及涉及用户使用和企业发展的运营数据。应用可以充分利用这两类非业务信息，实现业务及管理上的信息挖掘和业务优化。而基于非业务信息，对用户行为进行分析等被定义为数字化运营。通过数据分析指标监控企业运营状态，可以及时调整运营和产品策略。数字化运营的本质是在应用的开发过程中运用数据分析的思维方式，实现数据驱动决策，通过全面的行为数据来消除应用优化方向的不确定性。

16.1.1　运营数据

运营数据是企业运行发展的管理基础，我们既可以通过运营数据了解公司目前发展的状况，也可以通过调节这些指标对企业进行管理，即数据驱动运营。例如，用户使用应用时留下的记录等都属于运营数据，其包括个人输入信息、访问时间、IP 地址等。而要想获得运营数据，则需要在应用程序中设置大量埋点采集数据（从数据库、日志或第三方采集数据），对数据进行清洗、转换、存储，利用 SQL 进行数据统计、汇总、分析，最后才能得到所需的运营数据。

前面在"应用架构"部分介绍的数据架构使用的是业务数据，通常是在线数据。而数字化运营使用的是"周边数据"，不涉及业务数据，通常是离线数据。这些数据也有很高的价值，通过对其进行各种维度的分析，不断探索、引导用户需求，可以提升用户体验，提高用户黏性。

16.1.2　角色分类

前面章节中介绍过，企业级应用云原生化改造的三大架构是基础架构、应用架构和业务架构，不同的公司、不同的人、不同的角色关注的重点不同。

- ❍ 应用开发人员：这类人员往往关注的是应用的功能架构，确保其能够满足用户的需求，带给用户良好的使用体验。还关注应用的技术架构，因为业务量往往会有短期内出现爆炸式增长的可能，因此开发人员会关注技术架构的高并发性，并希望这个架构可以快速迭代，尽快满足业务量爆炸式增长带来的性能需求。

- ❍ 应用运维人员：对大多数企业来说，应用上云的诉求往往是 IT 部门发起的，发起人通常是运维人员，他们希望通过云平台及容器编排的自动化管理计算、网络、存储等资源，减少 CAPEX（资本性支出）和 OPEX（运营性支出）。

- ❍ 应用运营人员：随着应用的广泛、长期使用，累积了大量与非业务相关的用户数据。应用运营人员需要关注这部分数据，通过这部分数据进行分析，挖掘出对业务后续优化有帮助的信息，从而进一步帮助应用持续演进。

16.1.3　用户画像

如果能将用户从各个维度，比如专业能力、使用频率、喜好特点等进行精准的分类，并且在每个维度的基础上还能再细分，比如根据用户对应用的操作和其他相关信息，进一步细化用户的分类信息，从而给用户贴上更多的标签，比如功能偏好、使用时间等，那么就能形成所谓的用户画像。根据用户画像进行更精准的推荐，并进一步把用户喜好当作标签来完善用户画像，那么应用就会越来越了解用户了。

在现实中，很难将用户完全分类，也就是很难完全了解用户。但是在云原生时代，用户留下的信息越来越多，数字化运营通过将这些信息统一起来进行分析，理论上可以将用户完全分类，也就是完成了用户画像的定制。用户画像是指根据用户使用应用时的行为数据，生成描述用户的标签的集合。具体来说，就是将用户划分到不同的类中，每个类都有固定的标签，从而构成了一个用户-标签体系，辅助应用的数字化运营。

用户画像主要来源于对用户的理解、调研与认知，是应用对用户行为认知的积累。用户画像结合具体业务场景产生一系列标签，这些标签共同构成了对用户的真实描述。在应用的整个生命周期中，用户画像也会不断迭代，在不断迭代的过程中调整用户-标签体系。

16.2　数据处理

数字化运营的核心是对运营数据进行处理，并且通过处理结果优化应用。数据处理能力是指对数据进行采集、存储、检索、加工、变换和传输的能力，它是实现数据分析和挖掘数据价值的前提。如图 16-1 所示，数据处理分为数据采集、数据建模、数据分析和指标分析（一般是运营团队所关注的指标，如用户获取成本、跳出率、页面访问时长等）四个步骤。

图 16-1

16.2.1　数据采集

比较通用的数据采集方式分为三种，即第三方工具（包括埋点）采集、业务数据库统计分析采集和日志统计分析采集。

- ○　第三方工具包括嵌入式 SDK 和埋点。其中埋点是指在正常的业务逻辑中嵌入数据采集代码。第三方工具属于客户端数据采集工具，它无法获取数据库或服务器端的信息。而且第三方工具只能采集到一些基本的用户行为信息，无法采集到更多精细化的维度信息。

- ○　对应用的业务数据库进行统计分析并采集数据，这种方式实时且准确。但业务数据库是为了满足正常的业务运行设计的，有些数据分析用到的信息并不在业务数据库中，所以有时候并不能采集到预期的数据。

- 对 Web 日志之类的日志进行统计分析并采集数据，即用户访问时在服务器端采集数据，这些数据中包含访问的相关信息。通过日志，运维人员可以将业务数据和统计数据解耦，做到二者相互分离。

对于整个数据采集过程，力争做到全面覆盖，不但要采集客户端数据，还要采集服务器端日志、业务数据库的数据。同时，针对每条采集数据，需要做到细致，包括 Who、When、Where、How、What 等信息。

16.2.2　数据建模

数据建模就是对现实世界抽象化的数据展示，达到通过最简单的方式将最重要的抽象概念呈现出来的目的。在实际建模过程中，每一个数据模型通常都是为某一个业务场景设计的，但运营数据往往需要综合考虑运营的方方面面，所以需要针对数字化运营的特殊性建立多维度模型。

数据建模通常包含"维度""指标"和"事件"三部分。比如地域、操作系统等属于"维度"，注册用户数、在线活跃程度等属于"指标"。另外，也需要对用户的行为进行建模，通常通过"事件"来规范并使用用户行为数据结构化，每个事件都等价于用户行为的一个快照。相比传统的简单通过数量统计建立访问模型的方式，事件模型更加精细化。在具体建模过程中，基于"事件"，通过"维度"的组合，可以查看该组合下的"指标"情况。

16.2.3　数据分析

基于多维度的数据建模，可以形成多种数据分析方法，从而揭示数据模型背后的内在规律。

- 行为事件分析：研究某行为事件的发生对企业价值的影响。通过跟踪和记录用户行为，研究与事务发生关联的所有因素，从而挖掘用户行为事件背后的原因。行为事件分析模型是对"事件"的可视化展示，在此过程中将用户的属性作为分组或筛选的条件，从而可以精细化地分析所观察到的现象及现象背后的理论解释。

- 漏斗分析：这是一套流程分析方法，用于分析在整个业务流程中，用户转化率在每个阶段的模型。漏斗分析模型被广泛应用于分析渠道来源、用户转化率等日常数据运营工作中。在跟踪整个漏斗转化的过程中，是以用户为单位将各个步骤串联起来的，进入后续步骤中的用户，一定是完成了先前的所有步骤。对于流程相对规范、周期较长、环节较多的业务，通过漏斗分析能够直观地发现和说明问题所在。

○ 留存分析：分析用户参与情况和活跃度，考察在有初始行为的用户中，有多少人会有后续行为。留存率是判断应用价值的重要指标，揭示了应用保留用户的能力，反映了由初期不稳定用户逐渐转化为活跃用户的过程。通过留存分析，还可以定位应用的可改进之处，例如新发布的功能是否能带来不同效果。

○ 分布分析：对用户在特定指标下的访问频次、总额等信息进行分析并归类展现。通过分布分析模型可以展示用户对应用的依赖程度，分析用户在不同地区、不同时间段对应用的不同功能的使用频率，从而帮助运营人员了解当前用户的状态及意愿。分布分析模型支持按照时间、次数、事件来筛选和统计数据，例如，统计在每个时间段用户进行某项操作的频率。通过这类数据分析，可以展示不同用户对功能的依赖程度，挖掘出用户的使用习惯及规律，从而进一步优化产品功能。

○ 用户分群分析：将用户信息标签化，通过用户的历史行为、偏好等，将相同属性的用户划分为一个群体进行分析。例如，将用户分为普通群和预测群，对预测群根据属性运用机器学习算法预测其今后行为。这类数据分析可以让用户画像过程更加精细化，清晰地勾勒出某群体在特定研究范围内的行为全貌。运营人员可以基于此对用户进行更加精准的运营操作。同时，还可以基于反馈结果形成闭环，优化用户画像。

○ 用户属性分析：用户的各维度属性是全面衡量用户画像不可或缺的内容。用户属性分析是指根据用户自身属性进行分类和统计分析，其主要价值体现在丰富用户画像的维度上，洞察更加细致的用户行为。例如，运营人员可以很直观地查看到用户在不同城市的具体分布情况，从而判断出用户的喜好。

16.2.4 指标分析

在完成了数据分析之后，需要用简洁明了的方式展示一些指标，通过这些指标可以看到应用的一些宏观情况。根据《精益数据分析》一书中的介绍，企业在发展的每个阶段都需要集中精力关注一个指标，也就是所谓的"第一关键指标"。若企业同时对多个指标进行跟进与优化，就会导致团队专注度下降。当然，随着企业的发展，这个指标会发生变化。"第一关键指标"应该具备能够正确反映业务和阶段、简单易懂、具有指导性的特点。运营指标往往是围绕"第一关键指标"建立的，从而切实地反映总体状况。

运营指标建立后，下一步是运用运营指标优化应用。通过对运营指标的分析，科学地评估应用自身的瓶颈，采取相应的改进措施。对于更细化的、涉及应用全方位的运营，往往采用更细化的海盗指标（由硅谷 Paypal 的技术人员 Dave McCure 提出），其包括在应用使用过程中所涉及的获取、激活、流程、营收和引荐 5 个步骤。数字化运营就是通过运营数据来辅助应用的需求决策，帮助改进应用、优化运营甚至进行商业决策等，也就是通过数据来支持决策，优化应用海盗指标中的 5 个步骤。

例如，运营人员事先根据用户画像勾勒出某用户群在特定研究范围内的行为全貌，定位具有类似属性与应用特点的群体，再对目标群体进行精准的信息推送。总而言之，应用生命周期从需求分析、架构设计、代码开发到上线发布会经历很多步骤，而数字化运营则从需求本身出发，对应用不断进行优化和改进。

16.3　反馈流程

通过整套数字化运营体系进行业务运营分析，是真正依托大数据、AI 的窗口。对运营数据进行采集，不仅需要监控应用的健康状况（如内存使用率、事务数量等），还需要度量目前业务目标的实际情况，包括：用户增长数、用户登录次数、用户会话时间、活跃用户比例等。

以用户行为分析为例，其目标是通过度量数据的分析优化产品，把度量结果快速反馈给开发团队，让他们看到用户是否真的使用了这些功能，以及这些功能对实现业务目标有多少帮助。只有把监控和分析用户的使用情况也作为应用的一部分，才能更好地理解应用对业务目标的影响。

通常数字化运营的工作模式如图 16-2 所示。首先要有一个点子或想法，然后运营团队把这个点子或想法变成一个业务需求提交给产品团队，接下来产品团队中的架构师进行需求分析、产品设计，将产品需求提供给技术团队，最后开发人员将相关功能开发完成，发布上线供用户使用。但在这个过程中经常会出现的一种情况是，等新功能上线后，才发现该功能无法满足用户需求。

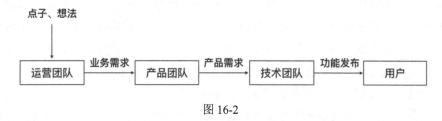

图 16-2

究其原因，是因为在整个工作流程中缺乏反馈。一种解决方法是引入运营数据监控，在提出一个新需求时，对需求价值进行评估。例如，这个新需求被转化为新功能后，可以有多少点击量、能提高多少留存率和转化率，对预期价值进行量化。新功能上线后，对新功能的运营指标进行持续监控，检验其是否能达到预期效果，如果不能达到预期效果，则需要提出改进措施。

　　如图 16-3 所示，通过运营数据的反馈使整个工作流程变成一个闭环，用户数据会成为运营团队的点子、想法、策略的重要输入，工作目标和团队协作围绕运营数据展开。只需要对数据提出合理的目标和期望，就可以驱动团队有效运作，使团队之间的合作或竞争都集中在实现企业商业价值这个根本目的上。

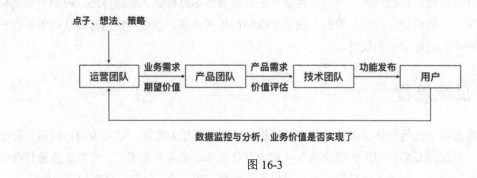

图 16-3

16.4　验证模式

　　数字化运营还需要在新功能上线前对其进行验证，目前主流的验证模式包括 A/B 测试和灰度发布。

16.4.1　A/B 测试

　　A/B 测试将每一次测试都当作一个实验。如图 16-4 所示，通过 A/B 测试系统的配置，将用户随机分成两组（或者多组），在同一时间维度内每组用户访问不同版本的应用，即运行实验。通常将原来的产品特性作为一组，即原始组；将新开发的产品特性作为另一组，即测试组。经过一段时间（几天甚至几周）后，对 A/B 测试实验进行分析，观察两组用户的数据指标，使用测试组的新特性的效果是否好于作为对比的原始组，如果效果比较好，那么新特性就会在下次产品发布时被正式发布出去，供所有用户使用；如果效果不好，新特性就会被放弃，实验结束。这就是所谓的 A/B 测试，是大型互联网应用的常用手段。如果说应用新特性的设计是主观的，那么数据就是客观的，与其争执哪种设计更好、哪种方案更受用户欢迎，不如通过 A/B 测试让数据说话。A/B 测试是更精细化的数据运营手段，通过 A/B 测试可以实现数据驱动运营，驱动产品设计。

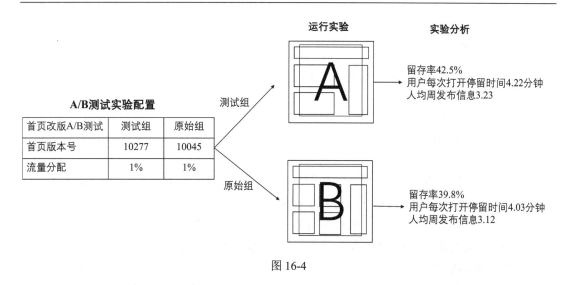

图 16-4

A/B 测试系统囊括了前端业务埋点、后端数据采集与存储、大数据计算与分析、后台运营管理、运维发布管理等技术业务体系，因此开发 A/B 测试系统有一定的难度。

16.4.2　灰度发布

经过 A/B 测试验证通过的新特性，就可以被发布到正式的产品版本中，向所有用户开放。但是有时候在 A/B 测试中表现不错的特性，在正式发布后效果并不好。此外，在进行 A/B 测试时，每个特性都应该是独立的。在正式发布时，所有特性都会在同一个版本中一起发布，这些特性之间可能会产生某种冲突，导致发布后的数据不理想。解决这些问题的手段是采用灰度发布，即为一个应用开发完一个新特性后，不立即向所有用户发布，而是随机选择向一小部分用户发布，这部分用户可以体验新特性，其他用户继续使用原来的版本。如果效果好，后续会一批一批地逐渐发布给其他用户。在这个过程中，监控产品的各项运营数据指标，看是否符合预期。如果数据表现不理想，就停止灰度发布，甚至进行灰度回滚，让所有用户都恢复到使用以前的版本，进一步观察和分析运营数据指标。

灰度发布系统可以用 A/B 测试系统来承担，创建一个名为"灰度发布"的实验即可。这个实验包含这次要发布的所有特性的参数，然后逐步增加测试组的用户数量，直到占比达到总用户数量的 100%，即表示灰度发布完成。灰度发布的过程也叫作"灰度放量"。灰度放量是一种谨慎的产品运营手段，即在发布产品新版本时，不是一次发布给所有用户，而是有选择地向用户发布。每发布给一批用户，就观察几天数据指标，如果没有问题，则继续发布给下一批用户。

16.5　平台架构

对数字化运营平台架构的介绍要从运维数据平台和智能化运维两个角度来展开，下面进行具体介绍。

16.5.1　运维数据平台

虽然业务的特性各有不同，但是所基于的数据及对数据的处理有共同点，尤其是在数字化运营过程中对底层数据的处理和访问需求，基本上稳定不变。如图 16-5 所示，针对这些需求，可以抽象出一个通用的数据平台，有时候也称其为"大数据平台"或者"数据中台"，以减少不同应用对数据的重复处理功能，从而让应用更关注业务自身，不用纠结运营数据的采集、清洗、处理、展示等步骤。

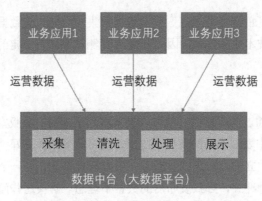

图 16-5

16.5.2　智能化运维

有了数据平台，就有了数据根基和管理能力，接下来的重点就是数据的处理方式了。传统的数字化运营往往采用基于规则的模式，由运营人员根据需求制定规则。但是在有些场景下规则不是很清晰或者很难抽象，这时候就需要采用更先进的机器学习算法。

在数字化运营场景下，通常采用的机器学习算法包括：回归算法，预测运营指标的变化；分类算法，判别用户流失率等；聚类算法，更精准地完善用户画像等；关联算法，完善推荐系统等。

综上所述，本章介绍的数字化运营主要是通过数据驱动决策来优化应用的。然而，数字化运营存在一个更高层次，就是将运营数据自动集成在应用内部，在运营数据之上运用算法模型，将得到的数据结果自动反馈到应用中。这样应用本身就具有了学习能力，可以不断地优化迭代。比如个性化推荐，如图 16-6 所示，通过采集很多用户的行为数据，在这些数据的基础上采用算法模型训练得到用户兴趣模型，然后给用户推荐信息，再将用户使用数据的情况反馈到模型中，从而使应用本身更智能化。

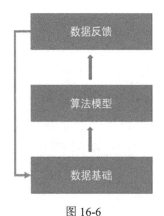

图 16-6

低层次的数字化运营是通过数据来驱动人的决策的，而更高层次的数字化运营更加强调数据处理是通过应用自身完成的，应用本身具有自我迭代、自我优化的特点，这也是今后云原生应用发展的方向之一。

最佳实践篇

要想开发出性能好的应用，需要两方面的支撑：一是平台功能方面的支撑，即我们在前面介绍过的与系统资源、应用架构、软件工程相关的平台功能，平台功能方面的支撑就像工具，使应用可以更简单地运行和演进；二是开发应用更需要有一套基于工具的方法论做支撑，告诉开发人员如何更好地使用这些工具。在本篇中，我们将着重讨论有关应用开发的方法论，即最佳实践。

第 4 部分

在这一部分中，我们将首先剖析云原生架构，介绍其定义、涉及的关键技术，以及具体的实现过程。然后介绍应用落地的最佳实践，涉及应用改造、应用拆分、API 设计与治理等。中台是目前非常火热的概念，本部分还会阐述云原生应用与中台的关系，以及如何通过中台使应用的云原生化更加便捷。

架构、应用落地与中台构建

第17章

云原生架构

云原生的概念最初是由 Pivotal 公司的 Matt Stine 于 2013 年提出的。云原生架构并非颠覆传统应用架构的模式，而是优化和改进传统应用架构的新架构模式，使应用更适合在云平台上运行。本章将从云原生的定义、云原生中涉及的关键技术以及云原生应用的实现过程等方面进行介绍。

17.1 云原生的定义

"云原生"描述的是使应用开发人员能敏捷地以可扩展、可复制的方式，最大化利用云平台的能力，发挥"云"的价值的一条最佳路径，从而避免了开发人员构建一个又一个不可复制、不可扩展的"巨型烟囱"，进而避免了资源浪费和效率低下。

17.1.1 12 因子应用

作为业界首款 PaaS 服务的提供者，Heroku 公司最早对云原生给出了 12 因子（12-Factor）定义，其目的是告诉应用开发人员如何利用云平台提供的便利，开发更具可靠性和扩展性、更易于维护的云原生应用，如图 17-1 所示。

- 基准代码（Codebase）：一份基准代码，多处部署。一个应用服务只能有一份基准代码，这份代码可以根据不同的配置被使用到不同的环境中。

- 依赖（Dependencies）：显式声明依赖关系。应用的所有依赖关系需要被显式声明，其中包括编译时的依赖关系以及运行时的依赖关系。

- 配置（Config）：在环境中存储配置，而不是在代码中存储配置。这里的配置包括应用启动时的配置以及应用运行时的配置，并且可以分别存储不同环境的配置。

○ 后端服务（Backing Services）：把后端服务当作附加资源，也就是用对待外部资源的方式对待所有被调用的后端服务，这样同时也能瘦身应用。

○ 构建、发布、运行（Build, Release, Run）：严格分离构建和运行，分别制作编译的镜像和运行的镜像。尽量别把源代码放入容器镜像中，而是把编译后的可执行文件放入镜像中。这样一方面可以防止敏感信息泄露，另一方面可以方便应用的移交。

○ 进程（Processes）：以一个或多个无状态进程运行应用，尽量做到应用无状态化。

○ 端口绑定（Port Binding）：通过端口绑定提供服务或者进行服务间的通信。

○ 并发（Concurrency）：通过进程模型进行扩展，从一个主干产生多个分支。

○ 易处理（Disposability）：快速启动和优雅终止可最大化健壮性。因为应用启动和终止的场景千差万别，所以需要预先确定启动和终止的理想机制，保障应用和数据的完整性。

○ 环境等价（Dev/Prod Parity）：尽可能保持开发环境、预发布环境、线上环境相同，可以使用相同的容器镜像配合不同的环境配置文件。

○ 日志（Logs）：把日志当作事件流来处理。

○ 管理进程（Admin Processes）：将后台管理任务当作一次性进程运行，不将管理进程打包到应用进程中，而是通过 Sidecar 模式启动另一个进程实现一次性工作。

图 17-1

17.1.2 云原生架构的特征

2013 年，Pivotal 公司的 Matt Stine 编写了 *Migrating to Cloud-Native Application Architectures*（《迁移到云原生应用架构》）一书，其中提出了云原生架构应该具备如下几个主要特征。

- 12 因子应用（Twelve-Factor App）。
- 微服务（Microservices）。
- 自服务敏捷基础设施（Self-Service Agile Infrastructure）。
- 服务间的通信基于 API 的协作（API-Based Collaboration）。
- 抗脆弱性（Antifragility）。

2017 年 10 月，Matt Stine 对云原生的定义做了小幅调整，此时，云原生架构具有以下 6 个特征。

- 模块化（Modularity）。
- 可观测性（Observability）。
- 可部署性（Deployability）。
- 可测试性（Testability）。
- 可处理性（Disposability）。
- 可替换性（Replaceability）。

2019 年，云原生有了最新的定义。最新的定义认为，云原生是一种方法，用于构建和运行充分利用云计算模型优势的应用。云原生包含了一组应用模式，用于帮助企业快速、持续、可靠、规模化地交付业务软件。云原生（Cloud-Native）由微服务（Microservices）、容器（Containers）、开发运维一体化（DevOps）、持续交付（Continuous Delivery）这 4 个方面组成，如图 17-2 所示。

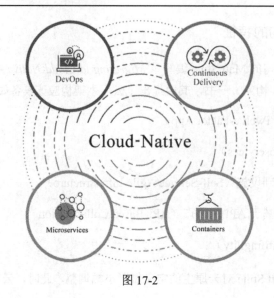

图 17-2

17.1.3　CNCF 对云原生的定义

CNCF，英文全称为 Cloud Native Computing Foundation，中文译为"云原生计算基金会"，成立于 2015 年 12 月 11 日。成立这个组织的初衷或愿景，简单来说，就是推动云原生可持续发展，帮助云原生技术开发人员快速地构建出色的产品。CNCF 通过建立社区、管理众多开源项目等手段来推广技术和推进生态系统发展，逐渐成为云原生领域非常权威的机构。CNCF 给出了云原生的定义，其具体包括以下几个方面。

- 应用容器化（Containerized）：容器技术让应用有了一种完全自包含的定义方式，所以才能将应用以一种敏捷的可扩展、可复制的方式部署到云上，发挥出云的能力。

- 动态编排调度（Dynamically Orchestrated）：由中心化的编排来进行活跃的调度和频繁的管理，从根本上提高机器效率和资源利用率，同时降低与运维相关的成本。

- 面向微服务（Microservices Oriented）：应用被拆分成微服务，这显著提高了应用的整体灵活性和可维护性。

2018 年，CNCF 更新了云原生的定义，如下所示。

- 云原生技术有利于各组织在公有云、私有云和混合云等新型动态环境中，构建和运行可弹性扩展的应用。

- 云原生的代表技术包括容器、服务网格、微服务、不可变基础设施和声明式 API。

○ 通过上面这些技术能够构建容错性好、易于管理和便于观察的松耦合系统。结合可靠的自动化手段，云原生技术使工程师能够轻松地对系统做出频繁和可预测的重大变更。

总结一下，CNCF 将"云原生"定义为使用开源软件堆栈进行容器化，其中应用的每个部分都被打包在自己的容器中，并且通过 Kubernetes 进行动态编排。这种方式使应用的每个部分都被主动调度和管理，提高了资源利用率。采用面向微服务的架构，可以提高应用的整体灵活性和可维护性。

17.1.4　本书对云原生的定义

应用因云而生，即云原生。原生为云设计的应用，应用原生被设计为在云上以最佳方式运行，从而充分发挥云的优势。

在云原生之前，底层平台负责向上提供基本运行所需的系统资源，而应用需要同时满足业务需求和非业务需求。为了有更好的代码复用性，通用性好的非业务需求的实现往往会以类库和开发框架的方式提供。另外，在 SOA/微服务架构模式下，部分功能会以后端服务的方式存在，这样在应用中就被简化为对其客户端的调用代码。这是传统非云原生应用的一种典型模式，在满足业务需求的代码实现之后，包裹厚厚的一层非业务需求的实现。

云原生的出现，不但给应用提供了各种系统资源，还给应用提供了各种非功能性的能力，从而帮助应用，使应用可以专注于业务需求的实现。理想的云原生应用是业务需求的实现占主体，只有少量的与非业务需求相关的实现。大部分与非业务需求相关的实现都被下沉到云的基础设施中了。在理想状态下，云平台能够提供应用所需的大部分业务能力，这样应用就可以以最原生化的形态运行，实现应用的轻量化。在云原生时代，其核心想法是让这类能力下沉到基础设施中，成为云平台的一部分。这就意味着这类能力与应用解耦，不被应用感知（原生），而是在应用运行时为应用赋能。在云原生之前，应用需要实现非常多的能力，即使通过类库和框架的方式简化了，其思路也是加强应用能力。云原生则是另外一种思路，其主张加强和改善应用运行环境（即底层云平台）来帮助应用，让应用轻量化成为可能。

本节中关于云原生的定义，会分别从系统资源、应用架构和软件工程三个维度来阐述，其分别包含应用即代码、演进式架构和全生命周期管理三个重要属性。

1. 应用即代码（系统资源）

从系统资源的角度来看，应用部署和运行的一个核心目标是可重现性，也就是在不同场景中可复制应用的运行环境、自动化部署应用，以及重现应用在运行过程中的状态。"应用即代码"的核心目的是通过自动化的方式，能够重现应用所希望的状态。

应用被部署在基础设施之上，"应用即代码"需要基于"基础设施即代码"。"基础设施即代码"是一种通过代码来定义计算、存储和网络等基础设施的方法。这样代码被存放在代码版本控制系统中，具有可审查性、可重用性，并且符合测试惯例。该方法被广泛应用于快速增长的云计算平台之上，从而可以利用动态的基础设施来简单地搭建新的虚拟机，以及安全地处理那些被新的配置代替或者配置重新加载的虚拟机。使用代码来定义虚拟机配置，意味着虚拟机之间具有更高的一致性，减少了人为操作导致产生具有细微配置差异的风险。更重要的是，使用配置性代码可以使变更更加安全，能够以很小的风险来升级基础设施。而且错误可以被很快地发现和修复，至少修改能够被快速地回退到上一个有用的配置状态。对基础设施即代码进行版本控制，有助于提升代码的可塑性和可审查性。配置的每一次修改都会被记录，不容易受到错误的记录影响。尤其对于 SOA/微服务架构模式下的应用，因为需要处理更多的分布式服务，实现"基础设施即代码"就显得尤为必要。"基础设施即代码"技术对大型集群十分有成效，包括配置虚拟机以及制定它们之间交互的方式。

除了需要底层提供"基础设施即代码"，"应用即代码"还需要通过代码实现应用本身的部署，控制其运行时的状态，以及提供对应用生命周期的管理。容器编排器是当前实现这种模式的最佳方案，它维护应用的声明状态。例如，Kubernetes 的 ReplicaSet 可以尽量保持每个服务所需的实例数量，并确保这些实例一直在线，即使底层服务器崩溃也是如此。通过声明文件实现了完整的分布式应用的状态定义，并且可以同时覆盖无状态应用和有状态应用。

这样就可以真正做到通过"代码"（配置文件）完整定义应用运行所需的底层基础设施，以及应用本身运行时所需维护的运行状态，从而完整地复制整个应用。

2．演进式架构（应用架构）

应用中的一切都是动态的，以一台 PC 为例，把它锁在柜子里一年之后重新通电、连接上互联网，它需要花很长的时间更新系统。尽管 PC 没有发生任何变化，但它周围的世界在不断地变化，PC 需要重新寻找与外界的平衡。应用架构也是如此，它必须具备演进式的变更能力。正如 Jez Humble 所说："任何成功的产品或公司，其架构都必须在生命周期里不断演进。"如果应用不能主动地进行重构，那么它会慢慢变得难以修改和维护，新特性的增加速度也会因此下降。正如 Randy Shoup 所说："没有一个可以适用于所有产品和规模的完美架构。任何架构都只能满足特定的一组目标，或者一系列需求和条件，例如易用性、扩展性、大规模等。随着时间的推移，任何产品的功能都必须与时俱进。毫无疑问，架构需求也是一样的。"虽然很难预测应用及其领域何时会发生变化，或者哪些变化会持续下去，但应用的变化不可避免。应用必须保持灵活性，其架构应该容易被修改。当业务需求发生变化时，随之所需的应用架构也必须以一种简便的方式实现变化。传统的单体应用适用于刚开始简单的业务，而微服务用于解决逐步复杂的架构问题。应用架构随着时间的推移也需要逐步演进，同时确保架构的重要特性。通过采用与时俱进的演进式架构，能够确保当下的需求得到满足。添加演进能力作为应用架构的新特性，它会随着应用的不断变化而演进，并在应用演进时保护其他特性。只有成功完成了应用架构的设计、实现、升级和无法避免的变更后，才能评估架构的长期有效性。

应用必须持续重构，重构是在不改变应用行为的前提下，重新设计代码以便优化、改进应用的过程。在所有领域模型建设以及需求分析之初往往都缺乏对领域理解的深度，在越来越深刻地理解领域的过程中将会重构领域模型，从而触发应用架构的演进。所以说重构可以由对领域的深入理解，以及对模型及其代码表达式进行相应的精化所推动。从一个粗糙、肤浅的领域模型开始，然后基于对领域的深层次理解，以及对关注点的理解来细化和设计它。

架构既是设计出来的，同时也是演进出来的。对于互联网应用，基本上可以说是三分设计、七分演进，而且在设计中演进，在演进中设计，是一个相互迭代的过程。在互联网应用发展的过程中，前期的设计和开发大致只占三分，在后面的七分演进中，架构师需要根据用户的反馈对架构进行不断的调整，推动架构的持续演进就是演进式架构思维。优秀的应用架构能够不断地应对环境需求的变化，这才是有生命力的应用架构。所以说具有演进式架构思维的架构师，能够在一开始设计时就考虑到后续架构的演进特性，并且将灵活应对变化的能力作为架构设计的主要考量。架构师需要创建出一个让功能实现起来更容易、修改起来更简单、扩展起来更轻松的应用架构。演进就是一个过程，用于建立一个适用的并能在其所处的不断变化的环境中持续运行的应用。对于演进式架构，需要考虑 4 个方面：解耦性（独立性）、增量变更、决策后置和引导性。

○ 解耦性（独立性）：反映了应用各个组件的独立性。应用不同组件间的耦合性在很大程度上决定了应用的演进能力。清晰解耦的应用易于演进，充满耦合性的应用则会妨碍演进。应用架构迁移的困难性往往是由耦合性所导致的，类之间的耦合、事务性耦合都会给应用拆分带来巨大负担。

○ 增量变更：代表功能逐步递进的过程，可以理解为功能级别的扩展性。

○ 决策后置：表示尽量把涉及技术选型、应用运行管理等的决策延后，可以理解为应用架构与最终实现、运行方式、运维模式解耦。

○ 引导性：反映了应用架构的最终目标，可以理解为如何指导应用演进。

3. 全生命周期管理（软件工程）

通过优化应用全生命周期的管理，可以提高应用设计、开发、运维的效率，为更高级的"应用即代码"以及"演进式架构"提供基础支撑。

在应用全生命周期的管理中，云原生应用的团队组织将围绕业务来进行，而不是围绕技术来进行，这一点吸取了康威定律的理念。传统应用的组织架构是用来迎合单体架构模式的，按照技术栈拆分大型应用，通常需要设立 UI 团队、后端开发团队、数据库团队。在这种团队划分方式下，即使进行简单的变更也会导致团队协作困难。云原生应用采用围绕业务进行划分的方式，以保证一个团队中有 UI 人员、后端开发人员、DBA 和项目经理。云原生应用的优势是通过清晰的基于业务领域的模块边界构建易于理解的架构模式，它可以让每个服务都具有独立部署、与开发语言无关的能力。

同时，分布式应用的开发成本和运维开销则随着自动化流水线的普及而逐渐降低。除了传统的 CI/CD，还有 CO（持续运营），从业务上线提供服务开始，到业务下线终止服务结束，其间包含各种运维、运营操作。运维的本质是为了让应用安全、稳定地运行，应用"活着"是核心。而运营除了要确保应用正常运行，还希望通过应用运行过程中产生的数据形成反馈，更好地持续优化应用，从而实现 DevOps 中所提倡的 IT 价值流的反馈。全生命周期管理希望通过精益思想、自动化的流水线，来完善应用的设计、开发、运维、运营的各个步骤，覆盖应用的全生命周期。

17.2   关键技术

为了实现云原生定义中的应用即代码、演进式架构和全生命周期管理的特性，需要许多关键技术的支撑，本节将具体介绍。

17.2.1   不可变基础设施（容器）

在传统的服务器架构中，服务器的状态会不断地被更新和修改。采用此类服务器架构的工程师和管理员可以通过 SSH 连接到服务器，手动升级或回滚软件包，逐台服务器调整配置文件，以及将新代码直接部署到现有服务器上。换句话说，这些服务器的可变性造成它们在创建后可以被更改。可变基础设施通常会导致以下问题：

❑   灾难发生时，难以重新构建服务。持续进行过多的手工操作，缺乏记录，会导致很难由标准初始化后的服务器来重新构建等效的服务。

○ 在服务运行过程中，持续修改服务器，就犹如程序中可变变量的值发生变化，同样会引入中间状态，从而导致不可预知的问题。

不可变基础设施是指任何基础设施的实例（包括服务器、容器等各种软硬件）一旦创建之后便成为一种只读状态，不可对其进行任何更改。如果需要更改，则通过整体替换（删除后再重新创建）的方式进行，这种模式实现了基础设施资源环境的标准化。如果需要修改或升级某些实例，唯一的方式就是创建一批新的实例进行替换。说得更直接点，就是不允许通过 SSH 远程连接到基础设施，对其进行修改。从运维的角度来看，整个基础设施处于可预计、不可变状态，一旦开始运作就不会发生变化。不可变基础设施的优势主要体现在如下几个方面。

○ 提升基础设施环境发布效率：结合容器技术。

○ 避免基础设施状态不可控：避免由于对基础设施的手动配置而造成不可控制化修改。

○ 快速水平扩展：由于基础设施的一致性，可以大规模提升水平扩展性。

○ 简单的回滚和恢复：由于基础设施的一致性，回滚和恢复会非常方便。

○ 监控运维工作：以全自动化的方式，用新组件替换旧组件，保持良好的可运行状态。

○ 环境可重现性：以更廉价的方式提供一致的应用运行环境，从而减少因环境差异而导致的生产问题。

17.2.2　声明式编排（Kubernetes）

声明式（Declarative）的编程方式一直被拿来与命令式（Imperative）的编程方式进行对比。我们最常接触的其实是命令式的编程方式，它要求我们描述为达到某一效果或者目标所需执行的指令，常见的编程语言如 Go、Ruby、C++等其实都是命令式的编程方式。声明式和命令式是两种截然不同的编程方式：在命令式 API 中，可以直接发出服务器要执行的命令，如"运行容器""停止容器"等；在声明式 API 中，系统所要执行的操作将以其声明的状态为驱动。

声明式的定义是当在不同的环境（开发环境、测试环境、预生产环境、生产环境）中运行应用时，所需的软件包以及相应的配置信息，通过事先约定的描述方式被显式记录在文档中。应用编排模板包含一系列配置的公共基础设施库，如服务发现、监控、度量、认证、授权等配置。应用将模板作为基础框架，在其中集成业务行为。如果后续某库需要升级，那么它将独立于应用进行升级。云原生架构采用声明式服务架构模板将每个服务所需的各个部分集成在一起，帮助统一架构的关注点，如监控、日志等。

通过声明式 API，可以避免在容器操作过程中手动操作带来的不确定性，从而大大提升应用本身的健壮性。这也很好地诠释了"适当耦合"的作用，通过模板的形式进行管理，体现了单体应用中面向切面编程的原理。

17.2.3   微服务架构（解耦性）

演进式架构的关键之一在于确定应用组件的架构单元以及单元之间的耦合性，以此来展现该应用架构的增量变更能力。微服务架构就是为增量变更设计的，不同的微服务本质上定义了部署时的边界，封装了服务所依赖的组件，如数据库等。

在开发阶段，允许对微服务进行小的功能性增量变更，这样更易于演进。在微服务中，增量变更变得很容易，因为微服务是围绕领域概念形成限界上下文的，使得变更只会影响微服务所在的上下文。同时每个微服务都有着明确定义的边界，所以可以在服务内实现各种级别的测试。因为微服务的限界上下文与架构的最小单元吻合，从而确保了高内聚、低耦合。

17.2.4   动态赋能（服务网格）

如果云平台能够提供各种能力，而应用也是按照云原生的理念来设计的，那么当将云原生应用部署在云平台上时，这些应用和云平台之间应该如何衔接，才能让应用使用云平台提供的能力，而其又不至于过深地侵入应用，破坏应用的云原生特性？简单来说，就是要实现应用无感知，其涉及应用赋能方式。

为了满足应用轻量化的需求，不应该在编译、打包等阶段就引入这些能力，以保持应用的云原生特性。而是应该在运行时为应用动态赋能，这样就可以让应用在开发设计阶段保持简单并专注于业务，当应用在云平台上运行时，再通过被赋予的这些能力来对外提供服务。

例如，服务网格（Service Mesh）的流量透明劫持是目前比较认可的动态赋能方式。当我们将应用部署在服务网格中时，会动态地在应用所在的 Pod 中插入 Sidecar 容器，然后在运行时会以对用户透明的方式来改变应用的行为。典型地，将应用发出的服务间远程调用的请求，改为转向本地部署的 Sidecar，从而引入服务网格提供的各种能力。

17.2.5   适应度函数（引导性）

适应度函数是一个目标函数，用于计算应用架构等的非功能性属性与既定目标的差距。引导性表示整个应用架构应该朝着某个目标变化。架构师通过适应度函数来判定什么架构更好，适应度函数用于衡量应用架构的演进是否保留了应用所需的重要特性，并衡量何时能达到目标。当整个应用随着时间的推移一起演进时，需要通过适应度函数来引导架构的变更。

一般利用现有机制来构建适应度函数，包括传统的测试、监控等工具，任何可以用来帮助评估架构特性的工具都能用作适应度函数。当应用被划分为多个组件时，如果每个团队都只关注自己交付的组件，而不关注整个应用，则会导致这些组件无法高效协作。适应度函数在确保分工的情况下，使总体架构与各个团队的目标保持一致。我们可以通过全系统的适应度函数来表示各个适应度函数的集合，其中每个适应度函数都对应架构的一个或多个维度。应用架构由多个不同的维度构成，如性能、可靠性、安全性、可操作性、代码规范和集成等，每个适应度函数都代表一项架构需求。全系统的适应度函数有选择性地验证不同的维度，提供了比较和评估不同架构特性的基础。

演进意味着根本性的变化，构建可演进的架构需要从深层次来设计架构，设置适应度函数是用于防止架构被破坏，最终确保架构以有效的方式演进。通过适应度函数引导演进式架构，是指通过单独的适应度函数评估对单个应用或服务架构的选择，同时通过全系统的适应度函数确定变更的影响。演进式架构并不意味着可以毫无约束或者不负责任地开发应用。相反，它可以在高速变迁的业务、严谨的系统需求和架构特性间找到平衡，通过适应度函数的引导，避免应用架构朝着错误的方向演进。

17.2.6 领域驱动建模（统一模型）

通过前面章节中对 DDD（领域驱动设计）的讲解，我们知道 DDD 是一套完整而系统的设计方法，提供了从战略设计到战术设计的规范过程，使设计思路更加清晰，设计过程更加规范。它善于处理与领域相关的高复杂度业务的应用，通过它可以建立一个稳定的领域模型，有利于理解和共享领域知识。它强调团队与领域专家的合作，能够帮助团队建立一个沟通良好的组织，构建一致的架构体系。DDD 强调打通架构与模型，用于支持架构的演进设计。DDD 在分析和设计过程的每一个环节都需要保证限界上下文内术语的统一，在进行代码模型设计时就建立起领域对象和代码对象的一一映射关系，从而保证业务模型和代码模型的一致性，实现业务语言与代码语言的统一。

17.2.7 CI/CD/CO

首先，CI/CD 流水线可以用来构建整个应用。其次，CI/CD 流水线可以自动化进行适应度函数的持续评估，确保应用在每次特性变更时都执行那些保护架构维度的规则。在云原生应用中，CI/CD 流水线一方面进行变更的测试以及多重校验，另一方面将最终的变更部署到生产环境中。虽然 CD（持续交付）无法保障应用的演进能力，但是它是云原生应用不可缺少的部分，它会将应用构建的每个阶段都置入 IT 价值流中，并且随着流程的优化逐步从手动过渡到自动过程。围绕 CI/CD 打造工程文化，在增量变更后便进入生产环境，那么开发人员就会习惯于持续变更，从而使应用的演进能力越来越强。

CO（持续运营）可以确保应用上线后稳定运行。其核心是通过运维人员开发自动化运维平台来替代传统的手工运维操作，通过软件的思维和方法完成以前人工运维任务。CO 通过建立自动化的工具及平台，优化整套运维体系，采用更简便的方式支持更大规模的线上服务，保障线上服务的稳定性和可靠性。同时，CO 希望将基本的手工运维操作全部消除，通过平台实现运维系统的自主管理、自动修复问题。

17.3 云原生应用的实现过程

站在应用的视角，将功能下沉到云平台之后，就可以以原生模式来开发应用了。应用只需要关注自己的业务逻辑，而不需要关心底层下沉的功能该如何实现。云原生应用真正的实现过程分为以下几个阶段。

- 对于非云原生场景，由于云平台只能提供非常有限的能力，因此应用需要自行实现各种能力，往往通过类库或框架的形式来实现。

- 较理想的云原生，云平台可以提供大部分能力，因此应用可以大幅减负。和非云原生应用相比，云原生应用在轻量化方面有明显的改观，但是依然存在部分能力云平台无法提供的情况，因此应用需要自行实现部分能力。

- 理论上的理想云原生，应该是云平台提供所有能力，应用的所有环节都可以完全解耦，此时应用的轻量化可以做到极致，完全依赖云平台提供的能力。

整个演进的哲学就是：将复杂留给云平台，将简单留给应用。云原生的演进过程，不仅仅需要云平台功能的逐步优化，还需要应用的配合；否则，即便云平台可以提供各种能力，但是如果对应用本身没有进行改造，它也无法使用云平台提供的能力。应用需要以原生的形态来设计，以充分发挥云平台的优势。

第18章

应用落地最佳实践

有了架构元素之后，还需要有一套完整的流程将其串联起来。应用开发也是如此，基于之前对云原生的定义及其关键技术的理解，需要更进一步地通过一套标准的规范流程将这些技术串联起来。本章所介绍的最佳实践，就是一种云原生应用开发的最佳实践。

18.1 云原生化条件

前面我们介绍过，单体应用一般存在交付缓慢、故障依赖性较大、可扩展性差等缺陷，所以我们需要借助云的能力来解决这些问题，但是将单体应用进行云原生化，也需要具备一定条件。

18.1.1 团队能力建设

Martin Flower 说过："你必须长得足够高，才可以考虑使用微服务"。这里的"高"就是指团队的基本开发能力。考虑到更进一步的运营云原生化，在实践之前必须思考团队的以下技术能力。

- ❍ 快速供给（Rapid Provisioning）：快捷、灵活地提供环境的能力。

- ❍ 基础监控（Basic Monitoring）：对基础软硬件全方位监控的能力。

- ❍ 快速应用部署（Rapid Application Deployment）：对应用进行全生命周期管理的能力。

- ❍ CI/CD 能力以及 DevOps 文化。

在没有建立起这些能力时，不要轻易跟风采用云原生化。当业务不复杂、团队不具备足够的能力时，简单的进程式单体应用具有更高的生产效率。原因在于建立一套完整的云原生架构需要额外的开销来支持和管理，在团队能力不足或应用比较简单时会降低真实的生产效率。但是随着业务复杂度的增加，以及对应用的生产效率质量需求的不断提升，进程式单体应用的生产效率比云原生应用下降得更加明显。当复杂度超过某一临界值时，云原生应用的生产效率会高于进程式单体应用。原因在于云原生应用的动态资源调度、松耦合自治特性、全生命周期管理减缓了生产效率的下降趋势，但前提是整个开发团队必须具备相应的能力。Martin Flower 提出了一个很有意思的观点——团队的能力比应用架构的选择更重要。说白了，如果团队能力不足，则不管是进程式单体应用还是云原生应用，都没法解决问题。反过来，如果团队能力强，云原生应用能提供更好的复杂性管理手段，则可以进一步提高整个开发过程的效率和产值，所以说团队的能力才是开发真正的关键。

18.1.2　推荐引入云原生化的场景

推荐引入云原生化的场景有：大型复杂系统、业务频繁升级或应用快速迭代、功能持续扩展、原生可靠高并发或者其他业务组合复杂的场景。

1．大型复杂系统

在大型复杂系统或因长时间使用而变得臃肿的系统中，应用规模越大，启动时间越长，修复 Bug 和实施新功能也就极其困难，且耗时颇多，从而影响开发和交付的敏捷性，大大降低了生产效率。面对数据中心规模大、应用数量多、技术架构多样，而运维人力有限的问题，将运维复杂度和应用规模解耦是可行的解决思路。从运维系统的角度出发，随着应用越来越复杂，必须引入相应的平台化手段进行解耦，避免有限的运维人力与不断扩大的数据规模之间产生矛盾。

通过微服务架构重新构建复杂的应用，将单体应用从不同的维度拆分成多个微服务，每个微服务都使用一个 Docker 镜像管理。在功能不变的情况下，应用被拆分成多个可管理的服务，每个服务都易于理解、开发和维护。不同的服务也可以由不同的团队来开发，开发团队可自由选择开发技术和程序语言等，每个服务也都可独立部署、独立扩展。

2．业务频繁升级/应用快速迭代

庞大且复杂的应用存在的另一个问题是难以进行持续部署更新，而目前的发展趋势要求应用的迭代周期必须缩短，需要在以日为单位的时间内多次将修改推送到生产环境中。

对于传统应用而言，若更新了应用的某个部分，则必须重新编译、部署整个应用，迭代周期被无限拉长。此外，由于不能完全预见修改所产生的影响，因此在上线之前不得不提前对应用进行大量人工测试，导致持续部署变得不可能。实现快速迭代首先需要开发独立，如果一个单体应用由几百人开发一个模块，则将会出现代码提交冲突频发的情况，并且由于人员过多而难以沟通解决。团队规模越大，产生冲突的概率就越大。

使用云原生架构，对应用改造之后，应用会被拆分成不同的模块，每个模块都由一个小组进行维护。一方面，这大幅降低了代码冲突的概率，当发生技术冲突时也更容易解决；另一方面，每个模块都对外提供接口，其他依赖模块无须关注具体的实现细节，只需要保证接口正确即可。

随后应用还对接持续集成、持续交付、持续运营等过程，通过云原生能极大地提高这些过程的效率。持续集成强调开发人员提交新代码之后，立刻进行构建、（单元）测试，便于确定新代码和原有代码能否被正确地打包集成在一起；持续交付在持续集成的基础上，将集成的代码部署到预发布环境和生产环境中；持续运营则通过各种自动化工具来实现整个应用在运行过程中的托管。通过以上三项功能，即可实现应用全生命周期管理。

3. 功能持续扩展

应用要实现快速迭代，首先需要实现独立发布。如果应用未采用微服务架构模式，那么当需要修改或添加某个功能时，可能会因为这个功能依赖其他模块而造成模块耦合、相互依赖，使得不仅需要发布单个功能模块，而且应用整体发布也会变得异常复杂。这种模式导致应用发布风险比较大，可能某个功能的错误会导致应用整体上线不正常。

而采用云原生架构，在接口稳定的情况下，应用的不同模块可以独立上线。上线的次数更加频繁，而且可以随时回滚，从而降低风险，缩短周期，减少影响，进而加快迭代速度。对于需要接口升级的部分，可以采取增量扩展的方式，新增接口，而非变更原接口，确保依赖原接口的功能可以持续稳定地运行，等到新接口发布成功后，再全部切换到新接口上。

4. 原生可靠高并发

原生可靠高并发指的是在云原生的条件下，保障应用的可靠性并使其具有承载高并发的能力。

其实可靠性是传统应用难以解决的问题之一。由于所有模块都运行在同一个进程中，任何模块出现 Bug，如内存泄漏，都可能会影响到整个进程。此外，由于应用中的所有实例都是唯一的，一旦出现 Bug ，就会影响到整个应用的可用性。尤其目前大量日常工作都依赖 IT 系统，因此必须保证其高可用性。

并发性则是传统应用需要考虑的另一个问题。对于并发量不大的应用而言，实现云原生化的驱动力较小，如果只有少量的用户在线，那么采用多线程即可解决问题。而对于存在突发性访问高峰，且有明显波峰和波谷的应用而言，云原生化不仅可大幅提高其可用性，而且可实现热备和双活等特性。

云原生架构的本质是通过底层云平台提供的能力，帮助应用提升可靠性和高并发的承载能力。开发人员只负责功能的实现，通过云原生架构，云原生应用自带可靠性和并发性。

5．业务组合复杂

在很多行业中，一个业务往往是由多个子业务相互支撑组成的，随着某些业务规则的变化，子业务的组合规则也需要随之调整。如果应用采用单体架构，那么这种内部逻辑的调整很有可能会导致整个应用重构；如果应用采用微服务架构，那么这种情况往往需要调整的只是负责组装各个业务的服务（一般是前台），而不需要把所有的核心业务（后台）都调整一遍。

18.1.3　不推荐引入云原生化的场景

云原生架构确实有很多吸引人的地方，然而使用它也是有成本的。它并不是"银弹"，使用它会引入更多的技术挑战，比如性能延迟、分布式事务、集成测试、故障诊断等。我们需要根据业务的不同阶段合理引入云原生化，不能完全为了"云原生化"而引入云原生化。

不推荐引入云原生化的场景如下。

- ❑　无复用需求：如果只是做了服务拆分而没有复用的需求，或者没有高并发、弹性甚至分布式的需求，那么引入云原生化的意义不大。

- ❑　资源强依赖：对于强依赖底层资源的应用，如关系数据库、消息队列（需要持久化）等，一方面，应用本身没有强烈的代码更新需求；另一方面，数据库即使在频繁变动的互联网行业也是基于规划、定期扩容的，对于这类中间件应用目前不建议对其进行云原生化，而是应该保持基于传统的物理机或虚拟机发布的形式。

18.2　演进式的流程

我们不建议对企业应用一开始就直接采用完整的云原生架构，原因是支撑整套云原生架构需要额外的开销（如物理资源、技术团队等）来管理分布式系统。另外，刚开始时应用的复杂度和领域边界是不清晰的，技术人员其实并不能明确知道该如何正确地切分服务，所以在应用初期建设中直接使用云原生架构的失败风险较高。因此，建议企业应用采用单体应用的架构思路先轻装上阵，在初步获得市场欢迎，有了一定积累后再来探索应用的复杂度和领域边界，以便提升应用各方面的能力，使其能够面向更大的用户群，获得更好的用户反馈。

综上所述，云原生架构应随着应用的复杂度不断增加而逐步引入。在通常情况下，首先将应用拆分出部分服务，然后随着团队对服务边界的认知更加清晰和服务治理能力的提升，持续拆分出更多的服务，最后演化出职责清晰的微服务架构。当然，根据应用架构类型的不同，可以采取不同的拆分模式。

在从单体服务向微服务演进的过程中，随着新需求的出现，应用会慢慢变得臃肿，技术团队会发现膨胀的应用中其实有一部分业务能力可以拆分出去。但如果没有提前对逻辑边界进行细分的话，那么应用内代码的过度耦合将会让技术人员无从下手进行拆分。所以在拆分前，应该先根据业务领域边界提前进行领域逻辑分离，然后对代码进行微服务拆分时，分别对逻辑分离的领域代码进行打包，同步进行数据库拆分，就可以快速完成微服务的拆分，从而降低从单体应用向微服务应用转化的难度。引入 DDD，就是希望在建模的层面划分逻辑边界，方便日后对服务进行拆分。当然，在同一个微服务内逻辑分离的代码，在内部领域服务之间调用以及数据访问上需要有合理的松耦合设计和开发规范，否则也不能快速地完成微服务的再次拆分。

接下来是定义业务请求。将应用的各种需求提炼为业务请求，每个业务请求都是根据抽象领域模型定义的，而抽象领域模型也是从需求中派生出来的。

一般往往先创建抽象领域模型，从而提供用于描述系统操作的词汇表，然后根据领域模型描述每个业务请求的行为。领域模型来源于需求用例中的名词，而业务请求来源于需求用例中的动词，每个业务请求的行为都是通过领域模型方式来描述的。

最后是根据所获得的业务请求分解服务。总体来说，可以根据业务能力或子领域模型来分解服务，同时还需要考虑应用内部协作所需的服务，定义服务接口及协作方式，具体方法是将所识别的业务请求或内部协作服务分配给每个服务。

18.3　应用改造模式

对应用进行云原生化改造时，应更加注重在应用改造后升级和发布的策略。本节将介绍几种常用的应用改造模式——双胞胎模式、绞杀者模式、修缮者模式，它们分别代表了不同的升级和发布策略。

18.3.1　双胞胎模式

双胞胎模式是一种以应用为粒度的一次性实现，它将独立于现有的应用重新开发一套应用，然后一次性全量替代现有的应用。简单地说，就是将原有的应用推倒重做。在新应用建设期间，原有的单体应用照常运行，但一般会停止开发新功能。而对于新应用，则会组织新的项目团队，按照原有应用的功能域，重新进行领域建模，开发新的微服务。在完成数据迁移后，进行新旧应用切换。对于大型应用，一般不建议采用这种模式，因为应用重构后的不稳定性、大量未知的潜在技术风险和在新的开发模式下项目团队磨合等不确定性因素，会导致项目实施难度大大增加。

这种改造策略的好处在于新应用与原有的应用无依赖。但其缺点在于开发周期过长，同时消耗资源过多，可能会出现新应用上线后无法满足实际业务需求的情况。

18.3.2　绞杀者模式

本书比较推荐采用绞杀者模式，它会逐步将单体应用转换为微服务架构。绞杀者模式的想法来源于雨林中生长的绞杀式蔓藤，它们围绕树木生长，最后会杀死树木。在应用改造时，绞杀者应用是一组由微服务组成的应用，其通过将新功能作为微服务，逐步从单体应用中提取出微服务。随着时间的推移，当绞杀者应用实现的功能越来越多时，其将会缩小并最终消灭单体应用。

绞杀者模式采用渐进式的理念，将应用分解为不同的服务，每次仅改造一个服务，通过不断构建新的服务逐步代替原有的服务。绞杀者模式代表的是一种逐步剥离业务的能力，在使用微服务逐步替代原有的单体应用时，它会对单体应用进行领域建模，根据领域边界在单体应用之外，将新功能和部分业务能力独立出来，建立独立的微服务。新的微服务与单体应用保持松耦合关系。随着时间的推移，大部分单体应用的功能将被独立为微服务，这样就慢慢"砍"掉了原来的单体应用。绞杀者模式类似于建筑拆迁，完成部分新建筑物后，拆除部分旧建筑物。这样就可同时并行地创建两套独立的应用，新应用重构完成后平滑地替换掉原有的应用。例如，在 Web 应用中，经常会涉及不同域中各个服务之间的往返调用，可见绞杀者模式就非常适用于对域的切分。在该模式下，虽然系统会出现两个域共用一个 URI 的情况，但是一旦某个服务完成了转换，就会砍掉其对应的应用中的现有版本。而且，此过程会一直持续下去，直到单体应用不复存在为止。该模式对前置的网关有较高的要求。

绞杀者模式适用于将单体应用或紧耦合应用的部分功能迁移至松耦合应用中。过于紧耦合的架构可能会带来这样的问题：每次试图将代码提交到主干，或者将代码发布到生产环境中时，都有可能导致应用出现故障。紧耦合不仅会降低生产力，还会影响安全变更能力。接口定义清晰的松耦合架构则与之相反，它优化了模块之间的依赖关系，提高了生产力和安全性，让小型且高产的团队可以执行小的变更，并能安全和独立地进行部署。因为每个服务都有一个明确定义的 API，所以更容易测试，团队之间的职责和合作也更明确。绞杀者应用不是在单体应用内实现新功能，而是实现新功能作为新服务的一部分。通过使用 API 网关，将对功能的请求路由到新服务，并将遗留请求路由到单体应用。如果新功能无法作为服务来实现，那么可以先在单体应用中实现新功能，然后再将该新功能及其相关功能提取到自己的服务中。

不同于双胞胎模式的一步到位，从零开始建设一个基于微服务的全新应用来彻底替换原有的单体应用，绞杀者模式是逐步重构单体应用的，而不是推倒重来，其逐步构建一个绞杀者应用。随着时间的推移，单体应用的功能会缩小，直到完全消失，变成微服务应用。绞杀者模式涉及按照新架构实现新功能，仅在必要的情况下调用旧系统。总体来说，绞杀者模式通过在原有应用周围逐步开发新的应用来实现应用现代化。当逐步重构单体应用时，可以使用新的技术栈、DevOps 开发与交付流水线等。该模式的优点在于可以根据实际需求灵活迭代、更新，并且可以持续稳定地提供有价值的功能特性，平滑过渡。其缺点在于整个改造过程时间相对较长，并且在生产环境中切换功能特性有一定的风险。

18.3.3　修缮者模式

修缮者模式是指在原有应用内部进行微服务化改造，通过迭代逐步以微服务的形式实现并替换应用内部的部分功能。修缮者模式是一种维持原有应用整体能力不变，逐步优化应用整体能力的模式。它在现有应用的基础上，剥离影响整体业务的部分功能，独立为微服务，比如高性能要求的功能、代码质量不高或者版本发布频率不一致的功能等。通过对这些功能的剥离，可以兼顾整体和局部，解决应用整体不协调的问题。修缮者模式类似于古建筑修复，将存在问题的部分功能重建或者修复后，重新加入原有的建筑中，保持建筑原貌和功能不变。一般从外表感觉不到这个变化，但是建筑物质量却得到了很大的提升。

修缮者模式带来的挑战在于如何将单体的领域模型分成两个独立的领域模型，其中一个是单体的领域模型，另一个是新的微服务的领域模型。这需要打破对象引用等依赖，甚至重构数据库。因为拆分领域不仅涉及更改代码，还涉及领域模型中很多实体类都是持久化保存在数据库中的。最佳解决方法是在过渡期保留原模式，并使用触发器在原模式和新模式中进行数据同步，然后将客户端从旧模式迁移到新模式。

18.4　应用拆分原则

云原生应用采用松耦合的微服务架构，每个服务都遵守单一职责原则。在微服务拆分过程中需要严格遵守高内聚、低耦合原则，同时结合项目的实际情况，综合考虑业务领域、功能稳定性、应用性能、团队以及技术等因素，还需要考虑服务的粒度、事务的边界、数据库以及共享服务及组件等因素。在实际拆分应用时一般应遵守以下原则。

18.4.1　按业务能力拆分

按业务能力拆分是应用云原生化的首要准则。业务能力是指业务具体是做什么的、能产出什么，它是产生价值的最小单位。一组给定业务的能力划分则取决于业务本身的类型，每一个业务功能都可以被看作是一种面向业务而非技术的服务。围绕业务能力，按照职责单一性、功能完整性进行拆分，每种业务能力都可以被认为是一个微服务，从而避免过度拆分造成跨微服务的频繁调用。模仿业务沟通构建的应用无疑验证了康威定律。围绕业务能力拆分的一个关键好处是，因为业务能力相对稳定，所以最终架构也相对稳定。架构的各个组件可能会随着业务的具体实现方式而发生变化，但架构可以保持不变。

成功拆分的微服务应用能够充分体现高内聚、低耦合的特点，因此各种服务需要在抽象出相似功能的基础上，保持低耦合的状态，通过定义微服务的范围，从而支持特定的业务能力。例如，我们可以将一个电子商务应用内部分为营销、公关、销售、服务和运维等不同的业务能力，这些业务能力都可以被看作是微服务。因此，为了保持每个服务的效率，并能应对预估的业务增长量，需要基于各种能力所产生的价值，区分不同的业务能力。同时也可以按照重要性把重要的业务和不重要的业务分开，有利于保持应用的稳定性，并且可以提升应用的安全性。

18.4.2　按 DDD 子领域拆分

对于相对简单的应用，基于业务能力足以实现应用的微服务拆分。但是对于业务逻辑较为复杂的应用，尤其涉及公共数据以及服务相互依赖时，传统的按业务能力（业务行为）拆分有一定的局限性。例如，在电子商务应用中，订单服务是一个公共服务，订单号、订单管理、订单退货、订单交付等服务都会用到它。针对该问题，我们引入了领域驱动设计（Domain Driven Design，DDD）的微服务设计原则。DDD 是对基于业务能力拆分的一种升华，通过业务实际的模型（数据模型）对整个应用进行拆分。

对于相对简单的应用，往往会为整个应用建立一个独立的模型，会有适用于整个应用的全局业务定义，比如前面提到的订单服务。但是对于复杂的应用，让整个应用的所有开发团队对全局单一的建模和术语的理解一致是相当困难的，并且这往往超出了他们的能力范围。有时候不同团队对不同的概念使用相同的术语，或者对同一个概念使用不同的术语。DDD 通过在应用内定义多个领域模型（子领域模型）来避免出现这些问题，它将应用的整个问题领域分解并创建出多个子领域。每个子领域都拥有一个模型，而该模型的范围则被称为"边界上下文"。每个服务都会围绕着边界上下文开发，通过分析业务与组织架构，识别不同的专业领域。

DDD 为每个子领域都定义一个单独的领域模型，识别子领域的方法和先前识别业务能力的方法一样，通过分析业务及识别不同业务领域的方式来进行。这些子领域模型应当被预定义好功能的范围，即限界上下文，每个限界上下文都对应一个服务。所以，我们可以通过 DDD 定义子领域，并使子领域与服务相对应。对于相同的全局概念，在每个子领域模型中都有其对应的全局概念的映射版本，也就是说，每个子领域模型中的全局概念其实表示的都是同一个全局概念实体的不同方面。此外，微服务中的自治化团队负责服务开发的概念，与 DDD 中每个领域模型都由一个独立团队负责开发的概念相吻合。

在进行领域模型设计时，通常会根据限界上下文将领域分解成不同的子领域，划分业务领域的逻辑边界。在限界上下文内不同的实体和值对象可以组合成不同的聚合，从而形成聚合与聚合之间的逻辑边界。一般来说，限界上下文可以被作为微服务拆分的依据，而限界上下文内的聚合由于其业务逻辑的高度内聚，所以会被限定在一个微服务内。但也可以根据需要将同一个领域内的聚合业务逻辑代码拆分为多个微服务，聚合是领域中可以拆分为微服务的最小单元。限界上下文与限界上下文之间以及聚合与聚合之间的边界是逻辑边界，微服务与微服务之间的边界是物理边界。逻辑边界强调业务领域逻辑或代码分层的隔离，物理边界强调部署和运行的隔离。过度的微服务拆分会导致服务、安全和运维管理更为复杂，领域之间的服务协同或应用层的处理逻辑更为复杂。但是因为微服务架构对团队开发能力有更高的要求，而且会产生更高的软件维护成本，所以领域和代码分层的逻辑边界的细分是必要的，但是物理边界不宜过于细分。也就是说，在不违反微服务拆分原则的情况下，不宜过度拆分微服务。

DDD 中的聚合在微服务中以分布式事务的方式来实现，起到维护不同微服务之间数据一致性的作用。微服务的业务逻辑通过多个聚合组成的一个集合来体现，它包含一组对象，但作为一个单元来处理。聚合通过分布式事务来协调对其他微服务的调用，并保证数据的 ACID。基于 DDD 的微服务拆分，其核心是将一个或多个聚合映射到一个微服务上。每个微服务都可以包含一个或多个聚合，同时这些聚合通过一个统一的应用服务对外提供服务。

将应用按照上述原则进行拆分，再加上更好的团队结构和运维的隔离，会使后续架构演进、增量变更更加容易。

18.4.3　其他原则

理论上，围绕业务领域，DDD 的限界上下文内的领域模型可以被设计为微服务，但是由于领域建模主要从业务视角出发，没有考虑非业务因素，如需求变更频率、高性能、安全、团队以及技术异构等，它们对领域模型的落地也会起到决定性作用，因此在进行微服务拆分时也需要考虑这些非业务因素。

1. 按更新频率拆分

按照应用功能的更新频率来拆分，通常越靠近终端用户的功能更新频率越高，反向越低。基于功能模块的变化频率对应用继续拆分，识别应用中的业务需求变动较频繁的功能，考虑业务变更频率与相关度，并对其进行拆分，降低敏态业务功能对稳态业务功能的影响。

2. 按部署和伸缩情况拆分

微服务是一个可以独立、无依赖性部署的服务。利用微服务的独立部署性，可以实现服务弹性伸缩的能力，从而提高功能的整体性能。按照部署和伸缩情况来拆分，可以考虑应用的非功能性需求，识别应用中性能压力较大的模块，并优先对其进行拆分，提升整体性能，缩小潜在的性能瓶颈模块的影响范围。

应用的不同组件之间有着不同的部署和伸缩频率，围绕部署和伸缩频率拆分组件可以更好地迎合微服务的健康状态及运维服务。

3. 按技术栈拆分

当系统比较复杂时，技术栈也是需要考虑的因素。例如，不同的开发语言有不同的特点，如 Python 和 C++适合使用的场景就有很大的不同，可以把需要分别使用 Python 和 C++完成的功能拆分开来，从而实现技术上的解耦。此外，还应该考虑架构的异构以及系统的复杂度，以便充分利用不同的开发语言及框架的特性，更好地实现不同的业务需求。

4. 按组织架构拆分

Melvin Conway 指出：在设计业务系统的架构时，所产生的架构结果其实将会等价于组织间的沟通结构。Dan North 对此补充说：这些系统在建成之后，反过来还会促进组织架构的改变。

○ 团队结构和系统架构不匹配：一般企业刚起步时，业务规模小，团队规模也小，所以通常开发出来的应用是单体的。随着业务规模的扩大，团队规模也会随之扩大，这个时候多团队组织架构和单体架构之间就会产生不匹配的问题（如沟通协调成本增加、交付效率低下等），如果不对单体架构进行解耦和调整以适应新的团队沟通结构，就会制约组织生产力和创新速度。

○ 团队结构和系统架构匹配：对单体架构按照业务和团队边界进行拆分，重新调整为模块化、分散式架构，那么团队沟通结构和系统架构之间就能匹配起来，各个团队就能够独立自治地演进各自的子系统。这种架构的解耦和调整可以解放组织生产力，提升创新速度。也就是说，企业的业务、组织和应用边界要尽可能对齐，以业务领域和微服务为边界的产品型跨职能团队能更敏捷地响应市场需求。

所以按组织架构拆分，也会提升云原生应用的可落地性，有利于日后的演进。

很多时候，大家对微服务设计的理解是，只要最后确定拆分出多少个微服务就可以了。但其实拆分出多少个微服务并不是微服务架构的全部，还要关注拆分的过程应该比较轻松、简单，拆分后不会过度增加应用的维护成本，这也是评判微服务设计是否合理的一个简单标准。同时，应用团队也要及时对应用架构的变化做出配合响应，使拆分后的应用能够像一个整体一样有序、高效地工作。拆分后的应用，应该解决掉单体应用所存在的核心问题，并带来更高的效益。

18.5 API 设计与治理

云原生应用的所有功能完全通过 API 相互调用，所以 API 的设计与治理成为云原生应用落地过程中的重中之重，其中需要遵守的几个重要原则是前后端分离、规范化 API、并行或异步调用和业务聚合。下面分别进行介绍。

18.5.1　前后端分离

典型的应用实现架构一般包含表现层、业务层和数据访问层。表现层由处理 HTTP 请求的模块组成，业务层实现业务逻辑，数据访问层包含访问基础设施的模块。业务层由一个或多个 API 封装业务逻辑。将表现层和业务层前后端分离后，表现层对业务层进行远程调用。这样做的好处是可以彼此独立开发、部署和扩展，并且公开的业务层 API 可以被其他微服务调用，真正实现业务协同。

18.5.2　规范化 API

前后端分离后，前端设备繁多，所以必须采用一种统一的机制来实现前后端的交互。RESTful API 规范就是目前比较成熟的一套互联网应用程序的接口设计理论，其具体内容和调用原则如下。

1．RESTful API 规范

以前，在不同的服务之间进行信息传递时往往需要通过复杂的数据结构来实现——从底层一直到上层使用同一种数据结构，或者上层的数据结构内嵌底层的数据结构。当在数据结构中添加或者删除一个字段时，影响面非常大。

RESTful API 规范在每两个接口之间约定，严禁内嵌和透传。这样当接口协议发生改变时，影响的仅仅是调用方和被调用方；当接口需要更新时，比较可控，也容易升级。整理后的 RESTful API 规范如下。

（1）Request & Response

在开发和使用 RESTful API 时主要涉及两类动作：一是客户端向服务器发出请求（Request）；二是服务器对客户端请求的响应（Response），使用不同的 HTTP 方法表达不同的行为。

- GET（SELECT）：从服务器中取出资源（一项或多项）。

- POST（CREATE）：在服务器中新建一个资源。

- PUT（UPDATE）：在服务器中更新资源（客户端提供完整的资源数据）。

- PATCH（UPDATE）：在服务器中更新资源（客户端提供需要修改的资源数据）。

- DELETE（DELETE）：从服务器中删除资源。

（2）URL 规范

RESTful API URL 的设计是另一个重点。RESTful API 是给开发者来消费的，其命名和结构需要有意义。因此，在设计和编写 URL 时，要符合一些规范。

规范的 API 应该包含版本信息，在 RESTful API 中最简单的方法是将版本信息放到 URL 中，示例如下：

```
/api/v1/posts/
/api/v1/drafts/
/api/v2/posts/
/api/v2/drafts/
```

RESTful API 中的 URL 是以资源为导向的，而不是描述行为的，因此在设计 API 时，应使用名词而非动词来描述语义，否则会引起混淆和语义不清。

```
# Bad API
/api/getArticle/1/
/api/updateArticle/1/
/api/deleteArticle/1/
```

上面三个 URL 指向同一个资源。虽然允许多个 URL 指向同一个资源，但是不同的 URL 应该表达不同的语义。上面的 API 可以被优化为：

```
# Good API
/api/Article/1/
```

对 Article 资源的获取、更新和删除，分别通过 GET、PUT 和 DELETE 方法请求 API 来完成。试想，如果 URL 以动词来描述，用 PUT 方法请求/api/deleteArticle/1/会感觉多么不舒服。

如果要获取一个资源子集，采用嵌套路由（Nested Routing）是一种优雅的方式。例如，列出所有文章中属于 xxx 作者的文章：

```
# List xxx's articles
/api/authors/xxx/articles/
```

获取资源子集的另一种方式是基于 Filter。这两种方式都符合规范，但语义不同：如果在语义上将资源子集看作一个独立的资源集合，则使用嵌套路由更恰当；如果对资源子集的获取是出于过滤的目的，则使用 Filter 更恰当。对于资源集合，可以通过 URL 参数对资源进行过滤。例如：

```
# List xxx's articles
/api/articles?author=xxx
```

2．纵向最多三层调用

拆分服务是为了水平扩展，因此调用应横向扩展而非纵向串行。纵向最多三层调用。

- 数据访问层：用于屏蔽数据库、缓存层，提供原子的对象查询接口。数据访问层封装数据，从而使数据库扩容、缓存替换等对上层透明，上层仅调用这一层的接口，而不直接访问数据库和缓存。

- 业务层：这一层调用数据访问层接口，完成较为复杂的业务逻辑。分布式事务也多在这一层实现。

- 表现层：组合调用业务层接口，对外提供标准展示接口。

3．单向调用、严禁循环

拆分服务后，如果服务间的依赖拓扑关系复杂（如循环调用），则升级后将会变得难以维护。因此，对各层之间的调用规定如下。

- 数据访问层：主要完成数据库操作和简单的业务逻辑，不允许调用其他任何服务。

- 业务层：可以调用数据访问层接口，完成复杂的业务逻辑；还可以组合调用业务层接口，但不允许循环调用，也不允许调用对外接口服务。

- 表现层：可以组合调用业务层服务，但不允许被其他服务调用。如果出现循环调用，则使用消息队列将同步调用改为异步调用。

18.5.3　并行或异步调用

如果有组合服务需要调用多个微服务，则应考虑如何通过消息队列实现异步化和解耦。对于基于 Kubernetes 的云原生应用，使用消息队列可以增强其水平扩展能力，并且使用 Kubernetes 自带的负载均衡功能加强其负载能力，这样处理时间会大大缩短。该处理时间不是多次调用的时间之和，而是最长的那个调用时间。

18.5.4　业务聚合

当服务拆分完毕后，应用的微服务之间的关系就更加复杂了。从每个运行的微服务处获取数据，是任何应用的首要任务。对于云原生架构而言，从独立的服务中提取数据，同样非常重要。但是，仅通过一个接口从大量的微服务中获取资源信息的架构并不是一个合理的架构。传统的架构是接入层与资源层的各个服务之间直接进行通信，这样的架构有如下四个缺点。

- ○　多次服务请求，效率低。

- ○　对外暴露服务接口。

- ○　接口协议无法统一。

- ○　客户端代码复杂，服务器端升级困难。

因此，推荐在云原生架构中添加业务聚合层来集成下层资源，并且提供统一业务 API。业务聚合层统一代理各个服务，对外提供统一的接口协议。这样的架构有如下三个优势。

- ○　封装服务接口细节，减少通信次数。

- ○　统一通信协议，减少客户端代码耦合。

- ○　统一鉴权、流控，防攻击。

应用层是任何外部业务调用的统一入口，它像代理服务一样，能够将一个业务服务请求路由到与其相关的微服务上。它既能将一个请求扇出（fan-out）到多个业务层服务上，也能汇总多个结果，并发回给用户。另外，在安全方面，应用层也有助于实现用户的授权。从聚集的角度看，应用层作为单一的切入点，不仅能够起到代理服务路由的作用，将各种请求路由到不同的服务上，还能汇总来自多个服务的输出结果，并发送给表现层。应用层可以处理多种协议请求，并按需进行转换。

18.6　应用状态分离

对于一般应用，其状态数据主要包括：应用的配置信息、与业务逻辑相关的存储于数据库中的"冷数据"，以及会话数据等保存在内存中的"热数据"，如文本、照片、评论等非结构化静态数据。

影响应用迁移和水平扩展的重要因素就是应用的状态。无状态应用把应用的状态往外移，将会话数据、文件数据、结构化数据保存在后端统一的存储设备中，从而使应用仅仅包含业务逻辑。整个应用分两部分：一是无状态部分；二是有状态部分。

- ○　无状态部分：一是实现跨机房随意部署，即迁移性；二是实现弹性伸缩，很容易进行扩容，从而提高无状态部分的性能。

○ 有状态部分：如数据库、Cache、ZooKeeper 都有自己的高可用机制，要利用它们自己的高可用机制来提高有状态部分的性能。

虽然说应用可以实现无状态化，但还是会在内存中保存一部分数据。当当前的进程挂掉后，肯定会有一部分数据丢失。为了弥补这一点，应用需要实现重试机制，接口要有幂等机制，通过服务发现机制重新调用一次后端服务的另一个实例就可以了。

18.6.1　统一配置管理

应用的配置参数在不同的运行环境中其实是不同的，比如开发环境中的数据库连接参数会与生产环境中的不同。传统方式是将配置与应用打包在一起，通过修改配置文件的特定配置项来控制应用的部署。这样就会出现应用的差异化，在容器运行时需要手动配置。所以建议对于应用运行时所需的配置信息、参数，可以通过加载新配置文件或者传入环境变量的方式进行改动和更新，而不要依赖代码内的固定配置，将配置与应用分开，不要打包在一起。

原来的应用都是将相关配置写到本地配置文件中的，当容器特别是 Kubernetes 出现后，这种方式发生了改变。因为应用的部署过程无法人为干预，同时需要适配支持应用实例的伸缩，而不是将应用设计成具有固定的实例数。对于启动时的配置信息，以及环境变量的配置信息，则应尽可能将其保存到 Kubernetes 的 ConfigMap 和 Secret 中。这里需要注意的是，ConfigMap 和 Secret 的更新无法对运行中容器的环境变量产生作用，所以推荐使用 Volume 形式将 ConfigMap 和 Secret 挂载到容器中。对于 ConfigMap 和 Secret 的更新，使用 Volume 形式可以使其新配置自动生效。对于应用的配置项，不要在镜像中存储配置信息或使用环境变量。具体如下：

○ 不要在应用中写死服务的 IP 地址和端口（如数据库的 IP 地址和端口、服务接口的 IP 地址和端口），而是采用域名的方式。

○ 环境变量应该以传参的形式传入容器中，而不是直接写死在容器中，所需的环境变量可以被统一存储在配置文件中。

18.6.2　将冷数据存储在数据库中

冷数据是指应用中访问频次较低的数据。云原生应用中的微服务必须是松耦合的，以便部署和独立扩容。尤其当某个业务需要横跨多个微服务时，其数据应保持一致。对于微服务所用到的冷数据，则应该被统一保存在数据库中。当应用需要从多个微服务中查询数据时，如果性能不足，则可以采用主从、读/写分离等模式，有时也需要根据需求和规模对数据库进行复制或分片。微服务架构具有以下几种不同的数据存储方式。

- ○　服务独享数据库：为每个微服务都配备一个独享的数据库是最理想的模式，该数据库仅能被与其对应的微服务单独访问，而不能被其他微服务直接访问。具体模式有：按服务分配私有表集（private-tables-per-service）、按服务分配表结构（schema-per-service）、按服务分配数据库服务器（database-server-per-service）。每个微服务都应该拥有一个单独的数据库 ID，以便在它们独享访问的同时，禁止再访问其他服务表集。

- ○　服务共享数据库：服务独享数据库是一种理想的微服务模式，只有在新的云原生应用中会用到。对于采用微服务架构的应用，使用服务共享数据库的模式虽然有些违背微服务的理念，但对于将传统的单体应用拆分成较小的 SOA 服务是比较适用的。在该模式下，一个数据库可以匹配多个 SOA 服务，但此方案会影响到应用本身的扩容、自治性和独立性。

- ○　分布式事务：当每个微服务都有自己的数据库，而且应用涉及多个微服务之间的交互时，保持数据的一致性就成为一大难题。像云原生应用这样的分布式架构其实无法简单地实现数据的原子性、一致性、隔离性、持久性（ACID）等特性。分布式事务代表了一个高层次的业务流程，它是由多个子请求并伴随着逐个更新的数据所组成的业务。在某个请求失败时，它通过某种形式补偿原请求。

数据库用于保存状态信息，也是应用大规模扩展时最容易出现瓶颈的地方。而分布式数据库的性能可以随着节点的增加而线性提升。分布式数据库的底层是主备模式的数据资源，上层通过启动类似于 MySQL 的服务实例，实现主备数据库切换，数据零丢失。所以说将数据存储在分布式数据库中是非常安全的，即使某个节点宕机，也不会丢失数据。

18.6.3　缓存热数据

热数据是指应用在运行过程中经常使用的数据。由于大部分数据的变更次数远远小于数据查询次数，为了加速数据的读取，可以将数据直接缓存到内存中。当需要获取数据时，会先访问内存中缓存的数据，如果在缓存中查询到数据，则直接返回，省去了对数据库的查询开销。如果在缓存中没有查询到数据，则需要访问具体的数据库，获取数据后更新缓存。当需要更新数据时，往往会直接将数据写入数据库中，然后主动使缓存失效。缓存和数据库配合使用，是解决后端结构化和非结构化问题的有效手段。

传统方式是应用启动时，通过数据库将应用数据加载到程序实例缓存中，以提高数据的访问速度。但是由于加载的数据过多，往往会导致应用启动过慢。云原生应用在设计时将热点数据存放到缓存（如 Redis、Memcached）中，在启动时避免执行加载缓存动作，提高了应用启动速度。相关热点数据可通过手动或自动方式更新到缓存中，应用通过访问缓存获取相关热点数据。

在高并发场景下缓存是非常重要的。缓存要有层次，使数据尽量靠近用户。数据越靠近用户，应用所能承载的并发量越大，响应时间越短。不是所有的数据都需要从应用后端获取，而是只从后端获取重要的、关键的、时常变化的数据。尤其对于静态数据，可以过一段时间获取一次。有时候缓存中没有所需要的数据时，还是要回到数据库中来下载，这称为"回源"。在数据中心的最外层（称为接入层），可以设置一层缓存，将大部分请求拦截下来，从而减轻后台数据库的压力。

如果是动态数据，还需要访问应用，通过应用中的业务逻辑生成动态数据，或者从数据库中读取。为了减轻数据库的压力，应用可以使用本地缓存，也可以使用分布式缓存（如 Redis、Memcached），使大部分请求读取缓存即可，不必访问数据库。当然，对于动态数据还可以做一定的静态化，即将动态数据降级成静态数据，从而减轻应用后端的压力。

18.6.4 静态资源对象存储

对于图片、JS 脚本、CSS 样式单、HTML 文档，以及与应用相关的不方便在数据库中存储的数据，往往是一些运行时不变的文件，它们不是由应用程序产生的，也不需要修改，因此可以无差别地投递到所有用户终端。这些数据被称为"静态资源"。建议通过对象存储服务来保存静态资源。

18.7 应用容器化

在完成应用的状态分离后，我们可以着手对应用进行容器化封装。本节将从应用分析、进程管理、优化启动、网络梳理等方面来介绍应用容器化的过程。

1. 应用分析

在开始应用容器化改造之前，需要先进行应用分析，即收集应用的基本信息，具体包括以下内容。

○ 操作系统：应用运行需要的操作系统类型和版本，如 CentOS 7.2。

○　运行环境：如 Java、Golang、PHP、Python 等，以及对应的版本。

○　库依赖：如 OpenSSL 等，以及对应的版本。

○　外部服务依赖：应用依赖的外部服务如 MySQL 等，以及对应的版本。

○　应用启动命令或脚本。

2. 进程管理

容器技术可以被看成是对应用进程的一种隔离、封装机制，所以对于容器中的应用推荐使用单进程模式，每个应用单独运行在一个进程中，从而充分利用容器编排器的负载均衡等功能实现水平伸缩。

3. 优化启动

虽然容器服务本身可以做到"秒级"启动，但是在容器/Kubernetes 中启动应用需要遵守标准的规范。容器启动后并不代表立即可以访问程序，因为容器内的程序启动比较费时，如果这时去访问服务则很容易超时。容器内的程序在启动过程中，Kubernetes 提供了双重检查：Liveness 和 Readiness。

○　Liveness：确保程序存活，否则 Kubernetes 就会重启这个 Pod。

○　Readiness：确保程序已经可以提供服务，否则不会分发流量给它。

4. 网络梳理

对应用容器化后的网络进行规划也是一项重要工作，需要根据应用的特性进行网络模式选择。例如，对于无状态的分布式应用，可以在容器部署时使用 Bridge 模式；而对于需要指定端口的应用，或者对网络性能要求高的应用，更适合使用 Host 模式。但在使用 Host 模式时，需要进行网络端口资源规划，同样的应用实例只能在一台主机上部署一个，避免端口冲突。

对于基于 Kubernetes 的容器服务，如果服务间接口调用使用非标准协议进行交互（如 EJB 调用使用 T3 协议），则无法通过负载均衡器实现有效负载。因此建议服务间接口调用通过 TCP 和 HTTP 协议进行交互，这样就可以使用 Kubernetes 原生自带的负载均衡器实现有效负载。

大部分云原生应用在微服务改造后，都会对微服务进行容器化封装。每个容器尽量只提供一个服务，同时推荐使用域名而非 IP 地址。如果一个微服务需要与其他微服务通信，由于容器 IP 地址是不固定的，依赖 IP 地址将无法实现通信。建议在云原生应用中尽量使用域名

（Kubernetes 的 Service 名）代替 IP 地址，并且通过 Kubernetes 自带的 Service 实现负载均衡。

服务容器化时，需要固定服务端口。对于标准的微服务只需提供一个对外服务端口，而有些微服务在运行过程中会自己产生服务端口对外提供服务，而且这些端口是随机产生的，给管理带来了不便。建议在设计微服务时尽量使用固定服务端口，并体现在集成文档中。

5. 容器镜像制作

容器镜像制作主要分为三个步骤：非容器部署测试、编写 Dockerfile 和功能测试。

（1）非容器部署测试

在制作容器镜像之前需要按照应用的部署文档，在测试主机上部署应用。一方面，验证程序包是否可用，了解必要的配置项；另一方面，梳理部署流程，为制作容器镜像提供参考。测试非容器部署的主要步骤如下。

① 准备基础环境：准备虚拟机环境，安装应用运行所需的操作系统。

② 安装软件：安装应用的基础运行环境，如 JDK、WebLogic 等。

③ 部署应用：在测试主机上安装、运行需要容器化的应用。

④ 访问验证：验证应用运行状态是否正常、功能操作是否正常、运行日志有无报错。记录操作步骤，为制作容器镜像提供依据。如果运行报错，则需要与相关人员核对配置信息，检查所做的改动，记录操作步骤。

⑤ 异常处理：如果出现异常，则需要应用项目组支持，根据报错信息调整配置。

（2）编写 Dockerfile

容器镜像的制作过程就是指在程序镜像的基础上多次增加各种配置、脚本文件的过程。在应用容器化的过程中，使用 Dockerfile 来构建容器镜像，它可以把每一次修改、安装、构建、操作的命令都记录下来，包括在生成镜像的过程中都运行了哪些命令，以便于日后进行镜像维护及功能扩展。

编写 Dockerfile，实际上就是将应用在测试部署环境中安装依赖的环境、组件的过程整理为标准 Dockerfile 脚本的过程。说简单点，就是通过一个规范化格式文件，将程序部署过程中的每一步手动操作都记录下来并标准化。在构建镜像时，为了更清晰地展现应用的层级关系，可以采用先构建基础镜像，再构建应用镜像的方案。例如，对于运行在 CentOS+Python+Flask 环境下的镜像，可以按照以下步骤编写 Dockerfile。

① 编写制作 Python 基础镜像的脚本：使用 CentOS 7.2 并安装 Python 3，运行"docker build"命令生成基础镜像"base"。

② 编写制作 Flask 镜像的脚本：在 base 容器内安装 Flask，运行"docker build"命令生成第二层基础镜像。

③ 编写制作应用镜像的脚本：基于第二层基础镜像，根据应用的安装过程和配置，编写应用镜像 Dockerfile，生成最终的应用镜像。

④ 编写镜像仓库发布的脚步：应用镜像制作成功后，发布至镜像仓库中。

一个正确、合规的 Dockerfile 至少能保证应用镜像正确生成，且符合以下基本规范。

○ 基础镜像需要从官方镜像仓库中获取官方认证镜像。

○ 对于单一目的的多个步骤，不需要写多行 RUN 命令，而是应该使用"&&"将所需命令串联起来。

○ 为了减小镜像的大小，需要清理所有的下载文件和展开的无关文件。

○ 镜像拉取方式，推荐设置为"IfNotPresent"。

○ 应用在容器内需要以前台方式运行，前台方式运行参数和具体应用有关，例如 Nginx 启动时需要设置"daemon off"。

○ 按照约定好的命名规范对镜像命名。

○ 预创建好需要挂载的路径和配置文件。

○ 同步容器的时区和本地时间。

○ 暴露声明端口。

○ 利用 Entrypoint 初始化数据并且保证幂等性。

另外，在构建容器镜像时，推荐以下最佳实践。

○ 最小化基础镜像，尽量对基础镜像进行瘦身及优化。

○ 测试稳定的基础镜像，确保基础镜像的稳定性。

○ 分离构建镜像和运行镜像，通过 Dockerfile 而非 "docker commit" 构建镜像。

○ 设置容器资源限制，为每个镜像评估其所需资源并设置资源限制，从而确保容器启动后的资源使用率及安全性。

（3）功能测试

在得到应用的容器镜像后，运行这个镜像，对其进行相应的功能测试，确保镜像本身的功能是完整的、可用的。

6. 编排打包

在完成容器镜像的制作后，还需要进行 Kubernetes 的编排打包。在打包过程中，需要遵守以下规则。

○ 充分利用 Kubernetes Deployment & Service：尽量使用 Kubernetes 的 Deployment 方式来部署服务，Deployment 会保证服务时刻有一定的副本存活，提高了服务的稳定性。Kubernetes 的 Service 可以实现负载均衡。kube-dns 可以将 Service 名解析成 Service 具体的 ClusterIP 地址，实现了服务的注册发现。

○ 应用服务配置：推荐使用 Kubernetes 提供的配置管理来发布应用。通常发布应用时的运行环境配置包括：设置应用名称、选择应用运行的集群、选择镜像仓库地址，以及选择已构建好的应用镜像、镜像版本、容器规格（CPU、内存）、容器实例数量、挂载卷的大小等。

○ 确定网络模式：根据应用的特点，选择事先设计好的网络模式，一般无状态应用选择 Bridge 模式，需要指定端口的应用选择 Host 模式。

○ 资源限制：评估应用中每个容器所需的资源并进行限制，避免发生内存泄漏等造成平台整体宕机。同时对资源进行限制也有利于实现应用的水平扩展。

○ 通过 Liveness、Readiness 实现冒烟测试：为每个应用及其内部的容器化微服务配置 Liveness 和 Readiness 实现冒烟测试，确保服务的可用性。

○ 日志管理：云原生应用对业务日志输出支持有两种方式。

  ● 一是将日志输出到标准输出设备中。编排器会自动将日志收集到中央日志系统中，可以直接在界面中查询。

- ● 二是将日志输出到文件中。通过挂载文件目录的形式实现日志的统一管理，可以通过界面登录到控制台，使用 tail 的方式查询。建议采用第一种方式输出日志。
- ○ 时区管理：对于某些对时间格式要求比较严格的应用，需要保持容器和宿主机时间的一致。为了达到这一点，需要将宿主机的/etc/localtime 文件挂载到容器中，挂载可以采用如下 deployment.yaml 文件配置进行。

```
volumeMounts:
- name: host-time
  mountPath: /etc/localtime

volumes:
 - name: host-time
   hostPath:
    path: /etc/localtime
```

- ○ 服务调用：通过 Kubernetes 的 Service 名相互访问可以提高访问性能，不建议将某个应用服务拆分成多个域名。

通过以上过程，就能实现应用的容器化打包。虽然其中涉及了烦琐的配置文件、依赖关系统一打包等，但其最终可以实现部署环境的一致性，极大提升了应用的可移植性，方便应用实现快速可复制的特性。

18.8　非侵入式监控接入

云原生应用同时需要提供监控功能，根据不同的应用分类（如 CPU 密集型应用需要大量的CPU 资源、I/O 密集型应用需要大量的内存及底层存储系统、网络密集型应用涉及大量的网络交互）配置不同的监控项及指数。比如健康检查，了解线上应用是否还活着、是否正常对外提供服务；考虑性能指标，了解线上应用的运行状况，判断是否需要扩容、优化，并发现服务中的热点；对应用的全调用链服务跟踪，以及日志统一管理。

1. 健康检查

在实际工作中，技术人员可能会遇到某个服务虽已启动，但是无法处理交易的情况，所以云原生应用需要提供健康检查功能。每个服务都需要有一个端点，通过诸如/health 的参数对服务进行健康检查，比如检查主机的状态、检查其他服务与基础设施的连接性，以及检查任何特定的逻辑关系。

2. 性能指标

当各种服务组合随着微服务架构变得越来越复杂时，保障监控的完整性并能够在出现问题时及时告警就显得尤为重要。为了收集不同操作的统计信息，并提供相应的报告和警告，我们一般可以采用两种模式来聚集各项指标：一是推式，将各项指标推给专门的指标服务，如 NewRelic 和 AppDynamics；二是拉式，从指标服务处拉取各项指标，如 Prometheus。

3. 全调用链服务跟踪

在云原生应用的微服务架构下，横跨多个服务的请求是比较常见的，比如某个请求需要横跨多个服务来执行特定操作，才能处理一些特定的业务。所以跟踪从一个服务到另一个服务的请求，成为监控的核心需求。服务需要为每个外部请求都分配一个唯一 ID，将该外部请求的 ID 传给所有的服务，在所有的日志消息中都包含该外部请求的 ID，这样才能清楚地监控到每一个服务到服务的请求。在集中式服务中，记录处理外部请求的相关信息，包括开始时间、结束时间和执行时间。

4. 日志统一管理

日志能反映应用的状态，也是发现问题的重要方式。为便于日志管理，需要对应用各个组成部分输出的日志进行梳理，然后统一日志文件格式，将不同组成部分的日志纳入统一的日志服务管理中。

（1）日志梳理

应用容器化后，可以由日志收集代理采集日志，发送给日志处理中心，所以需要对日志来源进行梳理。在通常情况下，日志来自 Docker 的标准输出（STDOUT）和标准错误（STDERR），或者来自应用自身写入的本地日志文件（*.log）。容器内的日志文件不但占用本地磁盘空间，而且由于容器是动态的，日志收集程序难以配置。所以建议容器化的应用尽量采用标准输出和标准错误的方式来输出日志，并及时清理本地日志文件。

（2）统一日志文件格式

日志文件应该使用统一的格式。

- 对应用日志文件应该采用统一的命名规则，如[应用名]_[容器 ID]_***.out_[date]。

- 将应用日志统一输出到一个目录下，便于查找和统计。

◯ 每个容器中的应用日志文件个数和每个日志文件的大小都应根据实际情况来设置。

◯ 在测试环境中开启日志调试模式，但在生产环境中必须关闭日志调试模式，仅在必要时开启，否则过量的日志将会很容易占满磁盘空间。

（3）日志聚合

当某个应用程序包含在多台机器上运行的多个服务实例时，各种请求就会横跨多个服务实例，这时每个服务实例都会生成标准格式的日志文件，这些日志都需要被采集和管理。所以需要采用一套集中化的日志服务 Elasticsearch，将各个服务实例的日志进行聚合，以便用户对日志进行搜索和分析，并针对日志中可能出现的某些消息配置相应的警告。

18.9　流水线建设

在整个应用云原生化的过程中，前面介绍的所有步骤都是手动完成的。对于较为复杂的或者大规模的应用，则需要一条流水线，在应用拆分过程中来确保功能的一致性。这种一致性不能通过个人的经验来保证，而是需要通过自动化及大量的回归测试集，并且持续拆分、持续演进、持续集成，来保证应用时刻处于可验证交付的状态。

通过对现有应用各种部署流水线的共同点的总结，我们抽象出一套通用模式，并将其运用于大量的应用中。这套通用模式使我们在云原生应用开发之初，就可以迅速建立一套成熟且高效的提交、构建、部署、测试、发布体系。整条流水线的具体步骤包括：

◯ 持续集成——提交代码、编译程序、单元测试、构建制品、将制品上传至制品库、构建容器镜像、将容器镜像上传至镜像仓库。

◯ 持续部署——容器接口测试、部署应用、集成/系统测试、全链路压力测试、预生产环境部署、人工测试、生产环境发布。

流水线建设是一个很复杂且持续的过程，仅在十分必要的情况下才考虑建设流水线（因为投入大），比如应用需要长期运营时。对于短期使用的应用，则不需要考虑建设流水线。

18.10　架构

本节将介绍采用云原生架构涉及的一些优化方式。

1. 网络延迟

微服务拆分导致大量的服务之间相互调用，从而产生不可避免的网络延迟。在实践中，往往可以通过批处理 API，在一次调用中返回多个对象的方式，来降低延迟到可接受范围。此外，可以考虑合并多个相关的微服务，用编程语言的函数调用来代替昂贵的进程间通信。

2. 服务可用性

使用类似于 REST 这类服务间的调用协议会降低服务的可用性，尤其当一个服务依赖其他服务时，任何一个依赖服务的不可用状态都会影响该应用整体的可用性。解决方法是采用异步调用代替同步调用，通过异步调用来消除同步调用所产生的紧耦合，提升服务的可用性。

3. 测试驱动开发

微服务架构的复杂性会导致测试验证变得不可控。测试驱动开发（Test-Driven Design，TDD）的理念是先编写单元测试用例，再实现业务逻辑代码。只有单元测试覆盖率非常高时才能支撑云原生应用的 IT 价值流流动的理念，而在 TDD 模式下，是能达到相当高的单元测试覆盖率的，所以对于以容器形式提供应用的微服务，采用 TDD 模式基本可以覆盖对该微服务功能的验收测试。

4. 二进制包唯一

对于同一份源代码，每次重新编译时都可能会引入"编译结果不一致"的风险。在后续发布阶段，编译器的版本可能与提交代码阶段所使用的版本不一致。对于第三方库，可能使用了不同的版本，甚至编译器的配置都会对应用产生影响。所以一旦创建了二进制包，在需要的时候最好能够重用，而不是重新编译和创建。遵守只编译一次二进制包的原则，产生的必然结果是能够在任意环境中部署这些二进制包，促使代码与配置分离。

5. 部署流程相同

为了确保对部署流程进行有效的测试，在各种环境中使用相同的部署流程是非常必要的。在各种环境中只有部署流程测试通过了，才能消除因部署脚本错误而导致的问题。因为不同的环境有很多不同之处，比如操作系统和中间件的配置不同、数据库的安装位置及外部服务地址不同，以及在部署时需要设置不同的其他配置信息。但这并不意味着需要为每个环境都创建一个单独的部署脚本，而是只需要把那些与环境相关的特定配置分离出来就行了。

6. 回滚机制

无论在什么情况下，在更新应用之前，都应该预先设计一种能将应用回滚到版本控制库中前一个可工作版本的机制。使用版本控制库的一个重要原因是，可以进行任意回滚而不丢失信息，大大降低了发布风险。

采用回滚机制的最大好处是即使遇到最糟糕情况，也可以回滚到先前的稳定版本，这样就有足够的时间来分析所发现的问题，并找到合理的解决方法。

第 19 章

中台构建

"中台"无疑是一个非常热门的概念，但它到底是什么，很多人可能心存疑问。本章将从中台的由来、中台架构、中台核心功能、中台分类等方面来介绍中台相关知识。

19.1　中台简介

在欧创新的《中台架构与实现：基于 DDD 和微服务》一书中对中台有着较为体系化的描述，他将中台定义为："中台是企业级能力复用平台"。作为前台的一线业务应用，会更敏捷、更快速地响应用户的需求；作为后台的基础平台，更关注的是基础资源及能力的供给和管理；而中台则是将企业基于基础能力之上的诸如数据运营能力、产品技术能力等通用能力进行封装和集成，为前台的业务应用提供支撑。

中台的本质是提炼各个业务应用的公共能力，并将这些能力打造成平台级别的产品，然后以 API 的形式提供给前台各业务应用使用。从云原生应用的角度来讲，首先需要按照功能对应用进行拆分，可以是 SOA 级别的拆分，也可以是更细致的微服务级别的拆分，然后将拆分后的那些通用的、公共的功能下沉到平台，形成所谓的中台。之后在开发新的应用时，需要什么通用功能都可以直接去找中台，而不需要应用自己开发所有功能，丰富的中台会给应用提供强大的支撑，使应用开发更加灵活、敏捷。构建中台的目的是支撑企业级应用的敏捷开发和运营，中台是集成了企业内部的资源、数据、技术、工具等而构成的统一接口服务平台。中台有很多种，比如整合数据而形成的数据中台，整合中间件、工具等技术而形成的技术中台，整合通用业务逻辑而形成的业务中台等。所以说中台其实是构建于技术平台之上的一种统一接口服务平台，只不过它需要基于企业实际的业务来构建，它将业务应用所需的功能下沉到平台，将其封装成各种逻辑对外提供服务，由各种技术平台来支撑，提供统一的接口服务。

19.1.1　中台的由来

"中台"的理念源自军事领域的某些场景，比如在中东战争期间，美军的作战单元大都是 10 人左右的小团队，而支持它们的却是强有力的空军精准轰炸、舰艇远程打击、超强的救援与补给能力等。这种灵活的前端作战能力，往往需要依赖庞大的"中台"体系来实现。现代战争的一个基本趋势是，随着"战场-基地-本土"效率系统的日趋完善，前端作战单元越来越小，但战斗力却越来越强，这正是得益于强大的"中台"能力。

而"中台"的理念最早被运用于企业 IT 架构中，是缘于阿里巴巴在 2015 年提出的"大中台，小前台"战略，其灵感来源于芬兰著名的游戏公司 Supercell。Supercell 是一家仅有 300 名员工，却接连推出大规模爆款游戏的公司，也是全球最会赚钱的明星游戏公司。这家看似规模很小的公司，却通过其强大的游戏技术"中台"，灵活地支持众多的小团队并行进行游戏开发。这样一来，游戏开发团队可以专心其游戏自身业务逻辑的创新，不用担心基础的却又至关重要的技术支撑问题。恰恰是这样一家小公司开创了中台的"玩法"，并将其运用到了极致。对于这种多项目并行开发且各项目相对独立，但业务上都需要通用功能支持的场景，"中台"就有了存在的价值。2012 年 Supercell 发布的游戏《部落冲突（*Clash of Clans*）》在 3 个月后成为美区 App Store 的游戏收入榜 TOP1，并站上全球各地区畅销榜前列。2016 年其发布的《皇室战争（*Clash Royale*）》更是包揽了游戏下载和收入双榜的榜首，每天总在线活跃玩家超过 1 亿人。

Supercell 的内部组织架构采用"开发者领导"的模式。300 人的团队被分成若干个小团队，5~7 个游戏开发者组成一个小团队，开发自己的游戏，以最快的速度推出公测版，检测游戏受用户欢迎的情况。这些小团队又被称为"细胞（Cell）"，Supercell 则是这些细胞的集合，这也是 Supercell 公司名称的由来。创新的组织架构和活跃的企业文化是 Supercell 取得成功的重要因素。而这一切得益于其拥有一个非常强大的"中台"。这里的"中台"指的是将游戏开发过程中公共且通用的游戏素材和算法整合起来，下沉到平台层面，为前端小的业务团队提供工作的工具和框架，从而支撑多个小团队在短时间内开发出新款游戏。有了中台的支撑，Supercell 的"细胞"才可以非常灵活地运转，形成高效的散兵作战模式。

19.1.2　中台与云原生应用

所谓"中台"，其实是为前台应用而生的平台，它存在的唯一目的就是更好地支撑前台应用，连接前端业务和后端基础资源平台，使企业真正做到对自身能力的复用。而中台真正落地离不开云原生应用的理念。首先，所谓后端基础资源平台，往往都是基于云、容器、Kubernetes 等的标准系统资源管理平台。其次，所谓通用功能下沉到平台层面，涉及应用云原生化的拆分、服务化的封装。最后，真正将应用开发流程迁移到中台之上，还涉及应用软件工程流程与中台的对接。

从领域建模的角度来看，中台本质上是某些子领域，主要指通用领域或支撑领域。通常中台对应于 DDD 的通用领域，将通用的公共能力沉淀为中台，对外提供通用的共享服务。应用通过云原生化被拆分成一个个微服务，只负责提供接口功能，如日志采集、用户管理等服务。在云原生应用开发过程中，这些标准服务将被更系统性地集成到应用中。中台提供的通用服务通过领域建模更强调体系性，包括更好的边界划分和业务抽象、更好的监控和可运营性（如稳定性、故障定位）。每个服务都围绕着业务领域自成体系，成为一个完整的平台化服务供前台应用使用。这些服务既相互独立，又形成一个体系，共同构成基础业务平台，即中台。

有的企业在十多年前就完成了大一统的集中式系统拆分，实现了从传统单体架构向 SOA 的演进，将公共能力和业务能力分开建设，解决了公共模块重复投入和重复建设的问题。而中台的设计目标是统一承接各业务应用的公共需求，把核心业务中的公共能力整体当作一个平台产品来做，为前端应用提供可复用的、公共的解决方案，而不是彼此独立的系统。中台只是将部分通用的公共能力独立为共享平台，可以通过 API 或者数据对外提供共享服务，解决了系统重复建设的问题。但中台并没有和企业应用的开发结合在一起，实现页面、业务流程和数据从前端到后端的全面融合。云原生应用考虑更多的是业务应用的方方面面，不光是底层平台的支持，还有应用架构、软件工程的支持，以及基于这些平台工具的方法论。其核心关注点不是平台，而是如何支撑好业务应用。

19.1.3　中台架构

中台的本质是对通用能力的封装并以接口的形式共享。因为在当今互联网时代，为了快速响应用户的需求，需要借助平台化的能力。基于中台体系的整个应用的开发主要包括：

- ❍　前台——各类前台业务应用。每个前台都是一个用户业务应用，如网站、手机 App 等。

- ❍　后台——各类底层基础资源。后台就是一整套基础资源，包括基础设施和计算平台等。

但后台并不是为前台而生的，因为后台往往并不能很好地支撑前台应用快速地响应用户的需求，后台更多的是解决基础资源的管理问题，所以才有了对中台的需求。大多数企业已有的后台，要么前台根本就用不了，要么其变更速度跟不上前台的节奏。所以，随着企业业务的不断发展，这种“前台+后台”的变更速度匹配失衡的问题就逐渐显现出来。随着企业业务的发展壮大，因为后台修改的成本较高、风险较大，所以驱使我们会尽量选择保持后台系统的稳定性，并且还要响应用户持续不断的需求，自然就会将大量的业务逻辑直接推到前台应用中，这样不但导致重复，而且还会使前台应用变得更加臃肿，形成一个个"烟囱式单体应用"。

针对上述问题，Gartner 在 2016 年发布的"Pace-Layered Application Strategy"报告中给出了一种解决方案，即按照"步速"将企业的应用系统划分为三个层次（正好契合前台、中台、后台三个层次），不同的层次采用完全不同的策略。该报告也为"中台"产生的必然性提供了理论支撑。在这份报告中，Gartner 指出，从速度分层（Pace-Layered）的角度来看，企业构建的系统可以被划分为三类：SOR（Systems Of Record）、SOD（Systems Of Differentiation）和 SOI（Systems Of Innovation）。处于不同速度分层的系统，因为业务目标不同、关注点不同、要求不同，变更速度自然也不同，所以需要为不同系统匹配不同的技术架构、管理流程、治理架构甚至投资策略。中台是真正为前台而生的平台（可以是技术平台、业务能力，甚至是组织机构），它存在的唯一目的就是更好地服务于前台应用，进而更好地响应快速迭代的需求。它就像是在前台与后台这两个咬合得不太好的"齿轮"之间添加的一组"变速齿轮"，将前台与后台的速度进行匹配，从而实现整个系统从前到后的步调协调，所以说中台是前台与后台之间的桥梁。

此外，由于过去是烟囱式建设，每个前台应用都是从零开始搭建的，造成重复建设、资源浪费，而且上线速度慢。同时应用与应用之间无法对话，数据很难打通。中台的另一个理念就是把公共的、统一的功能独立出来，将可复用的公共能力从各个应用中剥离出来，沉淀并组合到中台之上。中台实质是一种通用能力的输出，可以输出业务能力、技术能力和数据能力。同时还需要将这些统一的能力标准化，以满足前台不同应用对中台能力共享和复用的需求。如果需要开发新的应用，则可以直接调用中台所提供的通用能力。

所以说中台的建设不是标准产品的输出，而是企业通用技术、数据、业务能力的下沉。整个中台的建设需要在梳理企业实际业务的过程中逐步积累、逐步下沉共享。就如同早期在云计算中，人们将 PaaS 进一步细分为 iPaaS、aPaaS、bPaaS，在概念上并不是创新。其实和把应用内的公共逻辑封装为"库"差不多，就是尽量避免重复造轮子。中台的模式是将这些行为规范化，将公共功能部分交给平台来实现。从工程方面来说，这有效减少了重复造轮子、重复建设的现象；有相对统一的业务收敛位置，并在公共服务的基础上快速、高效迭代出新的应用能力。从数据方面来说，有了统一的用户、日志等子系统后，就可以解决数据打通的问题。同时有了统一的中台，也就有了统一的数据规范，大大提升了功能和数据的标准化水平。

19.1.4　中台与微服务应用

中台是微服务在使用层面的聚合。应用通过微服务架构被拆分成一个个离散的服务，只负责提供接口功能，如商品服务、订单服务、权限服务等。在中台中，这些微服务将被更系统性地聚合，形成商品中心、订单中心、权限中心等。每个中心都更强调体系性，包括更好的边界划分和业务抽象、更好的监控和系统运营能力（如稳定性、故障定位）、更好的业务运营能力（如商品中心自带商品管理后台，支持基础商品定义）。每个服务中心都围绕着核心业务，自成体系，成为一个完整的微服务库，供前台应用使用。这些微服务既相互独立，又形成一个整体，共同构成基础业务平台，即中台。

如图 19-1 所示，企业级中台微服务的集成与原创微服务不同，它不能在某一个微服务内完成跨微服务的服务组合与编排，所以必须在中台微服务之上增加一层，其主要职能就是处理跨微服务的服务组合与编排，以及微服务之间的协调，还可以完成前端不同渠道应用的适配。将此类微服务用 BFF（Backend For Frontend）定义，BFF 微服务与其他微服务存在较大的差异——它没有领域模型，因此在 BFF 微服务内也不会有领域层。BFF 微服务可以承担应用层和用户接口层的主要职能，完成各个中台微服务的服务组合与编排，可以适配前端不同渠道的要求。

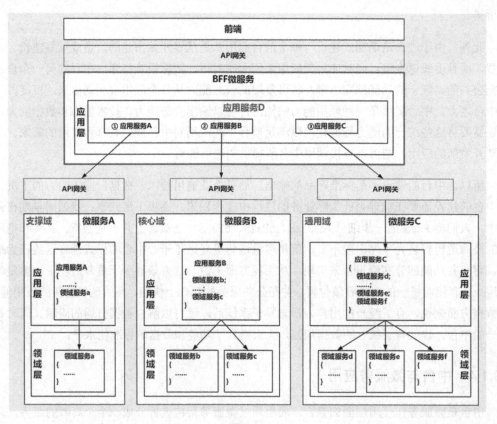

图 19-1

19.2　中台核心功能

中台在企业架构上更多地偏向于业务模型,形成中台的过程实际上也是业务领域不断细分、沉淀的过程。在这个过程中,我们会将同类通用的业务能力进行聚合和重构,再根据限界上下文和业务内聚的原则建立领域模型,其对应的就是 DDD 的战略设计。

业务中台的建设可采用领域驱动设计方法,通过领域建模,将可复用的公共能力从各个单体剥离,沉淀并组合,采用微服务架构模式,建设成为可共享的通用能力中台。企业不仅需要将通用能力中台化,以实现通用能力的沉淀、共享和复用(这里的通用能力对应于 DDD 的通用领域或支撑领域),同时还需要将核心能力中台化,以满足不同渠道的核心业务能力共享和复用的需求(这里的核心能力对应于 DDD 的核心领域)。

中台提供的是一套企业级的整体解决方案,解决小到企业、集团,大到生态圈的能力共享、联通和融合问题,支持业务和商业模式创新。通过平台联通和数据融合为用户提供一致的体验,更敏捷地支撑前台一线业务,从而支撑对前台更敏捷的响应。

19.3　中台分类

中台可以分为技术中台、数据中台和业务中台,每类中台承担不同的职责,完成不同的功能。

19.3.1　技术中台

一般而言,技术中台是云计算底层计算能力、通用开发组件和微服务框架的集合,过滤掉技术细节,对外提供简单一致、易于使用的应用技术基础设施的能力接口,它是整个中台架构的基础。

当业务不断并发后,为降低成本而需要将共性技术能力下沉,从而产生了技术中台。比如有几个业务都需要用到系统管理和工作流引擎,那么在进行微服务拆分后,不可能在每个微服务中还各自含有相同的系统管理和工作流引擎等共性技术能力。所以就需要将这些共性技术能力下沉,沉淀为统一的技术中台,这样上层的微服务才能够只关心业务而更加轻量化。

需要注意的是,技术中台下沉时,应注重通用性和扩展性,不包含与任何业务相关的逻辑。

19.3.2　数据中台

数据中台应提供对上层业务所需数据的支撑能力，其主要目标是从企业信息化建设的全局考虑，打通数据孤岛，实现数据的汇集、管理、加工及挖掘应用。

建立数据中台，一般需要以下三步。

① 完成企业全域数据的采集与存储，实现不同业务类别中台数据的汇总和集中管理。

② 按照标准的数据规范或数据模型，根据不同主题或场景对数据进行加工和处理，形成面向不同主题和场景的数据应用，比如客户视图、代理人视图、渠道视图、机构视图等不同数据体系。

③ 建立业务需求驱动的数据体系，基于各个维度的数据，深度萃取数据价值，支持业务和商业模式的创新。

数据中台与传统大数据平台相比，主要从三个方面进行延伸：一是增加数据质量管理功能（如数据资产可视化、数据血缘关系管理），业务系统按数据中台标准进行表结构设计，实现数据的统一管理；二是增加数据服务化、数据建模工具，让数据有反哺业务的能力；三是提供行业应用模块、数据算法等，在大量数据中沉淀出有价值的模型算法。

19.3.3　业务中台

业务中台是最复杂也最难建设的一类中台，因为它通常与业务绑定较深，不同类型的公司或系统难以直接照搬。比如阿里巴巴的业务中台，明显是电商类中台，其包括商品中台、订单中台、库存中台、物流中台等；滴滴的业务中台就是与车辆行程相关的中台，其包括乘客中台、司机中台、行程中台等。业务中台的价值是巨大的，一旦能够形成比较标准的业务模板并沉淀为中台，瘦身后的前台就可以更轻盈、敏感，对用户端的反应更快，尤其适合当前互联网需求日新月异的时代。

业务中台会调用技术中台和数据中台的服务，也会调用其他业务中台的服务，并完成对中台服务的组合与编排，为前台应用统一提供 API 服务。从核心业务逻辑来看，业务中台实现了主要的业务逻辑，属于标准化的重量级应用。前台应用聚焦于界面交互和业务全流程等，属于轻量级应用。前台应用可以有个性化的业务逻辑、流程和配置数据，通过调用中台 API 服务完成界面交互和业务全流程等。

总而言之，中台的本质是提炼各个业务中的共同功能，并将这些功能打造成组件化产品，然后以 API 的形式提供给前台各业务使用。前台要做什么业务、需要什么资源可以直接找中台，不需要每次都自己实现，这样就达到了在更丰富、灵活的"大中台"基础上获取支持，让"小前台"更加灵活、敏捷的效果。中台属于后端业务领域逻辑范畴，重点关注领域内业务逻辑的实现，通过实现公共需求为前台应用提供共享服务能力。

19.4　中台的优点

中台的优点主要包括节省成本、提高效率和提升质量三点。

○ 节省成本：在开发新应用时，可以先查看中台，如果发现中台中已经提供了某些服务，则直接接入该服务就行，不需要重新开发。

○ 提高效率：基于中台能力开发新应用，只需要参考标准和文档就可以快速上手。并且中台中的一些服务可以被多个应用共享，产生复利效应。

○ 提升质量：中台采用平台化的功能开发方式，中台功能模块会有专职团队负责开发，更为专业，因此中台服务的质量会得到更好的保障。这种高质量的服务不是从某一个应用开发团队里找几个人就能很快突击出来的。质量保障往往是中台服务的生命线。每一个下沉到中台的服务不但会经过各种场景的测试，而且在性能、稳定性等指标上还有更为严格的要求，力保高质量交付。

19.5　中台对组织架构的挑战

中台架构无异于一次自顶向下的革新，在中台实施过程中会面临各种问题。本节将介绍中台对组织架构的挑战。

19.5.1　高层的支持

中台架构是自顶向下的，中台战略一定要得到高层的支持。和绝大多数商业化的事业部一样，作者所在事业部的 KPI 一直是可量化的营收数据。而在中台项目启动运转的相当长一段时间内，我们所做的工作很难对 KPI 有直接的帮助，甚至在短时间内阻碍了 KPI 的达成。特别是当一件事情和眼前的 KPI 难以达到平衡时，中台的工作会受到各个方面的挑战，因此高层的坚定支持是实施中台战略的第一必要条件。

19.5.2　参与人员的理念相同

中台能够被广泛应用，除了离不开高层的直接支持，还需要中台、业务前台的团队成员有相同的理念，这样才能配合得更好。当然，由于各个团队的立场和角度不同，对中台的认知并不是一开始就会达成一致的，所以也离不开团队之间的沟通。

首先，中台的各负责人会时不时地在各种场合给业务的负责人和业务开发团队"洗脑"，宣传共享服务的思想。其次，研发人员之间会彼此沟通，一般优秀的研发人员会对代码整洁度有相当高的要求，如果和他们聊抽象、架构和重用，天然就会产生亲切感，而中台就是抽象、架构和重用的典型代表，所以他们会更加认可中台。

和业务产品经理进行沟通时，往往要采用一种"交换"的策略——中台团队可以在中台功能设计中支持产品经理想要实现的一个偏定制需求，产品经理得答应接入中台团队的一个服务，甚至可以提供人力帮助接入。

当然，每个产品最初都需要一批种子用户来实现冷启动，中台服务最初也需要有种子客户来打磨产品。中台服务应该去找那些潜力型的业务产品进行合作，借此来推广自己。此类业务有表现自己、赢得关注的欲望，但又苦于资源不足，是非常有意愿借助中台的力量来做事情的。

19.5.3　中台价值的量化

虽然我们认为沉淀中台是正确的，但对中台价值进行量化依然是最重要的事情之一。中台作为 ToB 服务，可以节省成本和提高效率，但中台的客户是内部业务产品的程序员，这些程序员如何考量中台所节省的成本和提高的效率则是一件很复杂的事情。

中台是为多个业务提供服务的共享服务，任意一个中台服务都可以为业务节省成本，因此越多地接入中台服务，整体节省的成本就越大。同时由于各业务在整个事业部中有着不同的优先级，因此被越高优先级业务接入的中台服务，其产生的价值越大。

19.5.4　PaaS/SaaS 与中台

PaaS 提供了一种服务，客户可以通过二次开发使用 PaaS 服务，最后完成某个功能给最终用户。PaaS 的通用性需要非常强，才能获得足够大的市场，比如 IM、视频云服务等，因此 PaaS 往往是没有界面的。

SaaS 提供的服务不需要客户进行开发，只需要开通服务，在管理后台进行配置就可以使用了。但 SaaS 服务往往针对的是一个细分领域，其定制化能力相对较弱。即使如钉钉，钉钉选择 IM 这种在企业中最通用的服务，同时做成企业服务的开放生态，目标客户也主要是中小企业。对于定制化需求强的大客户，其也往往希望借助 IM PaaS 服务来自主研发内部 IM 工具。PaaS 和 SaaS 的定位是服务外部客户，因此其使用成本必须很低。即使是需要通过技术接入的 PaaS 服务，接入成本也一定要足够低，且接口清晰、文档完善。

中台的定位首先是服务于公司内部客户。由于这个范围的限定，使得中台的通用性可以在很多约束条件下实现，可服务的领域比 SaaS 广。比如同样是电商，淘宝、天猫、聚划算、闲鱼、飞猪的站点是不一样的，而阿里巴巴共享事业部通过中台层就能服务于淘宝、天猫、聚划算、咸鱼、飞猪等多个业务。此外，由于中台的客户是公司内部的程序员，大家有相似的背景，也可以频繁沟通，所以服务接入成本就比面向外部客户的 PaaS 服务要低。

中台提供的服务的业务属性非常强，服务的复杂度也远高于 IM、视频云等常见的 PaaS 服务。如果完全通过后端开放接口来使用中台，接口的数量会非常多，调用的逻辑关系会很复杂，使用成本也会远高于常见的 PaaS 服务。

19.6　中台落地过程

虽然中台在方法论层面可以相互借鉴，但永远都不会有一个所谓最优的中台战略可供所有公司复制，只有最适合自己的"私人订制"方案，并且能够动态调整和自适应。这个方案一旦形成，就会构成公司独特的竞争力，从而在市场竞争中不断创造出"特种小分队战胜成建制大部队"的神话。

此外，数字科技的快速渗透同时正在触发传统行业领域公司组织形态的大变革，弹性调整变得更为可行，组织固化的时代必将一去不复返。前台小团队灵活对接用户，中台沉淀通用能力进行更高效的赋能支持，后台则重点打造基础能力和管理保障，这样的组织架构将会越来越流行。特别是随着产业互联网的发展，ABC（AI、Big Data、Cloud Computing）等通用技术正在向传统行业渗透，互联网科技公司的中台组织形态也必将给传统企业应用研发带来变革。通过应用云原生化改造，再加上通用能力的中台化，将给企业数字化转型带来一套完整的企业 IT 架构。

云原生精品力荐

《Kubernetes权威指南：从Docker 到Kubernetes实践全接触（第5版）》

龚正 吴治辉 闫健勇 编著
ISBN 978-7-121-40998-1
2021年6月出版
定价：239.80元
◎人手一本、内容超详尽的Kubernetes 权威指南全新升级至K8s 1.19
◎人气超高、内容超详尽，多年来与时俱 进、迭代更新
◎CNCF、阿里巴巴、华为、腾讯、字节 跳动、VMware众咖力荐

《金融级IT架构：数字银行的云原 生架构解密》

网商银行技术编委会 主编
ISBN 978-7-121-41425-1
2021年7月出版
定价：109.00元
◎引领数字化时代金融级别的IT架构发 展方向
◎书中阐述的核心技术荣获"银行科技 发展奖"
◎网商银行IT技术架构演进实践精华

《混合云架构》

解国红 刘怿平 陈煜文 罗寒曦 著
ISBN 978-7-121-40958-5
2021年5月出版
定价：129.00元
◎阿里云核心技术团队实践沉淀
◎数字化转型背景下，未来企业云化架构规 划与实践参阅

《云原生操作系统Kubernetes》

罗建龙 刘中巍 张城 黄珂 苏夏
高相林 盛训杰 著
ISBN 978-7-121-39947-3
2020年11月出版
定价：69.00元
◎来自阿里云核心技术团队的实践沉淀
◎7位云原生技术专家聚力撰写K8S核心 原理与诊断案例

《Kubernetes in Action中文版》

【美】Marko Luksa 著
七牛容器云团队 译
ISBN 978-7-121-34995-9
2019年1月出版
定价：148.00元
◎k8s实战之巅
◎用下一代Linux实现Docker容器集群 编排、分布式可伸缩应用
◎全真案例，从零起步，保罗万象，高 级技术

《未来架构：从服务化到云原生》

张亮 等著
ISBN 978-7-121-35535-6
2019年3月出版
定价：99.00元
◎资深架构师合力撰写，技术圈众大咖联合 力荐
◎凝聚从服务化到云原生的前沿架构认知， 更是对未来互联网技术走向的深邃洞察

电子工业出版社
PUBLISHING HOUSE OF ELECTRONICS INDUSTRY
http://www.phei.com.cn